Organizadora:
Editora Saraiva
Obra coletiva organizada e produzida pela Editora Saraiva

Editora responsável:
Isabel Rebelo Roque
Bacharel em Medicina Veterinária pela Faculdade de Medicina Veterinária e Zootecnia da Universidade de São Paulo. Editora.

CB137837

Jornadas.cie 6

Ciências

Editora Saraiva

Jornadas.cie – Ciências – 6º ano (Ensino Fundamental)
© Editora Saraiva, 2016

Direitos desta edição:
Saraiva Educação Ltda., São Paulo, 2016
Todos os direitos reservados

Dados Internacionais de Catalogação na Publicação (CIP)
(Câmara Brasileira do Livro, SP, Brasil)

Jornadas.cie : ciências, 6º ano : ensino fundamental / organizadora Editora Saraiva ; obra coletiva organizada e produzida pela Editora Saraiva ; editora responsável Isabel Rebelo Roque. – 3. ed. – São Paulo : Saraiva, 2016.

Suplementado pelo manual do professor.
Bibliografia.
ISBN 978-85-472-0083-1 (aluno)
ISBN 978-85-472-0084-8 (professor)

1. Ciências (Ensino fundamental) I. Roque, Isabel Rebelo.

15-08275 CDD-372.35

Índices para catálogo sistemático:

1. Ciências: Ensino fundamental 372.35

Desenvolvimento dos conteúdos

Rosicler Martins de Almeida Rodrigues
Bacharel e licenciada em Ciências Biológicas pelo Instituto de Biociências da Universidade de São Paulo.
Mestre em Zoologia pela Universidade de São Paulo.
Pesquisadora na área de Zoologia no Laboratório de Biologia Marinha da Universidade de São Paulo.
Pesquisadora e professora no Centro de Ciências de São Paulo, MEC-USP, e na Funbec.
Professora da rede pública.
Editora e autora de livros.

Fabíola Bovo Mendonça
Bacharel e licenciada em Ciências Biológicas pelo Instituto de Biociências da Universidade de São Paulo.
Mestre em Botânica pela Universidade de São Paulo.
Editora.

Gerente editorial M. Esther Nejm
Editor responsável Isabel Rebelo Roque
Editores Carolina S. Taqueda, Fabíola Bovo Mendonça
Assistentes editoriais Anderson T. Tamakoshi, Mayra S. Hatakeyama Sato, Melina Frederico
Consultores técnicos Edenia Maria Ribeiro do Amaral, Katemari Diogo da Rosa, Julia Silva Beneti
Coordenador de revisão Camila Christi Gazzani
Revisores Cristiane Bernardi Elias, Fernanda Guerriero, Mariana Góis
Produtor editorial Roseli Said
Coordenador de iconografia Cristina Akisino
Pesquisa iconográfica Roberto Silva, Priscilla Liberato Narciso, Isabela Genaro e Enio Rodrigo Lopes
Licenciamento de textos Érica Brambila, Carolina Carmini
Gerente de artes Ricardo Borges
Coordenador de artes Narjara Lara
Design Casa Paulistana de Comunicação
Capa Sérgio Cândido, com imagem de Mark Garlick/SPL/Getty Images
Diagramação AGA Estúdio
Edição de arte Felipe Consales
Assistente Camilla Felix Cianelli
Ilustrações Filipe Borin, Ligia Duque, Luis Moura, Paulo Cesar Pereira, Quanta Estúdio, R2 Editorial, Rodval Matias
Cartografia Sonia Vaz
Tratamento de imagens Emerson de Lima
Produtor gráfico Thais Mendes Petruci Galvão
603759003001 **Impressão e acabamento** Bercrom Gráfica e Editora

Nos livros desta coleção são sugeridos vários experimentos. Foram selecionados experimentos seguros, que não oferecem riscos ao aluno.
Ainda assim, recomendamos que professores, pais ou responsáveis acompanhem sua realização atentamente.

Editora Saraiva
SAC 0800-0117875
De 2ª a 6ª, das 8hs às 18hs
www.editorasaraiva.com.br/contato

Avenida das Nações Unidas, 7221 – 1º andar – Setor C – Pinheiros – CEP 05425-902

APRESENTAÇÃO

Cara aluna, caro aluno,

Você vive em uma sociedade que valoriza o conhecimento científico e depende, em menor ou maior grau, dos avanços tecnológicos. Em seu dia a dia, quando você vai ao médico, faz compras no supermercado, pesquisa na internet ou toma uma série de decisões, os conhecimentos científicos lhe dão suporte para analisar o que ouve, vê e lê.

Esta coleção vai compartilhar com você conhecimentos importantes na compreensão do mundo e das transformações pelas quais ele vem passando. Ao longo dos livros que a compõem, você entrará em contato com os principais conteúdos sobre Terra e Universo, ecologia, seres vivos, biodiversidade, ser humano e saúde, matéria e energia e desenvolvimento tecnológico. O trabalho com esses grandes temas, na escola e fora dela, ajudará você a se ver como parte de um contexto maior e como sujeito de suas ações, auxiliando-o no posicionamento diante de questões éticas, ambientais e que envolvem a cidadania.

É também uma preocupação nossa ajudar você no desenvolvimento e na consolidação de estratégias eficientes de aprendizagem. Para garantir isso, propomos seções variadas e dinâmicas. Por meio delas, você será frequentemente chamado a refletir e a se posicionar diante de muitas questões da atualidade, expressando sua criatividade, espírito crítico e autonomia.

Esta obra lhe trará muitas respostas, mas certamente lhe oferecerá também muitas ferramentas para fazer mais e mais perguntas.

Os editores

CONHEÇA SEU LIVRO

Este livro está organizado em oito unidades, as quais estão divididas em temas.

Os temas são desenvolvidos e aprofundados em diferentes seções, cada uma com uma finalidade específica.

Vamos conhecer esta estrutura?

ABERTURA DE UNIDADE

Imagens e textos que introduzem o que será estudado na unidade e buscam despertar a curiosidade do estudante.

UNIDADE

3 As rochas

As rochas podem sofrer grandes transformações por ação da água. Ela consegue, por exemplo, "cavar" uma enorme galeria em um gigante bloco maciço, ao longo de muitos anos, e formar uma caverna ou gruta como a mostrada nessa imagem. Plantas e animais podem passar a habitar esse lugar.

Mudanças drásticas na paisagem, como essa, não são feitas apenas pela água: o vento, a variação de temperatura, os seres vivos, e vários outros componentes do ambiente também agem nesse tipo de mudança. Para estudar essas transformações foi desenvolvida uma ciência conhecida como geologia. Ela conta com pesquisadores, os geólogos. Esses profissionais estudam os processos de formação da Terra em geral, e a estrutura, a composição, a formação e a transformação das rochas ao longo do tempo.

Nesta unidade, você vai saber mais sobre:

- Os tipos de rochas
- A transformação das rochas em solo
- O que são fósseis e como se formam

Gruta do Janelão no Parque Nacional Cavernas do Peruaçu, Januária (MG), em 2012.

TROCANDO IDEIAS

1. Observe a imagem com atenção e descreva para seus colegas o que está vendo.
2. Você já observou alguma rocha? Todas as rochas são iguais? O que elas têm de semelhante entre si? E de diferente?
3. Como você acha que o vento ou a variação de temperatura podem causar alteração em uma rocha?
4. Você já visitou uma gruta ou caverna? Procure saber se na sua cidade há cavernas ou grutas abertas que podem ser visitadas.

69

As atividades do **Trocando ideias** exploram a leitura da imagem e propõem questões e reflexões, incentivando você e seus colegas a compartilhar ideias sobre o que será visto na unidade. Devem ser realizadas, preferencialmente, com toda a turma e oralmente.

Apresenta os principais conteúdos que serão abordados na unidade.

Os temas são iniciados com textos e imagens que visam introduzir o que será estudado. A seção **Bate-papo** traz questões que estimulam a troca de ideias e devem ser respondidas oralmente.

FIQUE DE OLHO

As atividades desta seção colocarão seu aprendizado em ação. Nela você é chamado a realizar pesquisa, entrevista, coleta de dados, análise de imagem e de texto, entre outras propostas de trabalho.

Desafio

Na seção **Desafio**, são propostas reflexões sobre temas que relacionam ciência, sociedade e cidadania. São oito desafios nesse volume, um por unidade. Cada um deles é composto de: *uma introdução*, que apresenta o tema; *três pistas*, que propõem atividades e aprofundam a discussão; e *um desfecho*, que traz uma conclusão do que foi visto.

5 Minerais e rochas

A crosta terrestre é formada principalmente por rochas. As rochas são sólidas e formadas de um ou mais minerais. Os diferentes tipos de rocha variam em composição de minerais, cor, dureza e outras propriedades. Muitos desses tipos podem ser observados e estudados em diversos museus de geologia que existem em nosso país. O Museu Geológico da Bahia, fundado em 1975, possui mais de 16 mil amostras catalogadas de rochas, minerais, entre outros itens. Esse museu funciona como centro de pesquisa, divulgação e educação, e busca valorizar as rochas brasileiras.

BATE-PAPO

1. Na sua opinião, por que as rochas têm diferentes cores e diversos tipos de brilho?
2. Observe a fotografia abaixo e responda: Você conhece alguma outra obra de arte que usa rochas como matéria-prima?

Mural feito com rochas e cristais pelo artista Juarez Paraíso, em 1998, no Museu Geológico da Bahia, em Salvador. O mural simboliza a formação da Terra.

A medida do tempo

Há muito tempo, os seres humanos buscam relacionar os fenômenos naturais ao seu cotidiano e à sua vida. Povos distintos, em lugares e períodos diferentes, procuraram relacionar as observações dos astros do céu com a passagem do tempo. Eles usaram as observações do céu para criar calendários. Você sabe o que é um calendário? Em quais observações dos astros os seres humanos se basearam para criar o calendário que usamos?

70

MINERAIS E ROCHAS

Os **minerais** são partículas sólidas que ocorrem naturalmente na crosta terrestre. Cada tipo de mineral tem suas características próprias, como cor e brilho. Os minerais podem ocorrer com formas geométricas bem definidas, também chamados de cristais.

Alguns minerais extraídos das rochas podem ser aproveitados pelo ser humano. Esses minerais são denominados **minérios**.

Cristais de quartzo. É geralmente branco ou transparente. O quartzo mostrado na fotografia está em forma de cristal.

Rocha pirita. Por ser brilhante e dourada, é chamada de "ouro de tolo".

Amostra de hematita. Principal mineral do qual se extrai o ferro.

Fragmento de feldspato. É o mineral mais abundante da crosta terrestre.

As **rochas** são formadas por um ou mais minerais. Entre as formadas apenas por um mineral, podemos citar o calcário, formado por calcita. Entretanto, a maioria das rochas é formada por mais de um mineral, como é o caso do granito, que contém principalmente quartzo, mica e feldspato.

Amostra de granito, na qual é possível observar seus componentes minerais. O quartzo é geralmente esbranquiçado e translúcido, a mica são os pontos escuros e as regiões cinza são feldspato.

FIQUE DE OLHO

O granito é uma rocha usada para várias finalidades. As mais comuns são para produzir peças de cozinha e banheiro. Os escultores também podem utilizar o granito em suas obras.

1. Faça uma pesquisa a respeito do uso das rochas. De que forma elas podem ser aproveitadas pelo ser humano?
2. Se possível, faça uma visita a um museu em que haja esculturas feitas de rochas. Observe-as e anote o material que foi usado para construí-las.

Escultura em granito-rosa, feita pelo escultor paulista João Batista Ferri (1896-1978). Pinacoteca do Estado de São Paulo, SP.

71

EXPERIMENTE FAZER

A proposta das atividades práticas desta seção é fazer com que você, de maneira fácil e com materiais simples, questione, observe, analise e formule hipóteses e conclusões.

EXPERIMENTE **FAZER**

Identificando diferentes tipos de solo

Para pensar

Você já reparou que existem diferentes tipos de solo na escola, nos jardins, nas hortas, na rua e nos arredores da sua casa? Por que esses solos são diferentes?

Objetivos

- Analisar e identificar características de alguns tipos de solo.

Materiais

- amostras de solo coletadas em três locais diferentes
- sacos plásticos
- etiquetas
- caneta
- copos de plástico transparentes
- água
- luvas
- areia
- 4 garrafas plásticas descartáveis transparentes (tipo PET de 2 L)
- pedaços de tecido
- elástico
- água
- tesoura de pontas arredondadas
- jornais
- rolo de macarrão velho
- um copo descartável de 200 mL
- régua
- relógio

ATENÇÃO !
O professor irá orientar a coleta do solo.

Procedimentos

1. Antes de coletar as amostras de solo, procure observá-las bem.
2. Manuseando-o com uma colher e usando luvas, retire uma pequena amostra de cada um deles, cerca de 2 copos de 200 mL de terra. O professor irá orientar o local e o procedimento de coleta. Identifique os sacos plásticos com o nome do local e a data de coleta.
3. No caderno, faça uma tabela como a do modelo abaixo e complete-a com as informações necessárias.

	Local de coleta do solo	Cor	Textura (tipos de grãos)	Presença de húmus
Amostra 1				
Amostra 2				
Amostra 3				

Modelo de tabela 1.

96

4. Coloque as folhas de jornal sobre uma superfície plana em uma área externa, em um local protegido da chuva.
5. Espalhe as amostras de solo sobre o jornal, tomando cuidado para não misturá-las. Deixe-as de um dia para o outro ao ar livre, de preferência ao sol.
6. Quando as amostras de solo estiverem secas, passe sobre cada uma delas um rolo de macarrão para desfazer os torrões.
7. Com a tesoura, corte as garrafas plásticas ao meio. A parte da boca da garrafa será utilizada como funil e o fundo como suporte. Atenção: Cuidado ao manusear as garrafas cortadas.
8. Na boca da garrafa, prenda um pedaço de tecido com um elástico.
9. Coloque cada "funil" sobre seu suporte, de modo que fique apoiado.
10. Com a caneta hidrocor, identifique o tipo de solo que será colocado em cada garrafa-funil: areia, amostra de solo 1, amostra de solo 2 e amostra de solo 3.
11. Coloque a mesma quantidade de solo em cada um dos "funis".
12. No caderno, elabore uma tabela como a do modelo abaixo.

ATENÇÃO !
Peça ajuda a um adulto para cortar a garrafa.

Alerta sobre os riscos envolvidos na atividade.

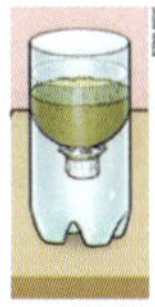

Representação esquemática dos procedimentos. Prepare os quatro funis antes de continuar as outras etapas do experimento. Cores fantasia.

Tipo de solo	Tempo - água começou a pingar	Tempo - água parou de pingar	Nível que o líquido atingiu	Cor da água
Amostra 1				
Amostra 2				
Amostra 3				

Modelo de tabela 2.

13. Acrescente 200 mL de água a cada um dos "funis" ao mesmo tempo. Lembre-se de acionar o cronômetro e registre o resultado na tabela.

Resultados e discussão

1. Quais as principais diferenças entre os tipos de solo observados? Por que é importante conhecer essas características?
2. Em qual das amostras de solo a água começou a pingar primeiro no suporte? E em qual amostra a água demorou mais tempo para começar a pingar? O que isso representa?
3. Qual suporte apresentou maior quantidade de líquido após a água ter parado de pingar? E qual suporte apresentou menor quantidade de líquido? O que isso representa?
4. Qual foi o aspecto do líquido em cada um dos suportes?

Conclusão

- O que permite a infiltração de água no solo? Avalie as características das amostras coletadas.

97

SAIBA MAIS

Textos atuais que aprofundam ou mostram um novo olhar sobre o assunto que está sendo tratado.

Algumas palavras são destacadas e explicadas em pequenos quadros de glossário.

SAIBA MAIS

Rios voadores

"Os rios voadores são 'cursos de água atmosféricos', [invisíveis] [...] [que] passam em cima das nossas cabeças carregando umidade da Bacia Amazônica para o Centro-Oeste, Sudeste e Sul do Brasil.

[...]

A floresta amazônica funciona como uma bomba d'água. Ela puxa para dentro do continente a umidade evaporada pelo oceano Atlântico e carregada pelos ventos alíseos [...] [que, ao] seguir terra adentro, [...] cai como chuva sobre a floresta. Pela ação da evapotranspiração, [...] a floresta devolve a água da chuva para a atmosfera na forma de vapor de água [...] [que volta a] cair novamente como chuva mais adiante.

Evapotranspiração: é a forma pela qual a água da superfície terrestre passa para a atmosfera no estado de vapor, tanto por transpiração dos seres vivos como por evaporação da água do ambiente.

FORMAÇÃO E DESLOCAMENTO DOS RIOS VOADORES

Representação esquemática da formação e deslocamento de rios voadores no Brasil. Elementos fora de escala de tamanho e de proporção.

Fonte: Fenômeno dos rios voadores. <http://riosvoadores.com.br/o-projeto/fenomeno-dos-rios-voadores/#prettyphoto[post-65]/0/>. Acesso em: 24 mar. 2015.

146

Propelidos em direção ao oeste, os rios voadores (massas de ar) recarregados de umidade – boa parte dela proveniente da evapotranspiração da floresta – encontram a barreira natural formada pela Cordilheira dos Andes. Eles se precipitam parcialmente nas encostas leste da cadeia de montanhas, formando as cabeceiras dos rios amazônicos. Porém, barrados pelo paredão de 4 000 metros de altura, os rios voadores, ainda transportando vapor de água, fazem a curva e partem em direção ao sul, rumo às regiões do Centro-Oeste, Sudeste e Sul do Brasil e aos países vizinhos.

[...]

A chuva, claro, é de suma importância para nossa vida, nosso bem-estar e para a economia do país. Ela irriga as lavouras, enche os rios terrestres e as represas que fornecem nossa energia.

[...]

Por incrível que pareça, a quantidade de vapor de água evaporada pelas árvores da floresta amazônica pode ter a mesma ordem de grandeza, ou mais, que a vazão do rio Amazonas (200 000 m³/s), tudo isso graças aos serviços prestados pela floresta.

Estudos promovidos pelo INPA já mostraram que uma árvore com copa de 10 metros de diâmetro é capaz de bombear para a atmosfera mais de 300 litros de água, em forma de vapor, em um único dia – ou seja, mais que o dobro da água que um brasileiro usa diariamente![...]"

Projeto Rios Voadores. Disponível em: <http://riosvoadores.com.br/o-projeto/fenomeno-dos-rios-voadores/#prettyphoto[post-65]/0/>. Acesso em: 27 mai. 2015.

Propelidos: arremessados, lançados.

NÃO DEIXE DE ACESSAR

- **Para mais detalhes a respeito da dinâmica dos rios voadores, acesse o *site* a seguir e assista à animação.** <http://planetasustentavel.abril.com.br/inforiosvoadores/>. Acesso em: 3 mar. 2015.

Não deixe de...

Aqui você encontra sugestões de livros, filmes e *sites* que ampliam e enriquecem os temas estudados.

Para pensar

1. Qual a importância dos rios voadores para as regiões Centro-Oeste, Sul e Sudeste do Brasil?
2. O que pode acontecer com a quantidade e a distribuição de chuvas se a Floresta Amazônica continuar a ser desmatada?

Para pensar

A seção **Para pensar** traz questões que exploram o assunto abordado no texto.

Após a passagem da nuvem de chuva, é possível observar a umidade retornando para a atmosfera, por meio de evapotranspiração na Floresta Amazônica.

147

INFOGRÁFICO

Este recurso, que reúne imagens e textos, é utilizado para comunicar de maneira dinâmica e visual o conteúdo trabalhado. Nele, há atividades que estimulam a reflexão sobre o tema.

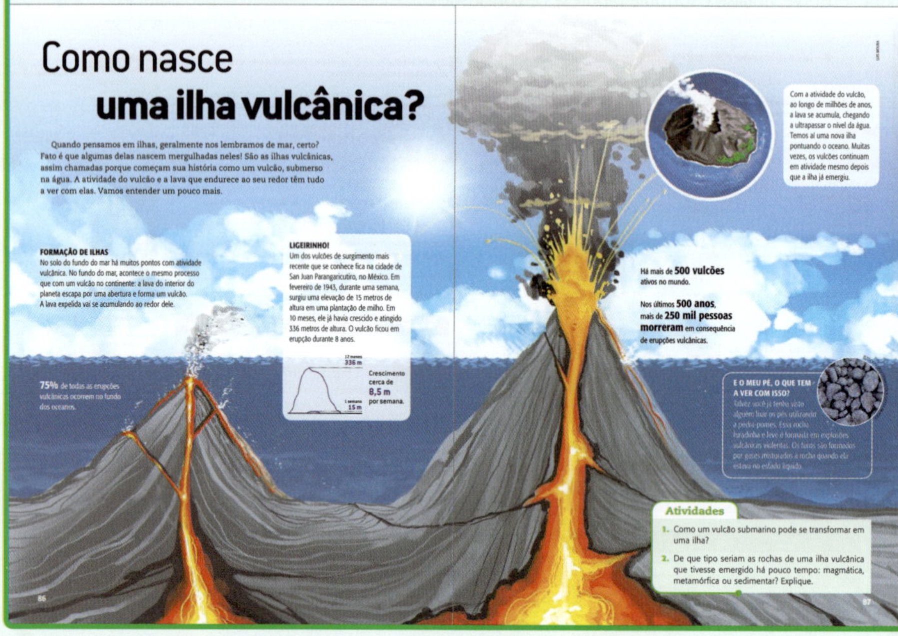

TEIA DO SABER

Este é um momento especial para você utilizar o que aprendeu. As atividades propostas resgatam, organizam e ampliam os conhecimentos trabalhados. Além disso, permitem o desenvolvimento de diferentes habilidades, entre elas as de observar, organizar dados e informações, estabelecer comparações e argumentar.

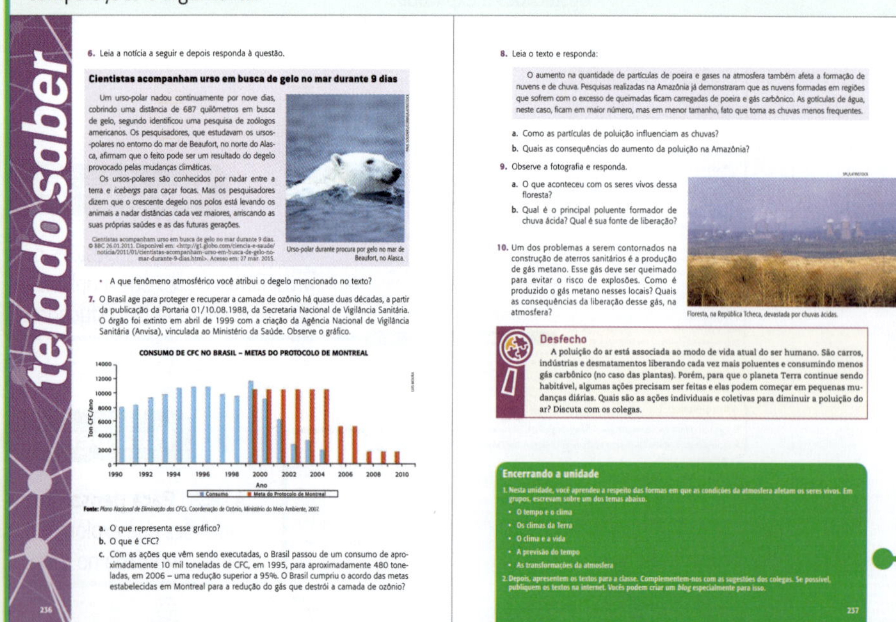

Encerrando a unidade

Esta seção traz a oportunidade de rever o conhecimento adquirido e refletir sobre ele. Aproveite esse momento de avaliação para retomar os assuntos estudados e tirar suas dúvidas.

CONHECIMENTO INTERLIGADO

Esta seção mostra que os conhecimentos da ciência se relacionam com diversas áreas, como matemática, história, engenharia e medicina, por exemplo.

Conhecimento Interligado

A história da Terra documentada pelas rochas

A existência do ser humano na Terra é relativamente recente quando comparada ao surgimento desse planeta, há 4,5 bilhões de anos. Acredita-se que a espécie humana moderna, *Homo sapiens*, tenha surgido na África, entre 200 mil e 150 mil anos atrás e que a escrita tenha surgido por volta de 3500 a.C.

Como então contar a história do planeta que aconteceu antes do aparecimento dos primeiros seres humanos capazes de fazer relatos escritos? Ela pode ser contada pelas rochas que compõem a superfície terrestre. Diversos cientistas de diferentes áreas do conhecimento somam suas descobertas para aprender um pouco mais sobre os primórdios do planeta onde vivemos.

Geologia

A Geologia é a ciência que estuda a Terra, sua composição, estrutura, propriedades físicas, história e os processos que lhe dão forma. Os geólogos, por meio do estudo das camadas de rochas que compõem a superfície do planeta, afirmam que seu interior foi e continua a ser muito ativo.

Ao observar essas rochas com camadas dobradas, os geólogos concluíram que elas eram horizontais no momento de sua formação, mas foram dobradas por forças provenientes do interior da Terra, causadas por movimentos das placas que formam a superfície terrestre. Na fotografia, rochas sedimentares em Devon, na Inglaterra, em 2014.

Rocha metamórfica atravessada por rocha vulcânica. Observando essas rochas, os geólogos concluíram que no local ocorreram erupções vulcânicas. Na fotografia, detalhe de rocha em Nova Gales do Sul, na Austrália, em 2007.

90

Paleontologia

A Paleontologia é a ciência que estuda os fósseis. O estudo dos fósseis, geralmente encontrados em rochas sedimentares, permite conhecer um pouco mais sobre o passado do planeta, dando pistas de como eram o clima, a flora e a fauna da Terra.

Representação artística de libélula pré-histórica, pousada em uma samambaia.

Fóssil de samambaia que viveu no mesmo período da libélula representada na imagem ao lado.

Acredita-se que, no passado, existiam extensas florestas formadas por samambaias gigantes, como a representada na imagem acima. Por meio dos estudos dos fósseis, estima-se que um cenário como esse tenha existido há mais de 250 milhões de anos, em um período chamado Permiano.

Para explorar

Conhecer o passado da Terra permite investigar as causas de muitos acontecimentos que afetam a vida dos seres humanos no presente, como terremotos e vulcanismo. Permite também compreender a formação e estudar a extração dos combustíveis fósseis que garantem o desenvolvimento da maior parte dos transportes e das indústrias atuais.

Com os colegas, converse sobre a riqueza de informações presentes nas rochas e guardadas no solo e no subsolo da Terra. Depois, reflitam sobre as questões a seguir.

1. Qual a importância de somar os conhecimentos de diferentes áreas para contar a história da Terra?
2. Quais são os pontos positivos e os negativos da exploração dos combustíveis fósseis?
3. É possível explorar as rochas sem agressão ao meio ambiente e sem destruir "pistas" da história da Terra?

Combustível fóssil: material resultante da transformação de restos de organismos vivos ao longo de milhões de anos. São exemplos o carvão e derivados de petróleo, como a gasolina e o querosene.

Para explorar

A seção **Para explorar** traz atividades que estimulam a reflexão e propõem pesquisas e ações.

EM AÇÃO

Nesta seção, você será convidado a posicionar-se de maneira crítica e a refletir sobre suas próprias atitudes. Envolve debates, trabalhos em equipe e análise de situações, entre outras atividades.

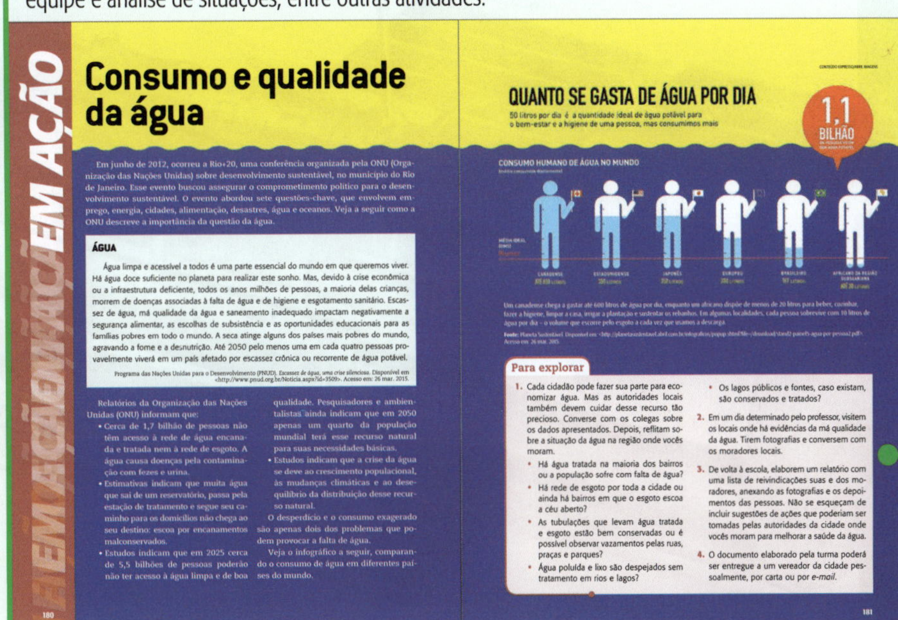
EM AÇÃO

Consumo e qualidade da água

Em junho de 2012, ocorreu a Rio+20, uma conferência organizada pela ONU (Organização das Nações Unidas) sobre desenvolvimento sustentável, no município do Rio de Janeiro. Esse evento buscou assegurar o comprometimento político para o desenvolvimento sustentável. O evento abordou sete questões-chave, que envolvem emprego, energia, cidades, alimentação, desastres, água e oceanos. Veja a seguir como a ONU descreve a importância da questão da água.

ÁGUA

Água limpa e acessível a todos é uma parte essencial do mundo em que queremos viver. Há água doce suficiente no planeta para realizar este sonho. Mas, devido à crise econômica ou a infraestrutura deficiente, todos os anos milhões de pessoas, a maioria delas crianças, morrem de doenças associadas à falta de água e de higiene e esgotamento sanitário. Escassez de água, má qualidade da água e saneamento inadequado impactam negativamente a segurança alimentar, as escolhas de subsistência e as oportunidades educacionais para as famílias pobres em todo o mundo. A seca atinge alguns dos países mais pobres do mundo, agravando a fome e a desnutrição. Até 2050 pelo menos uma em cada quatro pessoas provavelmente viverá em um país afetado por escassez crônica ou recorrente de água potável.

Programa das Nações Unidas para o Desenvolvimento (PNUD). *Escassez de água, uma crise silenciosa*. Disponível em <http://www.pnud.org.br/Noticia.aspx?id=3509>. Acesso em: 26 mar. 2015.

Relatórios da Organização das Nações Unidas (ONU) informam que:

- Cerca de 1,7 bilhão de pessoas não têm acesso à rede de água encanada e tratada nem à rede de esgoto. A água causa doenças pela contaminação com fezes e urina.
- Estimativas indicam que muita água que sai de um reservatório, passa pela estação de tratamento e segue seu caminho para os domicílios não chega ao seu destino: escoa por encanamentos malconservados.
- Estudos indicam que em 2025 cerca de 5,5 bilhões de pessoas poderão não ter acesso à água limpa e de boa qualidade. Pesquisadores e ambientalistas ainda indicam que em 2050 apenas um quarto da população mundial terá esse recurso natural para suas necessidades básicas.
- Estudos indicam que a crise da água se deve ao crescimento populacional, às mudanças climáticas e ao desequilíbrio da distribuição desse recurso natural.

O desperdício e o consumo exagerado são apenas dois dos problemas que podem provocar a falta de água.

Veja o infográfico a seguir, comparando o consumo de água em diferentes países do mundo.

180

Um canadense chega a gastar até 600 litros de água por dia, enquanto um africano dispõe de menos de 20 litros para beber, cozinhar, fazer a higiene, limpar a casa, irrigar a plantação e sustentar os rebanhos. Em algumas localidades, cada pessoa sobrevive com 10 litros de água por dia – o volume que escorre pelo esgoto a cada vez que usamos a descarga.

Para explorar

1. Cada cidadão pode fazer sua parte para economizar água. Mas as autoridades locais também devem cuidar desse recurso tão precioso. Converse com os colegas sobre os dados apresentados. Depois, reflitam sobre a situação da água na região onde vocês moram.
   - Há água tratada na maioria dos bairros ou a população sofre com falta de água?
   - Há rede de esgoto por toda a cidade ou ainda há bairros em que o esgoto escoa a céu aberto?
   - As tubulações que levam água tratada e esgoto estão bem conservadas ou é possível observar vazamentos pelas ruas, praças e parques?
   - Água poluída e lixo são despejados sem tratamento em rios e lagos?
   - Os lagos públicos e fontes, caso existam, são conservados e tratados?
2. Em um dia determinado pelo professor, visitem os locais onde há evidências da má qualidade da água. Tirem fotografias e conversem com os moradores locais.
3. De volta à escola, elaborem um relatório com uma lista de reivindicações suas e dos moradores, anexando as fotografias e os depoimentos das pessoas. Não se esqueçam de incluir sugestões de ações que poderiam ser tomadas pelas autoridades da cidade onde vocês moram para melhorar a saúde da água.
4. O documento elaborado pela turma poderá ser entregue a um vereador da cidade pessoalmente, por carta ou por *e-mail*.

181

SUMÁRIO

1 Universo

2 A Terra

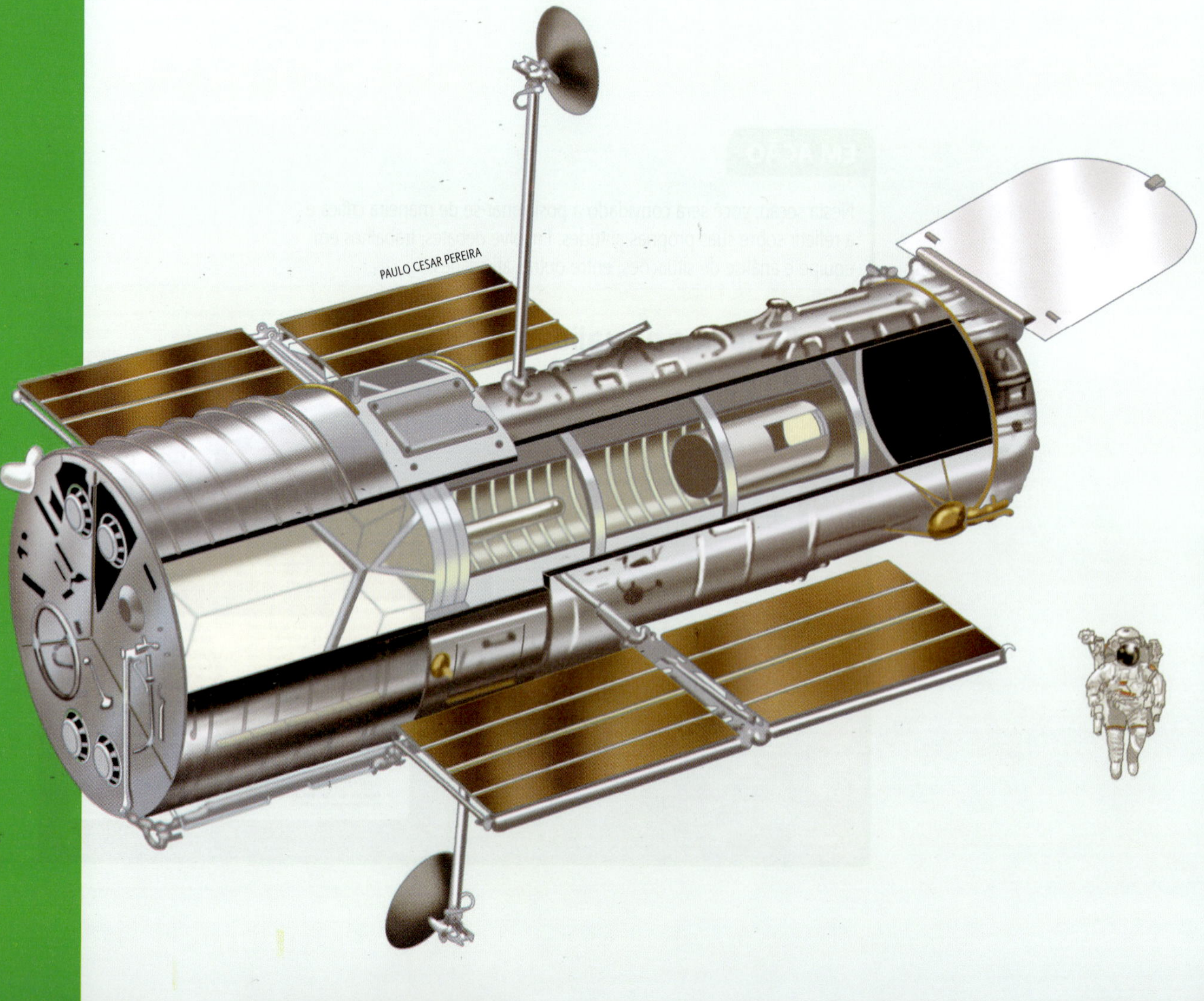

3 As rochas

4 O solo

FABIO COLOMBINI

5 A água

6 A qualidade da água

NASA IMAGES

7 O ar

8 A dinâmica da atmosfera

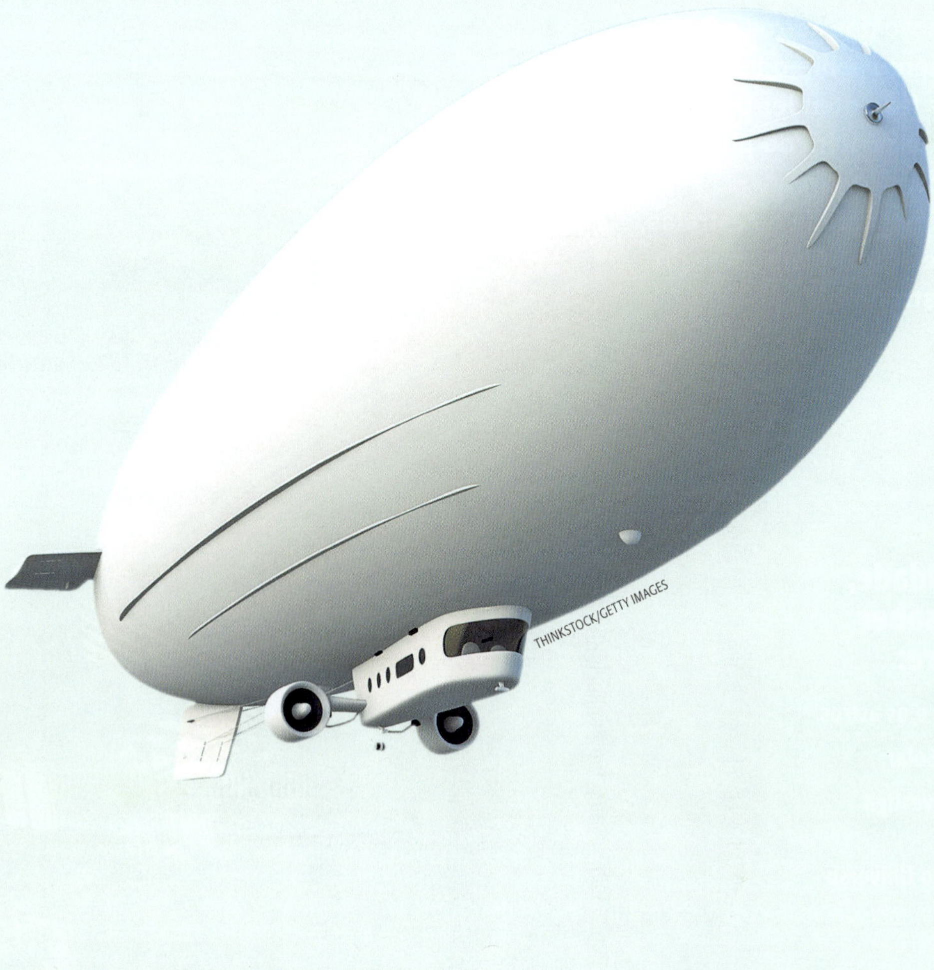

THINKSTOCK/GETTY IMAGES

UNIDADE

1 Universo

Ao contemplarmos o céu noturno, percebemos prontamente que o Sol desapareceu e o céu tornou-se escuro. Com um pouco de cuidado podemos ver também, com maior ou menor dificuldade, pontos luminosos de tamanhos variados espalhados na escuridão.

O movimento dos astros no céu, ao longo dos dias e dos anos, tem despertado a curiosidade de diferentes povos desde muito tempo atrás.

A observação dos astros é fonte de conhecimento sobre o tempo e o espaço e nos faz entender o que há no Universo para além do planeta onde vivemos.

A ciência que estuda as estrelas, os planetas e outros elementos do espaço é a **astronomia**.

Nesta unidade, você vai saber mais sobre:

- As galáxias e os astros
- O Sistema Solar
- Como se investiga o Universo
- A origem do Universo

Fotografia de céu noturno.
Visconde de Mauá, Resende (RJ), em 2015.

RENATA MELLO/PULSAR IMAGENS

TROCANDO IDEIAS

1. Quais astros podem ser vistos nessa imagem?
2. Na região em que vive, você costuma ver o céu noturno semelhante ao da fotografia? Explique.
3. Você tem o hábito de observar o céu à noite?
4. Será que os elementos observados no céu noturno são sempre os mesmos, independentemente do local ou da época do ano?
5. Você já utilizou algum instrumento para observar o céu? Se não, você conhece algum instrumento feito para isso?

1 Astros do Universo

Super-Homem, ou *Superman*, é um dos mais conhecidos super-heróis de histórias em quadrinhos. A primeira publicação com essa personagem foi lançada em 1938, na revista estadunidense *Action comics*.

De acordo com a história, o Super-Homem nasceu em um planeta chamado Krypton (um planeta fictício, ou seja, que não existe no mundo real) e foi chamado Kal-El. Krypton não fazia parte do Sistema Solar, e orbitava uma estrela vermelha menor que o Sol.

Na história, o planeta onde Kal-El morava foi condenado à destruição. Então, os pais dele o colocaram em uma espaçonave rumo à Terra, com a intenção de salvá-lo da morte. Ao chegar aqui, a espaçonave caiu na fazenda do casal Kent, nos Estados Unidos. Os Kent o acolheram e lhe deram o nome de Clark.

Clark conviveu normalmente com a comunidade em que cresceu, e se tornou um jornalista. A normalidade acabou quando, aos poucos, ele descobriu que tinha poderes não humanos, como a capacidade de voar e uma enorme força.

WARNER BROS PICTURES/ALBUM/ALBUM

Foram feitos diversos filmes sobre a história do Super-Homem. A cena que aparece na imagem é do filme *Superman* – O retorno, lançado em 2006 e produzido pela Warner Bros. Pictures.

QUANTA ESTÚDIO

Representação esquemática do planeta imaginário Krypton, onde teria nascido o Super-Homem, em sua órbita ao redor de uma estrela vermelha. Essa representação não é real. Cores fantasia.

NÃO DEIXE DE LER

- **Eu sou o Superman.**
  Brente Sudduth. Editora ST2 Books, 2006.
  Livro de ficção que narra a vida do repórter Clark Kent.

BATE-PAPO

1. Discuta com seus colegas: Quais são as semelhanças entre os planetas Krypton e Terra?
2. Se a história fosse real, o que você acha que o jovem Kal-El poderia ter visto no caminho para a Terra?
3. Segundo a história, o segredo do poder do Super-Homem está no Sol: quanto mais perto, mais poderoso. Com base nessa informação, responda: Onde o Super-Homem teria mais poder, na Terra ou em Krypton? Explique.

Existe vida fora da Terra?

Sabemos que o planeta Terra não é o único no Universo, mas é o único no qual temos certeza de que há vida. Será que existe vida fora de nosso planeta? Discutiremos sobre esse tema ao longo desta unidade.

O QUE HÁ NO UNIVERSO?

Ninguém sabe qual é o tamanho do Universo. A maioria dos pesquisadores acredita que ele aumenta de tamanho sem parar, desde que se originou.

O Universo surgiu muito antes da Terra, há mais de 4 bilhões de anos. Mesmo sem saber qual o seu tamanho exato, é possível ter uma ideia da sua imensidão. E dentro dessa imensidão, no espaço, há diversos tipos de corpos celestes (ou astros), como os planetas, as estrelas e os cometas.

Ao olharmos para o céu à noite, conseguimos ver milhares de pontos luminosos. Alguns brilham mais intensamente, outros menos. Se olharmos com atenção, também é possível perceber brilhos de cores diferentes.

Corpo celeste: qualquer estrutura individual (corpo) presente no espaço sideral.

PAULO BARRETO/TYBA

Em noites enluaradas ou perto das grandes cidades (onde há muita iluminação noturna e poluição do ar), vemos apenas os corpos celestes mais brilhantes no céu. Na fotografia, céu noturno na cidade de Porto Alegre (RS), 2011.

EDSON SATO/PULSAR IMAGENS

Em locais pouco iluminados, podem ser avistados diversos corpos celestes. Na fotografia, céu noturno na Aldeia do Deminí, Barcelos (AM), 2012.

Com o avanço das pesquisas em astronomia e do desenvimento tecnológico, hoje podemos identificar e caracterizar muitos corpos celestes, que diferem em tamanho, composição, tipo de movimento etc.

FIQUE DE OLHO

Nem todos os pontos brilhantes no céu são estrelas.

A primeira distinção entre estrela e planeta foi feita há milhares de anos, pelos povos antigos que observavam o céu sem o uso de nenhum instrumento. Se observarmos o céu uma noite após a outra, podemos ver que alguns pontos brilhantes aparecem no mesmo lugar em relação a outros. Esses pontos que nos parecem "fixos" são as **estrelas**, como as que formam a constelação do Cruzeiro do Sul.

Outros astros surgem em diferentes regiões do céu, ao longo das noites e dos meses, como se "caminhassem" entre as estrelas. Os antigos astrônomos chamaram esses astros de **planetas**, palavra que na língua grega quer dizer "errantes", ou seja, aqueles que caminham sem rumo.

1. Escolha uma noite de céu limpo e sem nuvens, de preferência em que a Lua não esteja visível, e observe os astros no céu. Escreva um texto relatando o que você observou. Compare a intensidade e a cor do brilho dos astros visualizados.

2. É fácil diferenciar estrelas e planetas a partir de uma observação de apenas uma noite?

Galáxias

Galáxia é um grande conjunto de astros: estrelas, planetas com seus satélites, asteroides, cometas e meteoroides, entre outros.

O Sistema Solar, onde está a Terra, faz parte da Via Láctea, que é uma entre bilhões de outras galáxias do Universo. O nome Via Láctea, que significa "caminho de leite", é uma referência ao seu aspecto esbranquiçado, que forma um caminho espiralado do qual podemos observar algumas partes em noites de céu limpo, longe das luzes das cidades.

R. HURT/JPL-CALTECH/GLIMPSE TEAM/NASA IMAGES

Representação da Via Láctea vista de cima. Note seu formato espiralado, com vários braços em torno de um único centro. O nosso Sistema Solar está localizado em um desses braços. Cores fantasia. Elementos fora de escala de tamanho e de distância.

CHRIS BUTLER/SPL/LATINSTOCK

Muitos pontos luminosos que observamos no céu noturno também podem ser galáxias de diferentes tipos, como mostra essa representação. Cores fantasia. Elementos fora de escala de tamanho e de distância.

Estrelas

Estrelas são corpos celestes que emitem luz própria e apresentam formato esférico. Os tipos de estrelas diferem quanto a tamanho, brilho e temperatura. As estrelas podem atingir temperaturas muito altas.

O Sol é um exemplo de estrela de brilho amarelado. A temperatura em sua superfície chega a mais de 5 mil graus Celsius.

Emitir: lançar, soltar.

NÃO DEIXE DE ACESSAR

- **Viaje do Sol até Júpiter na velocidade da luz nesta animação incrível.**
  <http://www.revistagalileu.globo.com/Ciencia/Espaco/noticia/2015/02/viaje-do-sol-ate-jupiter-na-velocidade-da-luz-nesta-animacao-incrivel.html>.
  Acesso em: 30 abr. 2015.

LUIS MOURA

Representação de algumas estrelas em escala de tamanho. Há estrelas muito maiores que o Sol, e também estrelas menores que ele. Elementos fora de escala de distância. Cores fantasia.

Planetas

Planeta é um corpo celeste que gira em torno de uma estrela, tem forma arredondada e é maior do que os astros próximos a ele. Planetas não emitem luz: eles refletem parte da luz que recebem das estrelas. Por essa razão são chamados corpos iluminados.

No Sistema Solar temos oito planetas. Os astrônomos os classificam em **rochosos** (Mercúrio, Vênus, Terra e Marte) – com superfície sólida, e **gasosos** (Júpiter, Saturno, Urano e Netuno) – compostos principalmente por gases.

Até 1990, só eram conhecidos os planetas do Sistema Solar. Atualmente, já foram descobertos mais de 600 planetas que orbitam outras estrelas que não o Sol. Como existe uma quantidade enorme de galáxias no Universo, acredita-se que ainda há muitos outros planetas a serem descobertos.

LUIS MOURA

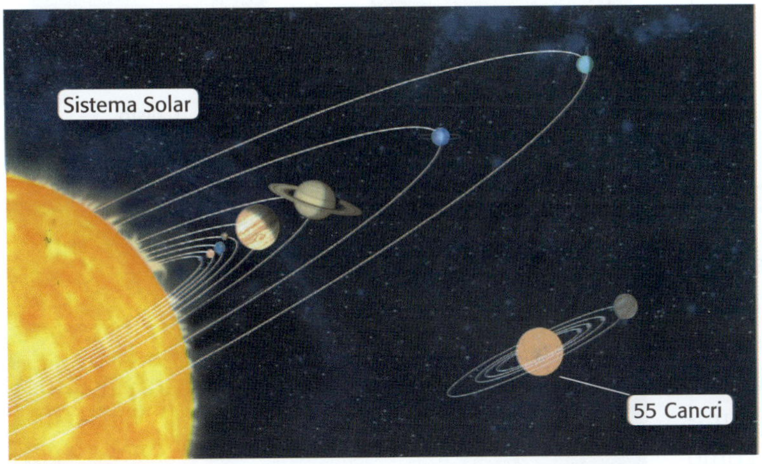

NÃO DEIXE DE LER

- **O céu.**
  Eduardo Banqueri. São Paulo: Editora Escala Educacional, 2007.
- **Espaço.**
  Carole Stott. São Paulo: Editora Caramelo, 2009.

Representação esquemática dos planetas do Sistema Solar em comparação com os planetas do sistema ao redor da estrela 55 Cancri, uma das menores estrelas já catalogadas. As linhas representadas são imaginárias. Cores fantasia. Elementos fora de escala de tamanho e de distância.

Planetas-anões

Por muito tempo, os astrônomos consideravam haver nove planetas no Sistema Solar: Mercúrio, Vênus, Terra, Marte, Júpiter, Saturno, Urano, Netuno e Plutão. Mas, em agosto de 2006, a União Astronômica Internacional (UAI) passou a classificar Plutão como um **planeta-anão**, e não mais como um planeta propriamente dito.

Isso aconteceu principalmente por conta de uma descoberta realizada em 2003. Nessa ocasião, pesquisadores localizaram um corpo celeste próximo a Plutão que é maior do ele e também orbita em torno do Sol, mesmo que a uma distância maior. Eris, como foi chamado esse astro, fez, então, os astrônomos repensarem o que seria um planeta, e reclassificarem, por fim, Plutão como um planeta-anão.

Planetas-anões são, então, astros muito menores do que os planetas que, mesmo tendo forma aproximadamente esférica e realizando uma trajetória constante ao redor do Sol, sofrem influência de outros corpos celestes em sua órbita.

Plutão, Eris e Ceres são alguns dos planetas-anões do Sistema Solar.

NASA IMAGENS

Representação dos planetas-anões Eris, Ceres e Plutão (com a lua Caronte); da Lua e da Terra. Na ilustração os astros foram representados em tamanhos proporcionais entre si. Observe que os planetas-anões são bem menores do que a Terra. Cores fantasia. Elementos fora de escala de distância.

Satélites naturais

Os **satélites naturais**, também chamados de luas, são corpos celestes que giram em torno de planetas ou de planetas-anões.

No Sistema Solar, apenas Mercúrio e Vênus não têm satélites naturais. Júpiter, por sua vez, tem 62 luas descritas até 2012.

A Lua é o satélite natural da Terra.

Representação de quatro satélites naturais de Júpiter. Nessa representação, as luas têm tamanhos proporcionais. Elementos fora de escala de distância. Cores fantasia.

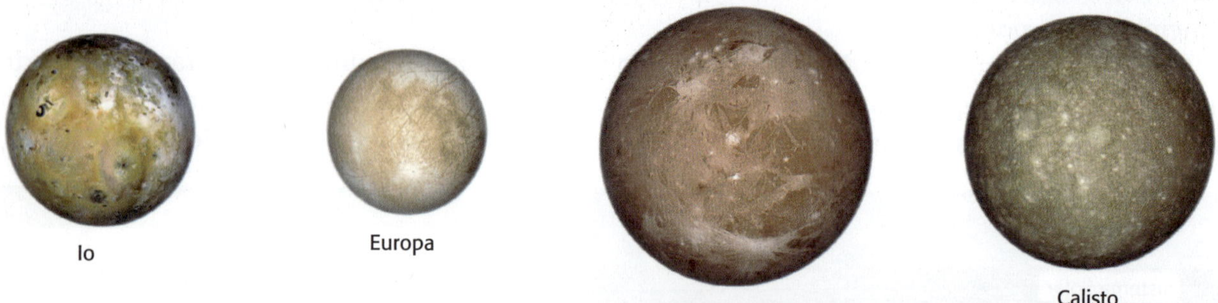

WALTER MYERS/SPL/LATINSTOCK

Meteoroides e meteoros

Os **meteoroides** são corpos celestes bem menores do que os asteroides. Ao entrar em contato com a atmosfera da Terra, passam a se chamar **meteoros** e geralmente se incendeiam. Esse fenômeno produz um rastro luminoso no céu, popularmente conhecido como "estrela cadente". Quando o meteoro atravessa a atmosfera e atinge o solo, é denominado **meteorito**.

GRAEME WHIPPS/REX FEATURES/ZUMA WIRE/EASYPIX BRASIL

Chuva de meteoros. Aberdeenshire, Escócia, em 2014.

Asteroides

Os **asteroides** são rochas com forma irregular e tamanho variado. Alguns chegam a medir até 1 000 quilômetros de diâmetro.

No Sistema Solar, eles orbitam em grande quantidade entre Marte e Júpiter, formando um cinturão de asteroides. Alguns asteroides podem sair desse trajeto e chocar-se com os planetas e satélites naturais, formando imensas crateras.

FLPA/REX/GLOW IMAGES

Cratera com aproximadamente 1 km de diâmetro e 174 m de profundidade, localizada no Arizona, Estados Unidos, fotografada em 2012.

Pista 1

Pense nas características do planeta Terra e nos seres vivos que vivem aqui. Você saberia dizer quais condições são essenciais em um planeta para que exista vida como a conhecemos?

Cometas

Os **cometas** são formados por gelo (água e outras substâncias congeladas) e por partículas. No Sistema Solar, eles seguem uma órbita elíptica ao redor do Sol, o que permite aos astrônomos identificar o período exato de sua aproximação da Terra. Ao passar relativamente perto do Sol, o gelo transforma-se em vapor e forma uma cauda que pode atingir 10 milhões de quilômetros de comprimento.

Órbita elíptica: trajetória em forma de elipse (oval) que os corpos celestes realizam em torno de outros corpos celestes.

A aparição dos cometas desperta curiosidade, interesse e até medo. Antigamente, algumas pessoas associavam a aparição deles a desastres. Cometas visíveis da Terra são eventos raros: o intervalo de tempo que um deles demora para ser visível novamente da Terra pode ser maior que 1 000 anos.

Representação esquemática da órbita de um cometa no Sistema Solar. As linhas das órbitas são imaginárias. Elementos fora de escala de tamanho, de proporção e de distância. Cores fantasia.

LUIS MOURA

FIQUE DE OLHO

O cometa Halley foi descrito pelos chineses em 240 a.C. Desde essa data, 30 aparições puderam ser vistas da Terra. Seu nome é uma homenagem ao astrônomo e matemático inglês Edmond Halley, responsável por estudar as observações de cometas feitas por outros cientistas e concluir que eram do mesmo corpo celeste. Ele também previu o intervalo de 76 anos que esse cometa leva para completar sua órbita ao redor do Sol. Halley faleceu em 1742, antes de sua previsão se confirmar, em dezembro de 1758.

BETTMANN/CORBIS/LATINSTOCK/COLEÇÃO PARTICULAR

Reprodução de retrato do astrônomo Edmond Halley. Ilustração feita em 1835, pelo britânico William Thomas Fry.

Quando passou pela Terra, em 1910, o cometa Halley causou espanto e muito medo. As pessoas diziam que, quando a cauda do cometa tocasse no horizonte, a Terra explodiria.

- Pergunte a familiares e amigos mais velhos o que aconteceu quando o cometa Halley passou perto da Terra em 1986. Depois, discuta com seus colegas a importância de divulgar para a população os fatos descobertos pela ciência.

HARVARD COLLEGE OBSERVATORY/SPL/ LATINSTOCK

Cometa Halley fotografado no Peru em 1910.

O SISTEMA SOLAR

O **Sistema Solar** é formado pelo Sol, pelos corpos celestes que giram ao redor dele (planetas, planetas-anões, cometas, meteoroides, asteroides etc.), por gases e poeira.

Veja a seguir uma descrição dos planetas que compõem o Sistema Solar.

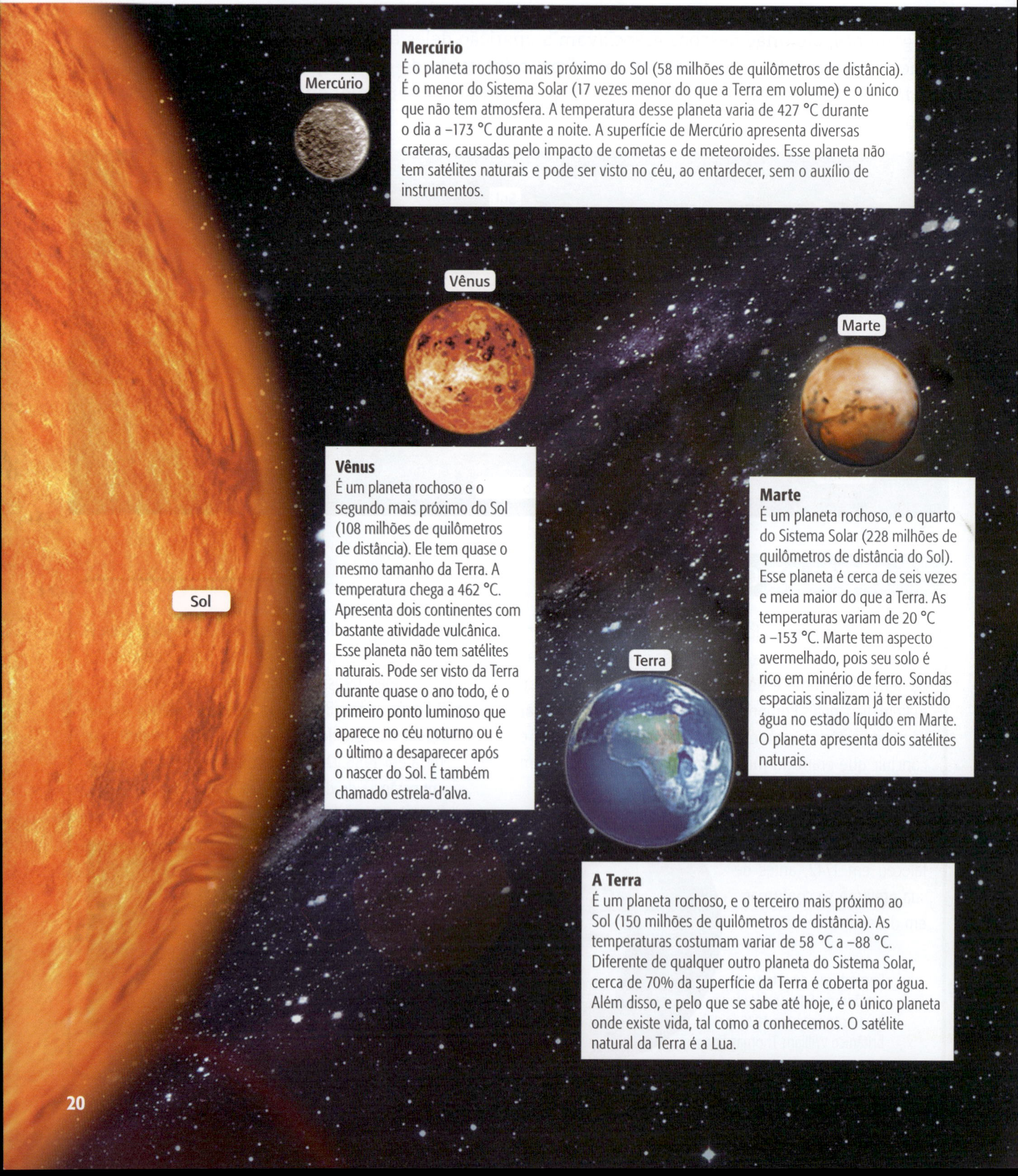

Mercúrio
É o planeta rochoso mais próximo do Sol (58 milhões de quilômetros de distância). É o menor do Sistema Solar (17 vezes menor do que a Terra em volume) e o único que não tem atmosfera. A temperatura desse planeta varia de 427 °C durante o dia a –173 °C durante a noite. A superfície de Mercúrio apresenta diversas crateras, causadas pelo impacto de cometas e de meteoroides. Esse planeta não tem satélites naturais e pode ser visto no céu, ao entardecer, sem o auxílio de instrumentos.

Vênus
É um planeta rochoso e o segundo mais próximo do Sol (108 milhões de quilômetros de distância). Ele tem quase o mesmo tamanho da Terra. A temperatura chega a 462 °C. Apresenta dois continentes com bastante atividade vulcânica. Esse planeta não tem satélites naturais. Pode ser visto da Terra durante quase o ano todo, é o primeiro ponto luminoso que aparece no céu noturno ou é o último a desaparecer após o nascer do Sol. É também chamado estrela-d'alva.

Marte
É um planeta rochoso, e o quarto do Sistema Solar (228 milhões de quilômetros de distância do Sol). Esse planeta é cerca de seis vezes e meia maior do que a Terra. As temperaturas variam de 20 °C a –153 °C. Marte tem aspecto avermelhado, pois seu solo é rico em minério de ferro. Sondas espaciais sinalizam já ter existido água no estado líquido em Marte. O planeta apresenta dois satélites naturais.

A Terra
É um planeta rochoso, e o terceiro mais próximo ao Sol (150 milhões de quilômetros de distância). As temperaturas costumam variar de 58 °C a –88 °C. Diferente de qualquer outro planeta do Sistema Solar, cerca de 70% da superfície da Terra é coberta por água. Além disso, e pelo que se sabe até hoje, é o único planeta onde existe vida, tal como a conhecemos. O satélite natural da Terra é a Lua.

NÃO DEIXE DE ACESSAR

- **Conheça ainda mais os planetas do Sistema Solar.** <http://www.canalkids.com.br/cultura/ciencias/astronomia/planetas.htm>.
- **Viagem virtual ao Sistema Solar.** <http:// www.ciencia-cultura.com/Astronomia/avancado.html>.

Acessos em: 13 mar. 2015.

NÃO DEIXE DE LER

- **Os segredos do Sistema Solar.** Paulo Sergio Bretones. São Paulo: Atual, 2011.

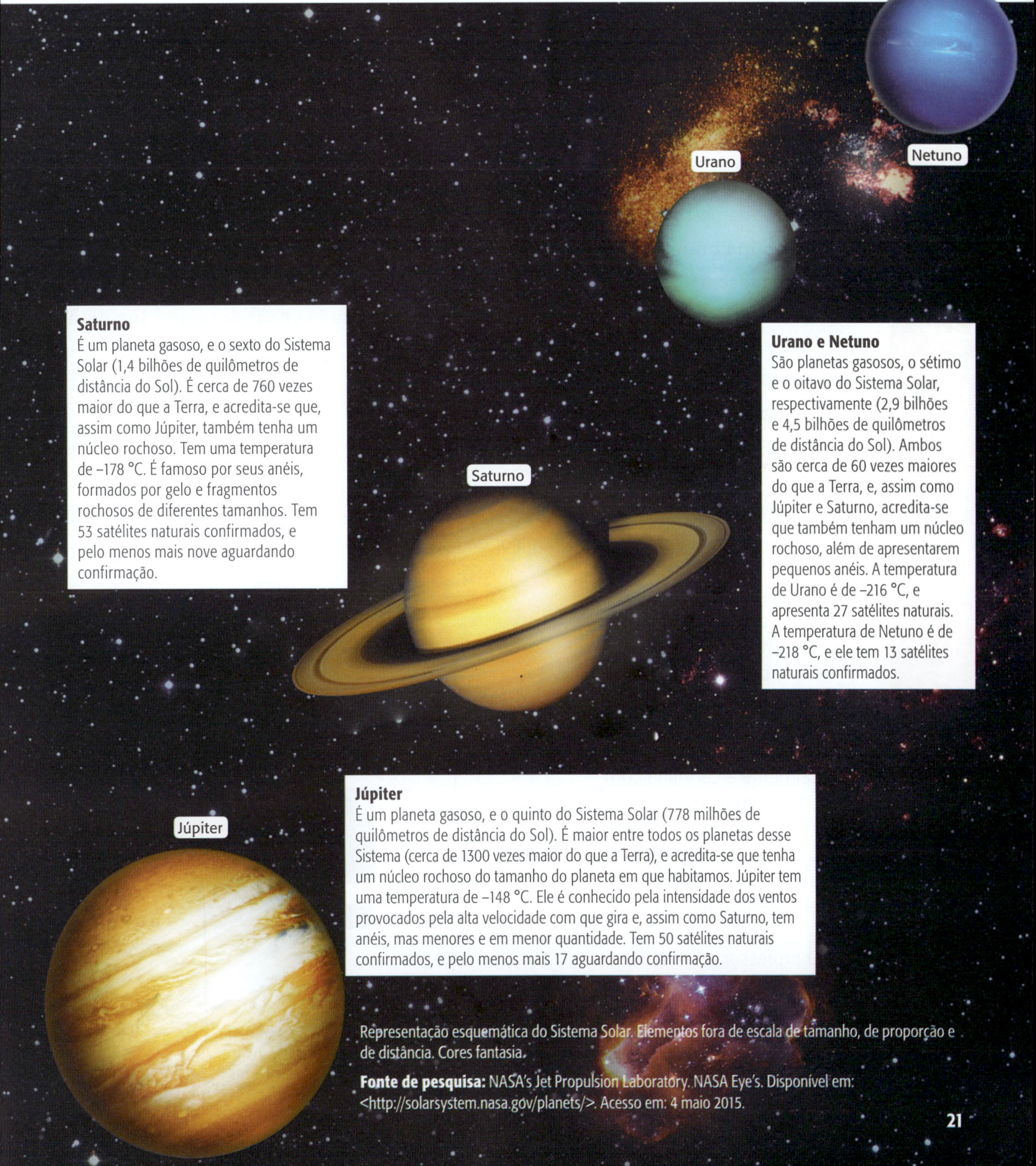

Saturno
É um planeta gasoso, e o sexto do Sistema Solar (1,4 bilhões de quilômetros de distância do Sol). É cerca de 760 vezes maior do que a Terra, e acredita-se que, assim como Júpiter, também tenha um núcleo rochoso. Tem uma temperatura de −178 °C. É famoso por seus anéis, formados por gelo e fragmentos rochosos de diferentes tamanhos. Tem 53 satélites naturais confirmados, e pelo menos mais nove aguardando confirmação.

Urano e Netuno
São planetas gasosos, o sétimo e o oitavo do Sistema Solar, respectivamente (2,9 bilhões e 4,5 bilhões de quilômetros de distância do Sol). Ambos são cerca de 60 vezes maiores do que a Terra, e, assim como Júpiter e Saturno, acredita-se que também tenham um núcleo rochoso, além de apresentarem pequenos anéis. A temperatura de Urano é de −216 °C, e apresenta 27 satélites naturais. A temperatura de Netuno é de −218 °C, e ele tem 13 satélites naturais confirmados.

Júpiter
É um planeta gasoso, e o quinto do Sistema Solar (778 milhões de quilômetros de distância do Sol). É maior entre todos os planetas desse Sistema (cerca de 1300 vezes maior do que a Terra), e acredita-se que tenha um núcleo rochoso do tamanho do planeta em que habitamos. Júpiter tem uma temperatura de −148 °C. Ele é conhecido pela intensidade dos ventos provocados pela alta velocidade com que gira e, assim como Saturno, tem anéis, mas menores e em menor quantidade. Tem 50 satélites naturais confirmados, e pelo menos mais 17 aguardando confirmação.

Representação esquemática do Sistema Solar. Elementos fora de escala de tamanho, de proporção e de distância. Cores fantasia.

Fonte de pesquisa: NASA's Jet Propulsion Laboratory. NASA Eye's. Disponível em: <http://solarsystem.nasa.gov/planets/>. Acesso em: 4 maio 2015.

EXPERIMENTE FAZER

Distância *versus* temperatura

Para pensar

Vários cientistas têm pesquisado sobre os fatores que podem influenciar na temperatura na superfície da Terra e de outros planetas. O que você acha que poderia influenciar a temperatura na superfície de um planeta? A distância do Sol, por exemplo, poderia influenciar?

Objetivo

- Verificar se a distância entre uma fonte de luz e calor e um objeto influencia a temperatura desse objeto.

Materiais

- um termômetro ambiental (de álcool)
- cartolina preta (retângulo com cerca de 15 cm × 20 cm)
- cartolina branca
- fita adesiva
- lanterna com lâmpada incandescente ou lâmpada incandescente ligada a um soquete
- régua ou fita métrica
- relógio

CUIDADO !

Somente o professor irá manusear o soquete!

Procedimentos

1 Recorte um retângulo de cartolina preta e, com a fita adesiva, fixe o termômetro no cartão. Cole o conjunto em um pedaço maior de cartolina branca, como mostra a figura abaixo.

2 Sobre uma superfície reta, como uma mesa, monte o conjunto da seguinte forma: posicione a lâmpada com o soquete na posição "zero" da régua (ou da fita métrica) e coloque verticalmente a cartolina com o termômetro na posição 10 cm da régua. Utilize o objeto como suporte para manter a cartolina em pé, em frente à luminária.

3 O professor vai manusear e acender a lâmpada. Espere de 10 a 15 minutos e anote a temperatura observada no termômetro.

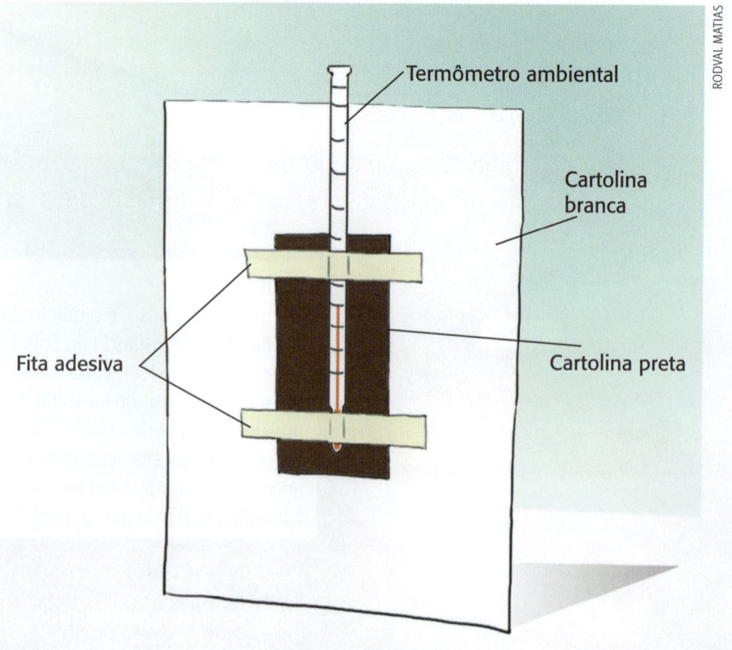

Esquema representando a montagem do experimento.

4 Reposicione o termômetro 10 cm mais distante da luminária do que a marca anterior.

5 Espere de 10 a 15 minutos e anote novamente a temperatura.

6 Repita o procedimento sucessivamente até a distância de 50 cm da marca "zero".

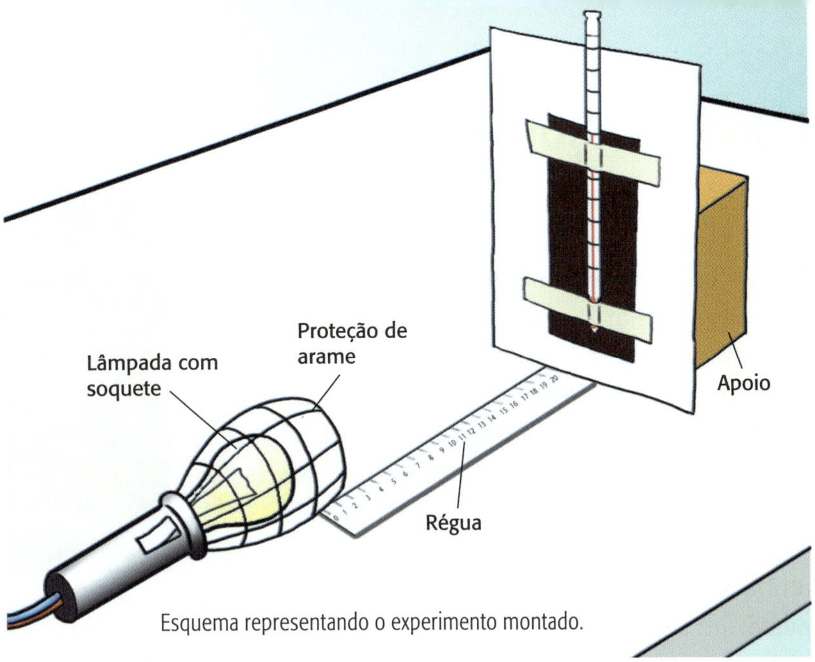

Esquema representando o experimento montado.

Atividade elaborada com base em *Experimentos de Astronomia para o Ensino Fundamental e Médio*, de Roberto Ortiz, Diego Falceta Gonçalves e Roberto Boczko, 2010.

Resultados

1. Os elementos do modelo montado buscam representar alguns elementos do Sistema Solar. Que elemento é representado pela luminária? E pela cartolina com o termômetro?
2. Em uma folha de papel quadriculado ou milimetrado, faça um gráfico da temperatura do termômetro (em °C) em função da distância (em cm), conforme modelo apresentado ao lado.
3. Observando o gráfico, responda:
   - Como varia a temperatura do termômetro em relação à distância da luminária: não muda, aumenta ou diminui?

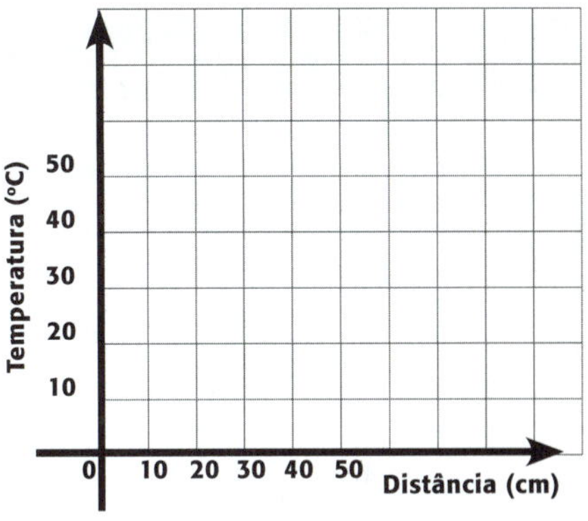

Modelo para a elaboração do gráfico.

Conclusões

1. Pelos dados obtidos no experimento, o que é possível afirmar sobre a temperatura dos planetas em relação à distância do Sol?
2. Observe a tabela abaixo e compare com os resultados obtidos na atividade. Em seguida, leia o texto que está depois da tabela. Associe essas informações e responda: que fatores influenciam a temperatura dos planetas?

	Mercúrio	Vênus	Terra	Marte	Júpiter	Saturno	Urano	Netuno
Distância média do Sol (em milhões de quilômetros)	58	108	150	228	778	1 425	2 886	4 497
Temperatura média do planeta (em °Celsius)	−173 a 427	462	−88 a 58	−153 a 20	−148	−178	−216	−217

Tabela de distância do Sol e temperatura dos planetas do Sistema Solar.

A temperatura de um planeta está relacionada a diversos fatores, entre eles a presença e a composição da atmosfera. Vênus, por exemplo, tem temperatura superior à de Mercúrio por causa de sua espessa atmosfera composta de gás carbônico, nitrogênio, gás oxigênio, entre outras substâncias.

CONSTELAÇÕES

Na Antiguidade, as estrelas eram percebidas como pontos fixos no céu e eram agrupadas de acordo com os desenhos que as mais brilhantes pareciam formar. A esses agrupamentos foi dado o nome de **constelações**. Embora pareçam estar próximas, as estrelas que formam uma constelação muitas vezes estão bem distantes umas das outras. Temos como exemplos as constelações de Escorpião, Touro, Três Marias, entre outras.

Com a invenção e o uso de instrumentos que ampliavam o alcance da nossa visão, outras estrelas passaram a ser visíveis. Atualmente, o céu noturno visto da Terra está dividido em 88 regiões (constelações) bem definidas, e qualquer nova estrela descoberta passa a pertencer a uma dessas constelações.

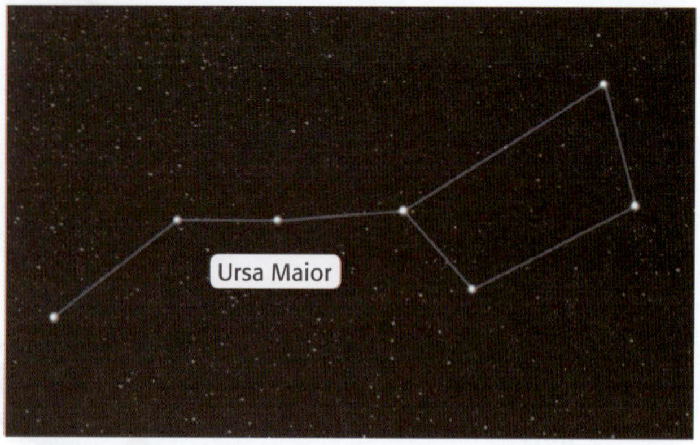

Diversas culturas podiam atribuir diferentes formas e nomes às constelações. A constelação de Ursa Maior, mostrada na ilustração acima, por exemplo, era chamada de "panela" pelos franceses e de "enxada" pelos ingleses. As linhas que aparecem conectando as estrelas são imaginárias. Elementos fora de escala de tamanho, de proporção e de distância.

FIQUE DE OLHO

ORIENTAÇÃO PELAS ESTRELAS

A constelação do **Cruzeiro do Sul** (vista apenas no Hemisfério Sul) é referência para estudiosos e viajantes há muito tempo.

Nela há quatro estrelas que parecem formar uma cruz e uma quinta estrela de menor brilho. Essa constelação muda de posição no céu no decorrer da noite e, no entanto, em qualquer momento, pode ser observada para descobrir onde está a direção sul.

A observação da **constelação de Órion** desempenhou um papel importante para as civilizações antigas. A posição e o horário em que surgia no céu ao longo do ano era um prenúncio da mudança de estação do ano. Quando se observava Órion nascer durante o amanhecer, era um sinal de que o verão havia chegado.

1. A sala será dividida em quatro grupos. Cada grupo fará uma pesquisa para descobrir qual é a constelação mais comum no Hemisfério Sul em uma das estações do ano e desenhará um modelo dela em seu caderno. Terminado o trabalho, os modelos ficarão expostos como um guia do céu. Lembrem-se de consultá-lo ao longo do ano.

2. Discutam a importância da observação e do estudo das constelações para os povos antigos e atualmente.

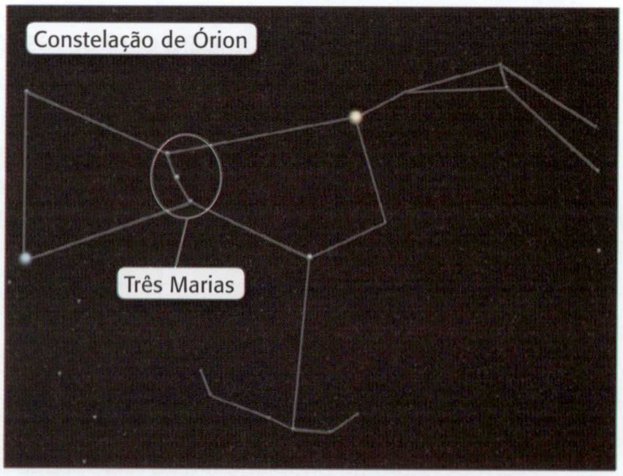

À esquerda, representação esquemática da constelação do Cruzeiro do Sul. À direita, representação esquemática da constelação de Órion. Elementos representados de acordo com sua imagem vista da Terra e fora de escala de tamanho, de proporção e de distância. As linhas que conectam as estrelas são imaginárias.

A ORIGEM DO UNIVERSO

De acordo com a maioria dos pesquisadores, o Universo surgiu há cerca de 14 bilhões de anos, quando teria ocorrido uma expansão bastante intensa e rápida de energia, com temperatura muito elevada. A partir disso, originou-se a matéria e, aos poucos, formaram-se estrelas, galáxias, planetas e os outros corpos celestes. Acredita-se que o Universo continua aumentando em tamanho desde esse momento até os dias de hoje.

Essa explicação faz parte de uma teoria chamada *Big Bang* – expressão que em inglês significa "grande explosão" –, nome curiosamente dado por um cientista que não concordava com ela.

Energia: em Física, a energia de um corpo (ou de um sistema) está associada à sua capacidade de realizar uma ação, uma transformação ou produzir calor.

Matéria: tudo aquilo que tem massa.

A ironia que deu certo

O físico inglês Fred Hoyle era um forte crítico da teoria que defendia um processo de criação para o Universo. Ele havia proposto uma teoria alternativa na qual o Universo permanecia estático. Essa era a "teoria do Estado Estacionário", uma teoria concorrente àquela que dizia que o Universo tivera uma origem.

No dia 28 de março de 1949, Hoyle, fazendo uma palestra [...] e usando sua maneira sarcástica de criticar, ironizou a teoria da criação do Universo referindo-se a ela como "esta ideia de Grande Explosão" ("this 'big bang' idea").

O termo foi usado novamente por Hoyle em outras entrevistas radiofônicas no início dos anos da década de 1950, quando ele participou de uma série de cinco palestras com o título *The Nature of Things* (A Natureza das Coisas). O texto correspondente a cada uma dessas palestras foi publicado na revista *The Listener* uma semana após o programa ter ido ao ar. Essa foi a primeira vez que o termo *Big Bang* apareceu impresso.

Ao contrário do que Hoyle certamente pretendia, o nome *Big Bang* passou a ser associado à teoria criada por Georges Lemaître, que postulava um momento de criação para o Universo.

JULIAN CALDER/CORBIS/LATINSTOCK

Fred Hoyle (1915-2001).

Mas, afinal, o que é o "Big Bang"? Curso a distância de Cosmologia do Observatório Nacional. Disponível em: <http://www.on.br/conteudo/informe/bigbang.html>. Acesso em: 13 mar. 2015.

NÃO DEIXE DE ASSISTIR

- **Além do Big Bang. Coleção *O Universo*. DVD 4. The History Channel.**
  Aborda diversas teorias a respeito da formação do Universo.

NÃO DEIXE DE ACESSAR

Instituições com *sites* interessantes sobre astronomia.

- **Agência Espacial Brasileira**
  <http://www.aeb.gov.br>.
- **Observatório Nacional**
  <http://www.on.br>.
- **Instituto de Astronomia, Geofísica e Ciências Atmosféricas da Universidade de São Paulo**
  <http://www.astro.iag.usp.br>.

Acessos em: 13 mar. 2015.

NÃO DEIXE DE VISITAR

- **Planetário da Universidade Federal de Goiás**
  Av. do Contorno, 900 – Parque Mutirana – Goiânia
  <www.planetario.ufg.br>.
- **MAST – Museu de Astronomia e Ciências Afins**
  R. General Bruce, 586 – São Cristóvão – Rio de Janeiro
  <www.mast.br>.

Acessos em: 13 mar. 2015.

teia do saber

1. Todos os pontos luminosos que podemos observar no céu noturno são estrelas? Justifique sua resposta pensando na explicação de como alguns astros são iluminados no espaço.

2. Observe a ordem (da esquerda para a direita) em que foram colocados os elementos no quadro abaixo.

Galáxia – Sistema Solar –
Planeta Terra – Lua – Cometa

- Você encontra algum sentido em tal ordenação? Justifique sua resposta.

3. Copie as frases corretas. Depois, corrija as que estiverem erradas.

a. A Terra tem apenas um satélite natural: a Lua.

b. Galáxia é uma imensa massa de estrelas.

c. Via Láctea é a principal estrela do Sistema Solar.

d. Netuno é o planeta mais próximo do Sol no Sistema Solar.

e. Dentre os planetas do Sistema Solar, o maior é Saturno.

f. O Sol gira ao redor da Terra.

g. Os planetas refletem parte da luz que recebem.

h. Centenas de meteoroides entram na atmosfera da Terra todos os dias.

4. Leia um trecho da letra da música de Guilherme Arantes.

a. Em seu caderno, copie da música as palavras que você aprendeu relacionadas à astronomia.

b. Para você, qual é o motivo de a Via Láctea, no texto, ser chamada de "estrada tão bonita"?

c. O que é um cometa?

d. Os cometas podem ser vistos da Terra?

e. O que representa, no texto, a expressão "voltar pra casa"?

Lindo balão azul

[...]
Pegar carona nessa cauda de cometa
ver a Via Láctea
estrada tão bonita
Brincar de esconde-esconde
numa nebulosa
voltar pra casa,
nosso lindo balão azul.

Guilherme Arantes. Lindo balão azul. Intérprete: Guilherme Arantes. In: *Meu mundo e tudo mais*. CBS, 1990. 1 CD. Faixa 10

THINKSTOCK/GETTY IMAGES

Nebulosa: aglomerado de gases e poeira, semelhante a uma nuvem.

5. Observe a figura abaixo e leia as legendas.

1. Pará
2. Amazonas
3. Mato Grosso do Sul
4. Rondônia
5. Mato Grosso
6. Roraima
7. Amapá
8. Tocantins
9. Goiás
10. Bahia
11. Minas Gerais
12. Espírito Santo
13. São Paulo
14. Acre

15. Piauí
16. Maranhão
17. Ceará
18. Rio Grande do Norte
19. Paraíba
20. Pernambuco
21. Alagoas
22. Sergipe
23. Santa Catarina
24. Rio Grande do Sul
25. Paraná
26. Rio de Janeiro
27. Distrito Federal (Brasília)

LUIS MOURA

"As constelações que figuram na Bandeira Nacional correspondem ao aspecto do céu, na cidade do Rio de Janeiro, às 20 horas e 30 minutos do dia 15 de novembro de 1889 (doze horas siderais) e devem ser consideradas como vistas por um observador situado fora da esfera celeste."

LEI 8.421, DE 11 DE MAIO DE 1992, ARTIGO 3, PARÁGRAFO 1º.

Esfera celeste: céu como o vemos da Terra, dando-nos a impressão de ser a metade de uma esfera.

a. Cada estrela de nossa bandeira representa uma unidade administrativa do nosso país. Que unidade é essa? Exemplifique.

b. Localize os números que correspondem à constelação do Cruzeiro do Sul.

Pista 2

Leia a tirinha. Depois, reunidos em grupos, respondam às questões.

FERNANDO GONSALES

Tirinha do cartunista Fernando Gonsales.

- A astrobiologia é a ciência que estuda as possibilidades da existência de vida fora do planeta Terra. Os astrobiólogos procuram, em outros sistemas, planetas que tenham condições favoráveis à vida. Quais condições vocês acham que são essas?
- Os planetas Kepler-438b, Kepler-62e e Kepler-442b têm algumas características semelhantes às da Terra. Façam uma pesquisa sobre eles e respondam: Quais são as características que os fazem ser semelhantes ao planeta Terra?

2 Investigando o Universo

VINCENT VAN GOGH. NOITE ESTRELADA SOBRE O RÓDANO, 1888.MUSÉE D'ORSAY, PARIS, FRANÇA

Uma noite estrelada sobre o Ródano, pintura feita em 1888, por Vincent van Gogh (1853-1890). Óleo sobre tela. Esse quadro está no Museu d'Orsay, em Paris, na França.

Essa obra foi pintada em setembro de 1888, na cidade de Arles, no sul da França, pelo pintor holandês Vincent van Gogh. Nela, o artista representou o céu noturno sobre o rio Ródano.

BATE-PAPO

1. O que você identifica na pintura *Uma noite estrelada sobre o Ródano*?
2. Em uma carta para a irmã, Van Gogh disse: "No momento eu quero pintar um céu estrelado. Muitas vezes parece-me que a noite é ainda mais colorida do que o dia". O que você acha que ele quis dizer com essa afirmação? Pense nos elementos que podemos ver no céu noturno em comparação aos que vemos no céu diurno.
3. Na sua opinião, por que, durante a noite, enxergamos tantas estrelas e durante o dia enxergamos apenas o Sol?
4. Que instrumentos você conhece que são usados na astronomia para investigar o céu?
5. Van Gogh afirmou: "Não sei nada com certeza, a não ser que ver as estrelas me faz sonhar". O que você pensa ao observar o céu estrelado? Converse com os colegas.

INSTRUMENTOS DE OBSERVAÇÃO DO CÉU

Vivemos na Terra, apenas um pequeno ponto do Universo. À noite, sem a luz brilhante do Sol, é possível observar outros astros, como a Lua, as estrelas, os planetas, os cometas e os meteoros. São tantos que é muito difícil contar!

As primeiras pessoas a observar o céu e as estrelas o faziam sem o auxílio de instrumentos que ampliassem a visão. Hoje, com equipamentos desse tipo, é possível conhecer locais mais distantes do Universo, ter informações mais detalhadas e identificar as características de vários corpos celestes.

Os seres humanos estudam o Universo há muito tempo. Os sumerianos, que viviam onde hoje é o Iraque (entre os rios Tigre e Eufrates por volta de 4000 anos a.C.), estão entre os primeiros povos a observar o céu sistematicamente buscando compreender os astros. Eles desenvolveram um sistema de orientação no **espaço** e no **tempo** baseado na posição das estrelas (contagem de anos) e da Lua (contagem de meses). Previsões relacionadas à contagem do tempo indicavam, por exemplo, a melhor época para plantar (por prever épocas de maior incidência de chuva, de maior temperatura etc.). A localização no espaço, por outro lado, os ajudava a se orientar em deslocamentos e viagens. Além disso, os astros e seu movimento no Universo eram um meio de expressão da fé e da religião.

Lente: objeto feito de um material capaz de desviar a luz que passa através dele, fazendo com que enxerguemos de outra maneira aquilo que está por trás desse material. Por exemplo, as lentes de aumento ampliam a visão que temos de um objeto.

Luneta

Entre os primeiros instrumentos utilizados para a observação do céu, podemos citar as **lunetas**. A luneta foi desenvolvida para a observação de objetos que estão a grandes distâncias do observador. Sua estrutura é bastante simples: é composta de um tubo com lentes que, em conjunto, fornecem a imagem ampliada.

O primeiro cientista a utilizar esse instrumento para observar o céu e os astros foi o italiano **Galileu Galilei**. Ele aperfeiçoou uma luneta criada por um holandês anos antes. Em 1610, fez observações da Lua e descreveu suas crateras.

AKG-IMAGES/ALBUM/LATINSTOCK/MUSEO DELLE SCIENZE, ITÁLIA

Luneta construída e utilizada por Galileu em suas observações do céu. Ele a chamava de *perspicillum*, termo em latim que significa "pequeno telescópio".

AKG-IMAGES/RABATTI DOMINGIE/ALBUM/ LATINSTOCK/BIBLIOTECA NACIONAL, FLORENÇA, ITÁLIA

Seis representações da Lua feitas por Galileu, em dezembro de 1609, a partir das observações que ele realizou com sua luneta.

Telescópios ópticos

Os **telescópios ópticos** são instrumentos de observação astronômica semelhantes às lunetas, no entanto, têm maior capacidade de ampliação. Alguns telescópios utilizam espelhos, em vez de lentes, para capturar e ampliar a imagem. Quanto maior for o diâmetro do espelho que o telescópio tiver, maior será a quantidade de luz captada, e melhor será a qualidade da imagem obtida.

O maior telescópio óptico brasileiro tem um espelho de 1,6 metro e está no Laboratório Nacional de Astrofísica (LNA), em Brasópolis, Minas Gerais.

RUARIDH STEWART/ZUMA PRESS/CORBIS/LATINSTOCK

Telescópio óptico do Observatório Lowell, no Arizona, Estados Unidos, em 2013.

Grandes telescópios

O Brasil participou, junto a outros países, de dois projetos de construção de grandes telescópios ópticos:

- **Observatório Gemini**: planejamento e construção de dois telescópios idênticos (Gemini Norte, no Havaí, e Gemini Sul, no Chile), com espelho de 8,1 metros de diâmetro cada um. O Gemini Norte foi inaugurado em 1999 e o Sul, em 2002.
- **Telescópio SOAR**: planejamento e construção de um telescópio com espelho de 4,2 metros, inaugurado em 2004, também no Chile.

GEMINI OBSERVATORY PHOTO

Observatório Gemini Sul, em Cerro Pachón, no Chile.

DAVID NUNUK/SPL/LATINSTOCK

Observatório Gemini Norte, no Havaí, Estados Unidos da América. As imagens combinadas deste telescópio e do Gemini Sul englobam praticamente a visão total do céu (hemisférios Norte e Sul).

FIQUE DE OLHO

Telescópios de alta potência são construídos em lugares especiais, com características específicas.

1. Pesquise e procure descobrir quais são as características que os locais candidatos à construção de um telescópio devem ter. Após a pesquisa, faça um debate com seus colegas e com o(a) professor(a) sobre esses motivos.
2. Converse com seus colegas e discuta a razão de se construírem telescópios longe de grandes cidades.
3. Durante a pesquisa, descubra qual é e onde fica o telescópio óptico mais potente existente. Pesquise imagens feitas por esse telescópio e mostre-as aos colegas.

Satélites artificiais e estações espaciais

Satélites artificiais são objetos construídos por seres humanos e que giram em torno de corpos celestes. Os satélites artificiais enviam uma série de informações para as bases na Terra. A função deles depende do seu tipo.

O satélite pode ser:

- **de comunicação**, que permite que nos comuniquemos via satélite;
- **meteorológico**, que prevê condições do tempo;
- **de posicionamento**, que mostra a posição de navios, aviões ou pessoas em qualquer parte do mundo;
- **ambiental**, que mostra desmatamentos ou queimadas;
- **de observação** astronômica, para monitoramento dos astros.

EUROPEAN SPACE AGENCY/SPL/LATINSTOCK

Representação artística do satélite *SMOS* orbitando a Terra. Esse satélite gera mapas com dados de umidade do solo e salinidade dos oceanos.

As **estações espaciais** são estruturas colocadas fora da atmosfera, que podem permanecer em órbita em torno da Terra por semanas, meses e até anos. Elas são capazes de hospedar uma tripulação, composta geralmente de pesquisadores e astronautas. Em 1998, teve início a construção da Estação Espacial Internacional (ISS, sigla em inglês), projeto do qual fazem parte 16 países, incluindo o Brasil. A participação brasileira envolveu a produção de alguns equipamentos para a ISS e, em troca, o Brasil ganhou alguns direitos, dentre eles o de enviar um astronauta ao espaço (o que aconteceu em março de 2006).

As estações espaciais são usadas, entre outras finalidades, para realizar experimentos que exigem longo período de tempo, tais como reações dos organismos quando expostos a um ambiente sem gravidade.

Sondas espaciais

As sondas espaciais são espaçonaves não tripuladas que coletam informações de corpos celestes. Algumas são projetadas para pousar na superfície de outros planetas. Outras apenas entram na órbita de um deles e tiram fotografias, que são enviadas para os centros de pesquisa localizados na Terra.

As informações enviadas por essas sondas ajudam a entender o clima, a planejar outras missões espaciais, a descobrir como são os planetas, entre outras finalidades.

CORBIS/LATINSTOCK

Modelo da sonda espacial *Viking 1*, lançada em 1975, a primeira a percorrer a superfície de Marte. Sua missão foi concluída em 1980.

SAIBA MAIS

Telescópio espacial *Hubble*

“[...]

O telescópio espacial *Hubble* foi colocado em órbita da Terra em 24 de abril de 1990, levado pelo ônibus espacial Discovery.

No início, funcionou mal, com imagens fora de foco. Mas, ao longo dos anos, os astronautas americanos trocaram lentes e outros equipamentos, e hoje o *Hubble* é considerado o maior sucesso da Nasa, depois da ida do homem à Lua.

O nome, *Hubble*, é uma homenagem ao astrônomo Edwin Hubble que descobriu que o universo está em expansão. Graças ao telescópio espacial foi possível calcular o ritmo da expansão e a idade exata do universo: 13,8 bilhões de anos.

Uma das imagens mais famosas captadas pelas câmeras do *Hubble* mostra uma pequena área do céu, que antes era vista como um campo escuro na constelação da Ursa Maior. O *Hubble* enxergou ali milhares de galáxias, cada uma com centenas de bilhões de estrelas, da época em que o universo era bebê, com apenas 500 milhões de anos.

Para qualquer lugar que se olhe, é o que se vê: um número imenso de galáxias. Na nossa galáxia, a Via Láctea, o *Hubble* fez fotos célebres [...].

O *Hubble* surpreendeu, funcionando por mais tempo que o previsto, e pelo menos até 2020 continuará em operação. Mas será substituído por outro telescópio, muito maior e mais avançado, o James Webb, que será lançado em 2018.”

Jorge Pontual. *Telescópio Hubble completa 25 anos em órbita a 547 quilômetros da Terra*. Disponível em: <http://g1.globo.com/jornal-da-globo/noticia/2015/04/telescopio-hubble-completa-25-anos-em-orbita-547-quilometros-da-terra.html>. Acesso em: 4 maio 2015.

THE ART ARCHIVE/F &A ARCHIVE/AFP FORUM

Telescópio espacial *Hubble*.

NASA/ESA

Aglomerado de galáxias de Pandora ou Abell 2744, imagem obtida pelo telescópio espacial *Hubble*. Ele contém várias centenas de galáxias.

ESTRUTURA DO TELESCÓPIO *HUBBLE*

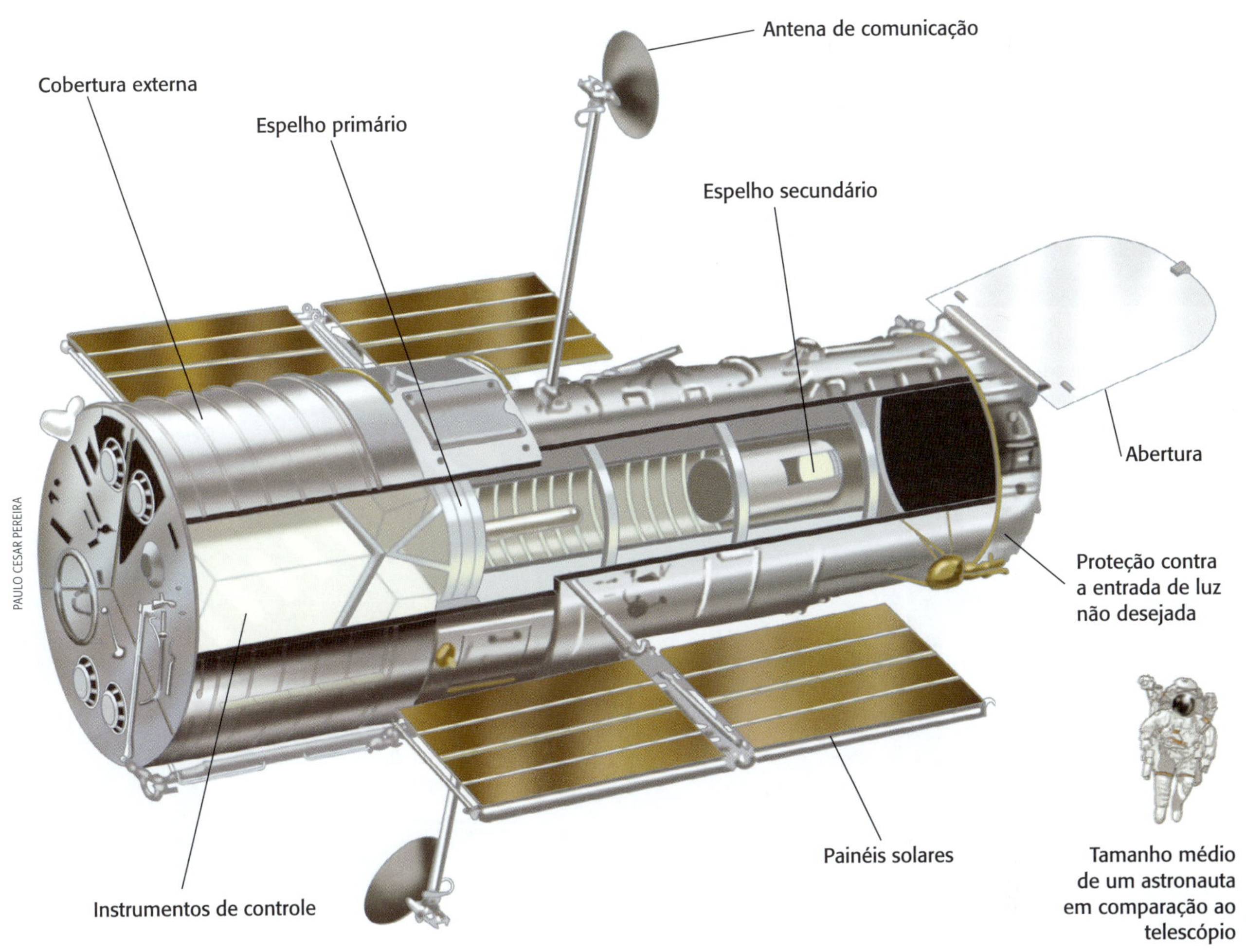

Representação esquemática das estruturas do telescópio *Hubble*. Cores fantasia.

Para pensar

1. Quais características classificariam o *Hubble* como um telescópio? E como um satélite artificial?

2. Observe a imagem desta página e responda: Como você acha que o *Hubble* consegue obter energia para continuar funcionando no espaço?

3. Baseando-se nas informações das páginas 31 e 32, avalie qual a principal função do *Hubble*.

Pista 3

Vários esforços foram realizados desde meados do século XX em busca de vida extraterrestre. Diversos instrumentos foram utilizados na busca de sinais da existência de qualquer tipo de vida fora da Terra, como sondas e telescópios. Com base no que você aprendeu sobre sondas nesta unidade, responda: De que forma elas podem ser úteis na investigação de vida fora da Terra?

A conquista do **espaço**

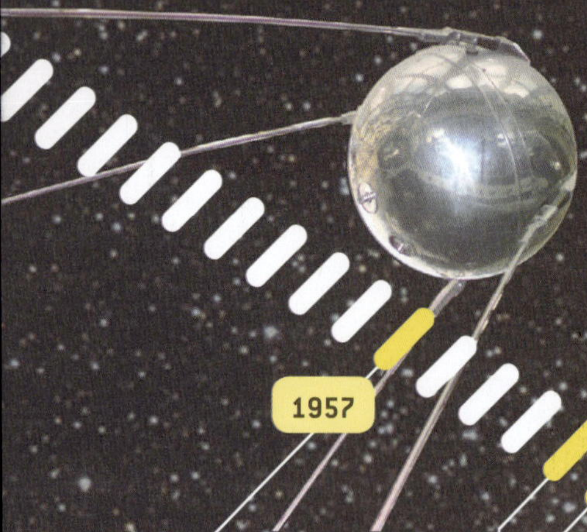

1957

É lançado o *Sputnik 1*, primeiro satélite artificial russo colocado em órbita. Tinha forma esférica, com 58 cm de diâmetro e era feito de alumínio. Teve contato por rádio com a Terra durante 21 dias e deu 1 400 voltas ao redor da Terra.

1961

Yuri Gagarin (1934-1968) foi um cosmonauta (ou astronauta) soviético e o primeiro homem a viajar no espaço na cápsula *Vostok 1*. Esse foi o primeiro voo tripulado e ele deu uma volta ao redor da Terra em 1 hora e 48 minutos.

1962

BETTMANN/CORBIS/LATINSTOCK

Foi lançado o *Telstar*, o primeiro satélite de comunicação colocado em órbita. Ele enviava sinais para a transmissão de programas de televisão. A duração de sua órbita era de 2 horas e meia.

1968

É divulgada a fotografia da Terra vista do espaço, feita por William Anders a bordo da espaçonave *Apollo 8*.

WILLIAM ANDERS/NASA IMAGES

1969

Chega até a Lua a missão *Apollo 11*. Neil Armstrong foi o primeiro homem que pisou em solo lunar.

1973

Foi lançada a *SkyLab*, a primeira estação espacial. Depois de um ano orbitando a Terra, caiu em um deserto da Austrália.

NASA/ROGER RESSMEYER/CORBIS/LATINSTOCK

1976

As sondas estadunidenses *Viking 1* e *Viking 2* pousam na superfície de Marte à procura de sinais de vida.

1990

Lançamento do telescópio espacial *Hubble*. As imagens feitas por esse telescópio geraram grandes descobertas a respeito do Universo.

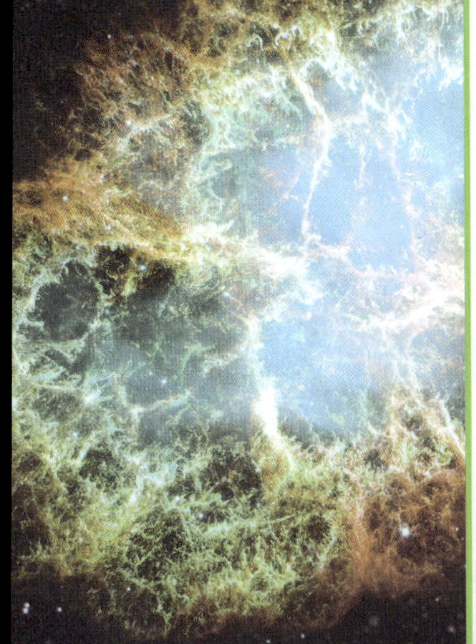

1. Em que ano foi lançada a primeira missão tripulada ao espaço? Quantos anos depois o ser humano pisou na Lua?
2. Converse com os colegas e discutam: Quais problemas vocês acham que o acúmulo de lixo espacial pode ocasionar?
3. Imagine que você leu um anúncio como o mostrado abaixo na internet:

> A Agência Espacial Americana (Nasa) convida jovens brasileiros dispostos a participar de futuras missões tripuladas à Estação Espacial Internacional (ISS). É preciso ter determinação, capacidade de adaptação e gostar de trabalhar em equipe. Será aplicado um rigoroso processo de seleção. Os candidatos terão de passar por diversos testes, feitos por especialistas em voos espaciais.

- Imagine que você quisesse se candidatar a essa vaga. Escreva um texto explicando aos especialistas da Nasa por que você gostaria de se candidatar. Leia a carta para seus colegas.

1998

Tem início a montagem da Estação Espacial Internacional, com colaboração de 16 países, inclusive o Brasil. Já está em operação e em 2011 havia seis tripulantes a bordo da nave.

REUTERS/LATINSTOCK

Mais de 100 mil fragmentos, restos de satélites artificiais, estão na órbita da Terra e compõem o lixo espacial.

2011

A Nasa envia veículo-robô para Marte em busca de evidências da existência de seres vivos naquele planeta.

SPL/LATINSTOCK

2006

Em 29 de março de 2006, Marcos Pontes realizou uma missão espacial a bordo da Soyuz TMA – 8, rumo à Estação Espacial Internacional. Ele foi o primeiro astronauta brasileiro a viajar para o espaço.

WWW.MARCOSPONTES.NET

1. Sabendo que o Sol é a estrela que vemos com maior luminosidade, justifique a afirmativa a seguir:

> Observando o céu, durante o dia, não enxergamos as demais estrelas além do Sol, apesar de elas estarem lá.

JOÃO PRUDENTE/PULSAR IMAGENS

Não se deve olhar diretamente para o Sol, porque os olhos podem ser danificados. Represa em Anhembi (SP), 2010.

2. O que significa observar um corpo celeste a "olho nu"? Sob quais condições os astros são mais visíveis a "olho nu"?

3. Qual é a utilidade da luneta para os observadores do céu e de seus corpos celestes? Explique, em linhas gerais, como ela funciona.

4. Além da luneta, que outros instrumentos podemos utilizar para observar o céu sem sair da Terra?

5. Complete as frases abaixo, usando as palavras do quadro:

> **telescópio óptico – *Hubble* – satélites artificiais**
> **sondas espaciais – luneta**

a. O ■ é um instrumento que utiliza espelhos para captar a luz, usado para observar o céu.

b. O instrumento de observação do céu utilizado por Galileu Galilei era a ■ .

c. ■ são espaçonaves não tripuladas que coletam informações de outros astros.

d. Os ■ ficam em órbita em torno de um planeta e foram construídos por seres humanos.

e. É o único telescópio que não está na superfície da Terra: ■ .

6. Leia as frases abaixo. Depois, reescreva as que estiverem erradas.

a. As estações espaciais são estruturas gigantes, porém não podem hospedar uma tripulação.

b. Telescópios são utilizados para a comunicação por meio da emissão de sinais de televisão, rádio e telefone.

c. Os povos antigos podiam prever as estações do ano por meio da observação dos astros.

7. A imagem ao lado retrata a Pedra do Sol, calendário utilizado pela civilização asteca (antiga civilização que viveu na América Central, onde hoje é o México). Essa rocha esculpida tem três metros de diâmetro e é, também, uma representação do Universo.

- Como a existência de um objeto como esse indica o uso que certos povos antigos faziam da observação dos astros no Universo?

A Pedra do Sol está em exposição no Museu de Antropologia, na Cidade do México (México).

8. Analise o esquema e depois responda à questão:

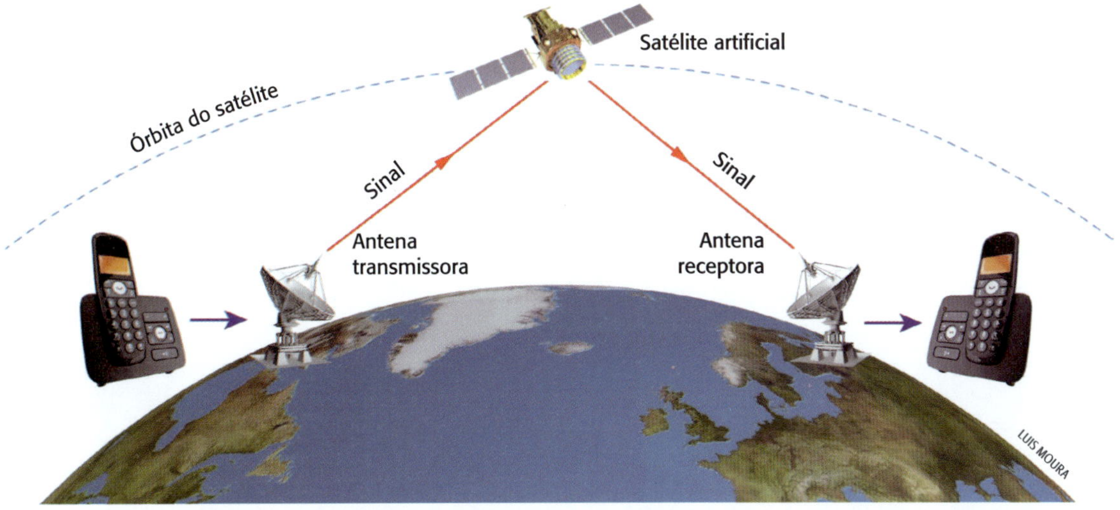

Esquema representando um satélite artificial ao redor da Terra. Na superfície da Terra, há duas antenas que captam os sinais transmitidos pelo satélite. As linhas representam a trajetória dos sinais transmitidos e captados.

- Como é possível falar ao telefone no Brasil e ser ouvido no Japão?

9. Converse com seus colegas e discutam qual é a vantagem do telescópio *Hubble*, que orbita fora da atmosfera da Terra, em relação aos telescópios terrestres.

Desfecho

Como já foi dito, ainda não há consenso entre os cientistas sobre a presença de vida fora da Terra, apesar da incessante procura por planetas que sejam semelhantes ao planeta que habitamos. Até o momento não se tem certeza sobre a vida extraterrestre e como ela seria. O que você pensa sobre a existência da vida em outros planetas? Como você acha que seriam os organismos desse planeta?

Encerrando a unidade

1. Dividam-se em grupos de acordo com as orientações do professor. Escrevam uma frase sobre cada um dos temas abaixo. Depois, leiam as frases de seus colegas de grupo.

- **As galáxias e os astros**
- **O Sistema Solar**
- **A origem do Universo**
- **Como se investiga o Universo**

2. Conversem a respeito das frases escritas pelo grupo e depois elaborem um texto com as ideias apresentadas sobre os temas tratados na unidade. Leiam o texto para os colegas de classe.

Consequências das atividades humanas

Nas últimas décadas, o ser humano vem causando um tipo diferente de poluição: a espacial. Veja a imagem a seguir.

É certo que a exploração do espaço trouxe inúmeros benefícios para a humanidade. Os satélites permitiram o avanço nas comunicações ao transmitir dados, sinais de televisão, rádio e telefone. Há ainda equipamentos que monitoram a Terra, fornecendo informações sobre as mudanças climáticas e dando a oportunidade para os cientistas anteciparem fenômenos naturais. Porém, após perderem a utilidade, esses objetos permanecem no espaço e se tornam instrumentos sem uso, ou seja, **lixo espacial**.

Em 2011, havia cerca de 17 mil detritos circulando pela órbita terrestre, entre restos de satélites e de foguetes, lascas de tinta, peças metálicas e até ferramentas deixadas pelos astronautas.

Além do risco de alguns desses detritos caírem na Terra, há o perigo de eles colidirem com naves e satélites em funcionamento, prejudicando o uso do espaço pelos cientistas.

EUROPEAN SPACE AGENCY/SPL/LATINSTOCK

A representação esquemática ao lado simboliza o lixo espacial acumulado na órbita da Terra (até 200 km de altitude). O lixo é composto de milhares de satélites desativados, fragmentos de espaçonaves e equipamentos perdidos por astronautas. Elementos fora de escala de tamanho e de proporção. Cores fantasia.

Na superfície terrestre podemos testemunhar situações semelhantes.

Muitas ações humanas geram uma grande quantidade de resíduos que, quando não são descartados de maneira adequada, causam a poluição das cidades, do solo e da água.

As regiões urbanas do Brasil produzem cerca de 35 milhões de toneladas de lixo por ano. Em média, cada brasileiro produz 0,8 kg de lixo por dia.

Observe as imagens a seguir.

ERNESTO REGHRAN/PULSAR IMAGENS

Lixo acumulado em uma calçada. A falta de conscientização da população a respeito da forma correta de descarte pode ocasionar cenários como esse. Cidade brasileira, em 2014.

GERSON GERLOFF/PULSAR IMAGENS

Objetos descartados são sinais da presença humana em área de mata natural. Município brasileiro, em 2014.

GERSON GERLOFF/PULSAR IMAGENS

Acúmulo de lixo em uma lagoa, cidade brasileira, 2014.

Para explorar

1. Escolham algumas atitudes de redução da produção de lixo que poderiam ser praticadas na escola onde estudam. Com a orientação do professor, elaborem cartazes com essas ideias.
2. Das atitudes escolhidas, quais você pratica no seu dia a dia? Você acha que poderia fazer mais pela conservação ambiental? Explique.
3. Reflita sobre como algumas mudanças de hábitos poderiam ajudar a minimizar a poluição ambiental. É possível ajudar os moradores do bairro ou do condomínio a se conscientizar desse problema? Como? Converse com os demais colegas da classe.

UNIDADE

2 A Terra

Em 1968, as pessoas puderam ver uma fotografia da Terra feita do espaço. Ela foi tirada em 24 de dezembro, pela tripulação da espaçonave *Apollo* 8.

Os astronautas estadunidenses Frank Borman, Jim Lovell e William Anders tornaram-se os primeiros seres humanos a sair da órbita da Terra e a entrar na órbita da Lua.

Nesta unidade, você vai saber mais sobre:

- Os movimentos da Terra
- A Lua e suas fases
- A composição da Terra
- Placas litosféricas
- A hipótese da deriva continental

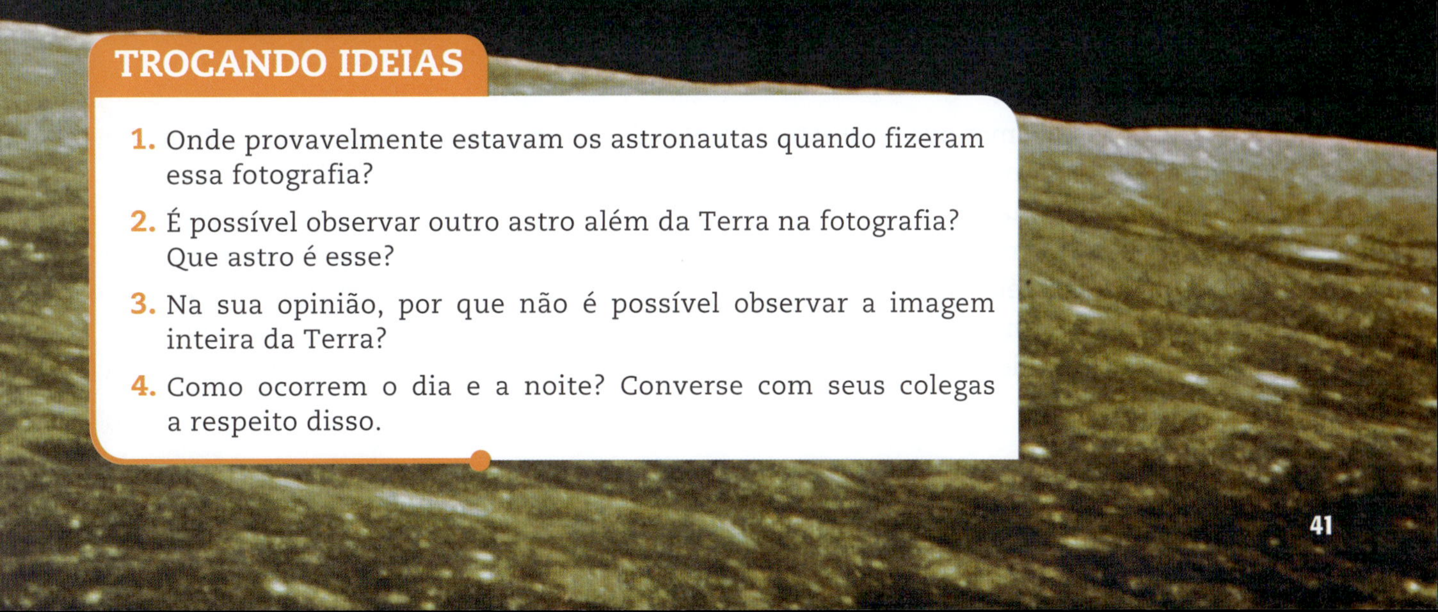

TROCANDO IDEIAS

1. Onde provavelmente estavam os astronautas quando fizeram essa fotografia?
2. É possível observar outro astro além da Terra na fotografia? Que astro é esse?
3. Na sua opinião, por que não é possível observar a imagem inteira da Terra?
4. Como ocorrem o dia e a noite? Converse com seus colegas a respeito disso.

3 A Terra no espaço

[...] Os tupis-guaranis também observavam os movimentos do Sol e da Lua e se preocupavam em prever os eclipses.

Um dos mitos tupi-guarani sobre o fenômeno relata que a onça (*xivi*, em guarani) sempre persegue os irmãos Sol e Lua. Na ocasião do eclipse solar (*kuaray onheama*) ou do lunar (*jaxy onheama*), os indígenas fazem a maior algazarra, com o objetivo de espantar a Onça Celeste, pois acreditam que o fim do mundo ocorrerá quando ela devorar a Lua, o Sol e os outros astros, fazendo com que a Terra caia na mais completa escuridão. [...] O mito sobre os eclipses demonstra o grande conhecimento empírico de astronomia dos tupis-guaranis.

Germano Afonso. Mitos e estações no céu tupi-guarani. *Revista Scientific American Brasil*. São Paulo, ed. 45, fev. 2006. Disponível em:<www2.uol.com.br/sciam/reportagens/mitos_e_estacees_no_ceu_tupi-guarani.html>. Acesso em: 16 mar. 2015.

Empírico: baseado na observação, na prática.

RENATO SOARES/PULSAR IMAGENS

Indígenas Guarani da aldeia Piraquê-Açu, em Aracruz (ES), 2014.

BATE-PAPO

1. Você sabe o que é um eclipse do Sol ou da Lua? Converse com os colegas: Como você acha que eles ocorrem?
2. Você já viu algum eclipse?
3. Você conhece outra lenda indígena a respeito da Terra, da Lua e do Sol? Se souber, compartilhe a história com os colegas.
4. Converse com seus colegas e apontem o que vocês sabem sobre a forma como os cientistas buscam explicar os fenômenos da natureza.

O modelo heliocêntrico

Hoje, sabemos que o Sol está no centro do Sistema Solar, mas isso nem sempre foi assim. Nicolau Copérnico propôs um modelo em 1543 em que o Sol localizava-se no centro e os planetas giravam ao seu redor. Porém, mesmo com outros pesquisadores fornecendo mais modelos matemáticos e físicos para embasar essa teoria, ela não foi aceita na época. Somente em 1922, a Igreja católica passou a reconhecer que o Sol estaria no centro do Sistema Solar. No Desafio desta unidade, iremos entender como o modelo heliocêntrico desenvolveu-se ao longo dos séculos até que pudesse ser uma teoria aceita.

CARACTERÍSTICAS DA TERRA

A **Terra** apresenta diâmetro aproximado de 12 mil quilômetros. Ela é o único planeta do Sistema Solar com abundância de água, principalmente líquida. Cerca de três quartos de sua superfície são cobertos por água, encontrada nos oceanos, rios, lagos, aquíferos.

A distância entre a Terra e o Sol permite uma combinação ideal para a existência de vida tal como a conhecemos, como quantidade de luz apropriada e temperatura adequada para que a água exista na forma líquida.

A Terra tem a forma de uma esfera ligeiramente achatada nos polos. Portanto, seu diâmetro medido de polo a polo é menor do que seu diâmetro no Equador. No entanto, a diferença entre os diâmetros é tão pequena que não percebemos o achatamento da Terra nas imagens dela no espaço.

NASA IMAGES

Imagem feita pela composição de várias fotografias de satélite, obtidas em 2000.

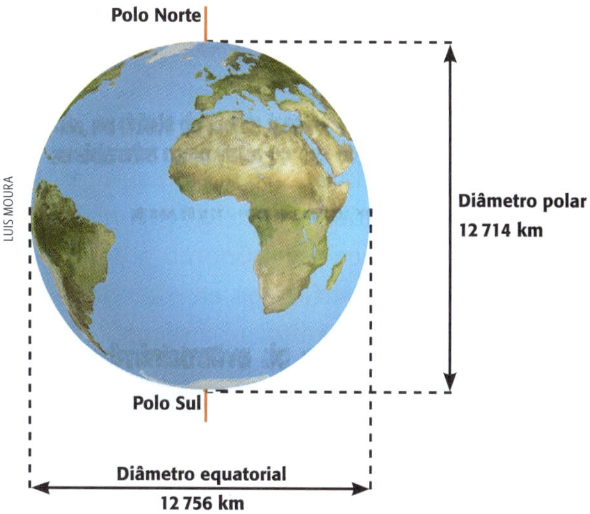

LUIS MOURA

Representação esquemática da forma da Terra. Elementos fora de escala de tamanho e de proporção. Cores fantasia.

O satélite natural da Terra

A Lua é o corpo celeste que está mais próximo da Terra. Ela gira ao redor do planeta que habitamos a uma distância de aproximadamente 34 mil quilômetros e é o único satélite natural da órbita terrestre. Ao mesmo tempo que gira em volta da Terra, a Lua gira ao redor de si mesma.

A luminosidade da Lua que observamos da Terra é o reflexo da luz do Sol em sua superfície.

Em noite de lua cheia, quando o disco lunar está inteiramente visível no céu, e usando um binóculo, é possível observar as imensas crateras formadas pela queda de asteroides e meteoroides na superfície lunar.

HEMERA/THINKSTOCK/GETTY IMAGES

Fotografia da Lua, capturada por astronautas na missão *Apollo 8* em 1968.

MODELOS HELIOCÊNTRICO E GEOCÊNTRICO

Ao observar o céu com atenção, os povos da Antiguidade começaram a elaborar teorias a respeito dos astros. Dois modelos procuravam explicar a organização e o movimento deles no céu: o geocêntrico e o heliocêntrico.

Modelo geocêntrico

O filósofo grego Aristóteles (384-322 a.C.) adotou a hipótese de que a Terra estava no centro do Universo, com a Lua, o Sol e os demais planetas girando ao seu redor. Essa tentativa de explicar o movimento dos astros no céu foi chamada de **modelo geocêntrico** (em grego *geo* = "terra"; significando a Terra como centro).

As observações do movimento aparente dos astros, como o Sol, levaram os seres humanos a defender o modelo geocêntrico.

O matemático e astrônomo grego Ptolomeu (85-165) aperfeiçoou esse modelo, que foi amplamente aceito até o século XV.

ANN RONAN PICTURES/HERITAGE IMAGESTATE/GLOWIMAGES

Modelo geocêntrico proposto por Aristóteles. A imagem é a reprodução da gravura integrante do livro *Harmonia Macrocósmica,* de Andreas Cellarius, matemático e astrônomo holandês. Publicado em 1660.

Modelo heliocêntrico

Aristarco de Samos (310-230 a.C.), também astrônomo grego, foi o primeiro a defender que era a Terra que girava em torno do Sol, e não o contrário. Esse modelo, chamado de **heliocêntrico** (em grego *helios* = "Sol"), afirmava que o Sol estava no centro do Universo, e os outros corpos celestes giravam em torno dele.

Porém, o heliocentrismo caiu em esquecimento e só foi retomado pelo pesquisador polonês Nicolau Copérnico, em 1543. Depois, foi aperfeiçoado pelo cientista italiano Galileu Galilei, em 1610.

Galileu contribuiu com o avanço da astronomia ao usar a luneta para estudar o céu noturno e defender suas ideias sobre o modelo heliocêntrico, criticando de maneira consistente o modelo defendido por Aristóteles e seus seguidores.

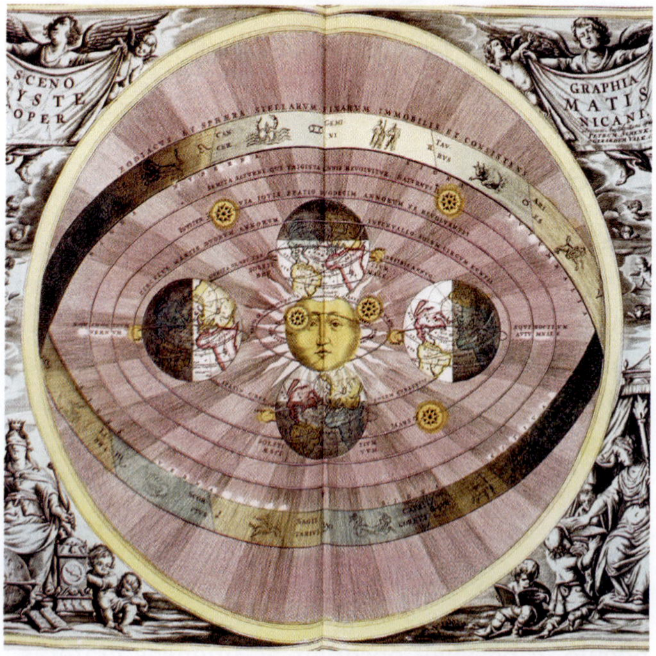

ANN RONAN PICTURES/HERITAGE IMAGESTATE/GLOWIMAGES

Modelo heliocêntrico de Aristarco e Copérnico. Esta gravura também faz parte livro *Harmonia Macrocósmica,* de Andreas Cellarius.

Modelo atual do Universo

Com o aperfeiçoamento de instrumentos de observação do céu, ao longo do tempo, os pesquisadores puderam verificar que o Sol pode ser considerado o centro apenas do Sistema Solar, e não do Universo.

Na realidade, o Sistema Solar não está no centro nem da galáxia da qual faz parte (a Via Láctea). Os astrônomos estimam que há bilhões de galáxias no Universo.

Galileu Galilei

Galileu Galilei nasceu na cidade de Pisa, na Itália, em 15 de fevereiro de 1564. Ele é reconhecido por sua atuação em diferentes áreas do conhecimento, como Matemática, Física e Astronomia. Foi também um grande inventor.

Em 1615, Galileu foi denunciado à Inquisição por suas observações astronômicas, que contrariavam a visão geocêntrica adotada pela Igreja. Durante seu julgamento, Galileu foi ameaçado e obrigado a negar suas descobertas e afirmações anteriores. Assim, ele escapou da morte, porém foi banido para a cidade de Arcetri, onde ficou preso em sua própria casa. Morreu aos 78 anos, completamente cego, na Itália.

Em 1992, o papa João Paulo II pediu perdão, em nome da Igreja católica, reconhecendo o trabalho de Galileu e sua importância para a ciência e a humanidade.

Em 2009, declarado o *Ano Internacional da Astronomia*, o Vaticano fez uma homenagem a Galileu.

SCIENCE MUSEUM/DIOMEDIA/SCIENCE MUSEUM, LONDRES, INGLATERRA

Gravura representando o astrônomo Galileu Galilei. Ilustração de Ramsay, em 1635.

PETER WILLI/GETTY IMAGES/MUSÉE DU LOUVRE, PARIS, FRANÇA

Representação artística do julgamento de Galileu, de Joseph-Nicolas Robert-Fleury, 1847.

Inquisição: tribunal da Igreja católica, criado no começo do século XIII, encarregado de investigar e julgar os que eram acusados de crimes contra a fé católica.

Pista 1

Galileu aperfeiçoou e defendeu o modelo heliocêntrico. Porém, ele foi muito criticado e até perseguido pela Igreja católica, que não aceitava que o Sol estivesse no centro e a Terra girasse ao seu redor. Por que a Igreja era contra as teorias de Galileu?

MOVIMENTOS DA TERRA

A Terra realiza o movimento de **rotação**, no qual gira sobre si mesma em torno de um eixo imaginário; e o movimento de **translação**, no qual gira ao redor do Sol.

Rotação

Na rotação, a Terra gira da direção oeste para leste, em torno de seu eixo. O eixo de rotação da Terra é uma linha imaginária que a atravessa do polo Norte até o polo Sul e é perpendicular à outra linha imaginária, o Equador. O eixo de rotação da Terra é inclinado em relação ao plano da eclíptica (plano que contém a órbita da Terra ao redor do Sol).

Uma volta completa em torno desse eixo dura 23 horas, 56 minutos e 4 segundos, caracterizando o que chamamos de **dia terrestre**. Na prática, arredondamos a duração do dia para 24 horas.

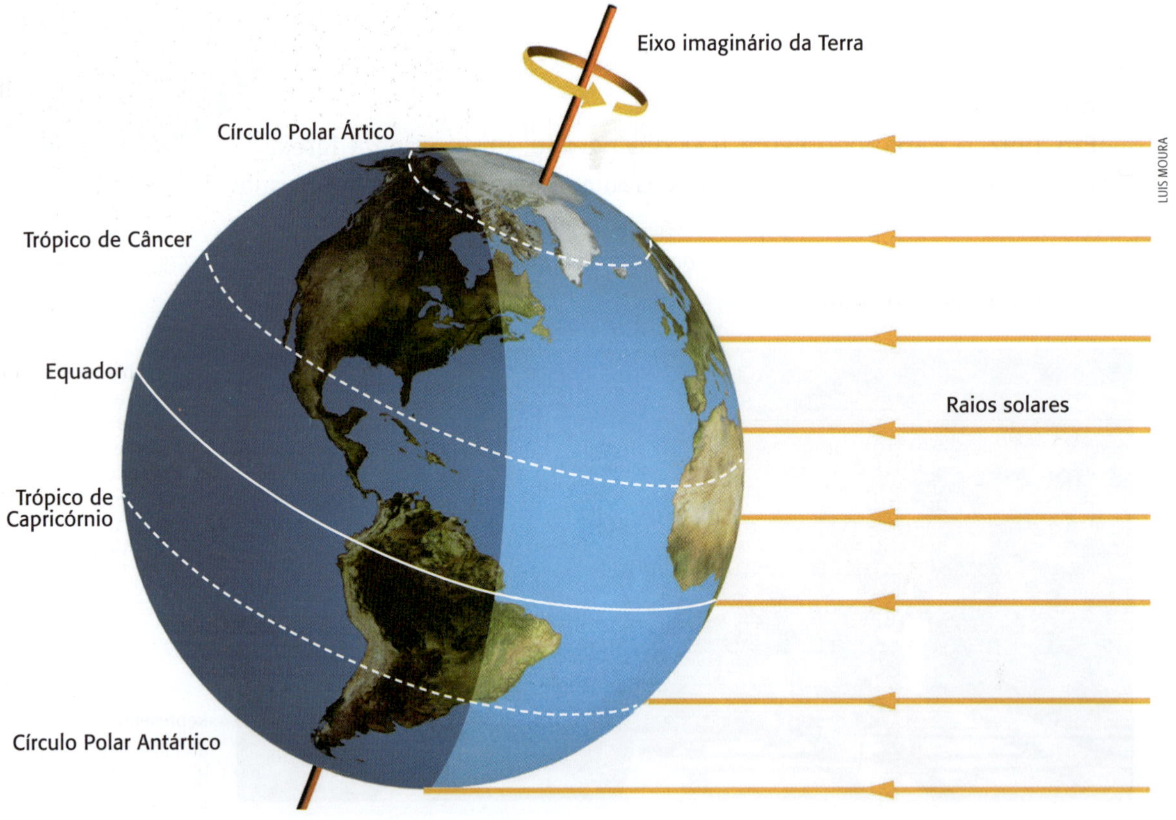

Representação esquemática da incidência dos raios solares sobre a Terra. Durante o dia, a face da Terra que recebe os raios solares é chamada de face iluminada. A face oposta, que não recebe luz solar direta, é chamada de face escura. Cores fantasia. Elementos fora de escala de tamanho e de proporção.

Esse movimento giratório faz com que as regiões da Terra iluminadas pelo Sol se alternem: quando uma região está iluminada pela luz solar, dizemos que é **dia**; na região oposta, não iluminada, dizemos que é **noite**.

Translação

Na translação, a Terra percorre uma trajetória em forma de elipse ao redor do Sol. Essa trajetória é chamada de órbita. A Terra demora aproximadamente 365 dias a cada volta completa em torno do Sol, representando um ano.

A ocorrência das estações do ano – primavera, verão, outono e inverno – é resultado da translação da Terra combinada com a inclinação de seu eixo de rotação.

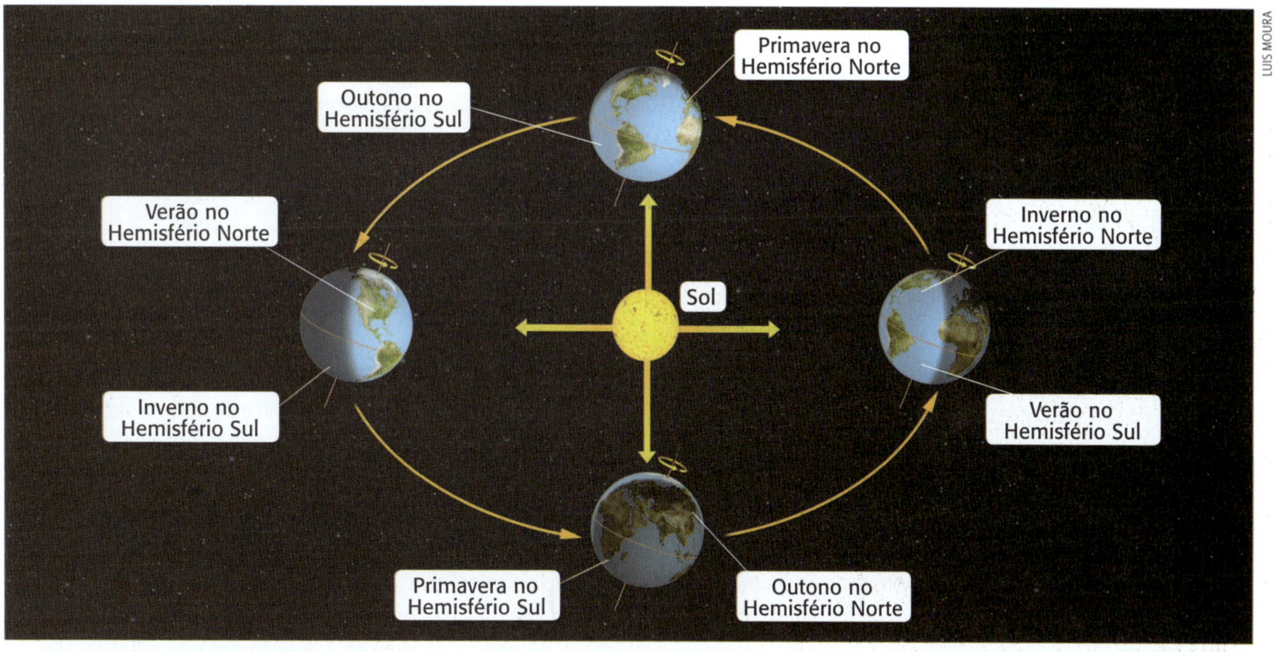

Representação esquemática do movimento de translação da Terra. Cores fantasia. Elementos fora de escala de tamanho, de proporção e de distância.

É importante verificar que, em uma mesma época do ano (ou seja, para uma mesma posição da Terra em sua trajetória ao redor do Sol), a estação que se apresenta no Hemisfério Norte é diferente da que se apresenta no Hemisfério Sul. Isso porque, como indica a figura acima, a iluminação dos raios solares chega de maneira diferente em cada uma das partes do planeta, por conta especialmente da inclinação do eixo de rotação da Terra. Em certas posições, a iluminação é mais intensa no norte do planeta, e menos intensa no sul. Em outras, acontece o oposto.

Além disso, uma mesma estação do ano pode não ter as mesmas características se considerarmos lugares diferentes da Terra. Em boa parte do Brasil (Norte, Nordeste, Centro-Oeste e parte do Sudeste), por exemplo, a primavera e o verão são estações chuvosas, enquanto o outono e o inverno são estações de seca. Já no Sul e em parte do Sudeste do país, podemos identificar de forma mais evidente as diferenças entre as quatro estações, principalmente pelas mudanças de temperatura e duração das horas de sol do dia.

FIQUE DE OLHO

O tempo que a Terra demora para dar uma volta completa ao redor do Sol é de 365 dias e 6 horas, aproximadamente. Como o nosso ano tem 365 dias, "sobram" 6 horas. O que fazer com essa "sobra"?

A cada quatro anos, é necessário ajustar o calendário por meio do chamado ano bissexto. Nesse ano, é acrescentado um dia ao mês de fevereiro, tornando o ano mais longo (366 dias).

- Verifique um calendário e veja quando será o próximo ano bissexto.

O "nascer" e o "pôr" do sol

A expressão "nascer do sol" corresponde ao momento em que o Sol aparece no horizonte, na direção leste. O nascer do sol ocorre todos os dias, em toda a superfície terrestre, entre os círculos polares. Esse período é conhecido também como alvorada. O "pôr do sol" também acontece todos os dias e pode ser conhecido como crepúsculo. Ele ocorre na direção oeste.

A duração do dia e da noite pode variar um pouco ao longo do ano, com momentos específicos em que essa variação pode ser bastante acentuada. No Hemisfério Sul, no dia 21 de dezembro, quando começa o verão, ocorre o dia mais longo do ano e a noite mais curta. No dia 21 de junho, quando começa o inverno, temos a noite mais longa do ano e o dia mais curto. Na região equatorial, a duração da noite e do dia varia menos.

ANDRÉ DIB/PULSAR IMAGENS

Pôr do sol no Parque Nacional do Pantanal Mato-grossense, em Poconé (MT), em 2014. O horário e a posição do crepúsculo variam conforme as estações do ano e a região do globo terrestre.

FIQUE DE OLHO

1. Escolha um local para fazer a observação do pôr do sol e um ponto de referência: uma árvore, um edifício, o telhado de uma casa. Depois que definir essa referência, observe o mesmo lugar, à mesma hora do entardecer, de quinze em quinze dias, por três meses. Use sempre óculos escuros para proteger os olhos. Preste atenção à direção em que o Sol se põe, sempre comparando o lugar com seu ponto de referência inicial, e faça anotações e esquemas do que observou.

- Ao final da observação, compare suas anotações e esquemas com os de seus colegas. O que vocês podem concluir?

2. Observe a tabela. Ela mostra a duração do dia (período entre o amanhecer e o pôr do sol) ao longo do ano em três cidades brasileiras.

Nome da cidade	1º de janeiro	5 de março	2 de julho	1º de outubro
	Duração do dia	Duração do dia	Duração do dia	Duração do dia
Porto Velho (RO)	12 h 37 min 33 s	12 h 14 min 40 s	11 h 37 min 27 s	12 h 09 min 58 s
Vitória (ES)	13 h 20 min 32 s	12 h 26 min 22 s	10 h 55 min 24 s	12 h 14 min 59 s
Porto Alegre (RS)	14 h 02 min 40 s	12 h 37 min 45 s	10 h 14 min 48 s	12 h 20 min 08 s

- Procure em um mapa a localização exata dessas cidades. Depois, elabore uma explicação para essa variação na duração do dia entre essas cidades ao longo do ano.

Pista 2

Como vimos anteriormente, por muito tempo acreditou-se que a Terra era o centro do Universo, em uma teoria chamada geocentrismo. Dessa forma, o planeta Terra não se moveria e todos os outros astros girariam ao seu redor. Hoje, sabemos que isso não é verdade, pois a Terra gira não só em torno de si mesma, como também em torno do Sol. Como podemos notar os movimentos da Terra?

FASES DA LUA

A Lua pode ser vista em diferentes posições no céu, conforme ela gira em torno da Terra em seu **movimento de translação**. Para dar uma volta completa ao redor da Terra, a Lua demora aproximadamente 28 dias.

São chamados de **fases da Lua** os quatro aspectos básicos que ela apresenta ao ser observada da Terra. São elas: lua nova, quarto crescente, lua cheia e quarto minguante.

As fases da Lua acontecem em função das posições relativas da Terra, da Lua e do Sol. Assim, quando o Sol e a Lua estão em lados opostos e a Terra entre eles, enxergamos a Lua brilhante e bem clara: é a lua cheia. Entretanto, quando o Sol e a Terra estão em lados opostos e a Lua está entre eles, ela fica escura e muitas vezes não dá para observá-la no céu: chamamos essa fase de lua nova.

Entre as fases nova e cheia, a Lua parece "crescer" no céu, noite após noite, até ficar metade iluminada: é o quarto crescente. Depois da lua cheia, ela parece então diminuir no céu, até ficar com a outra metade iluminada apenas: é o quarto minguante.

LUIS MOURA

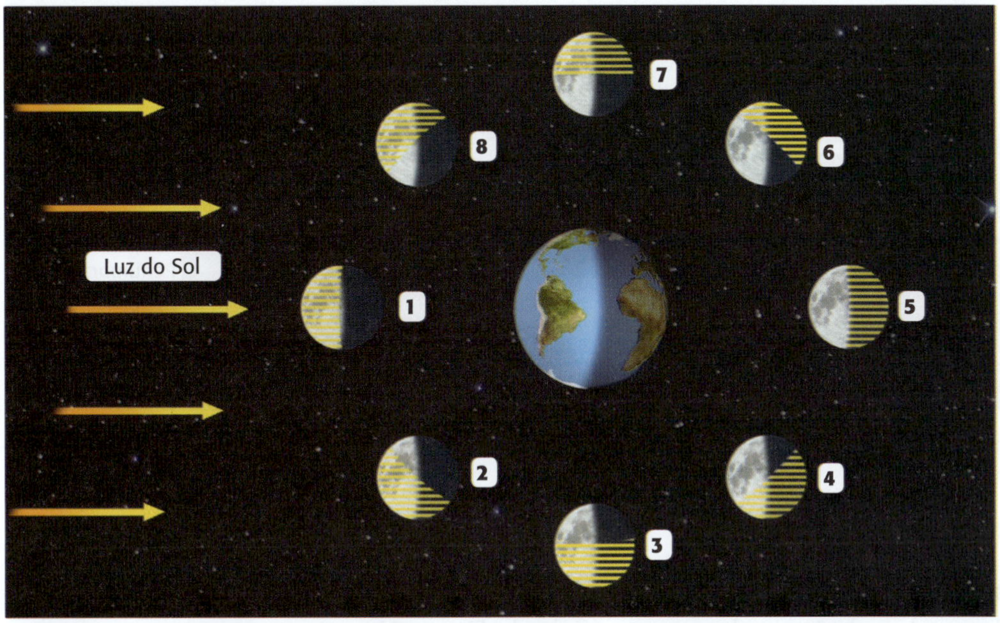

Lado escuro

Face oculta da Lua

Lado claro

Representação esquemática das fases da Lua. Observe como a Lua é visível da Terra nas representações mostradas ao lado. Cores fantasia. Elementos fora de escala de tamanho, de proporção e de distância.

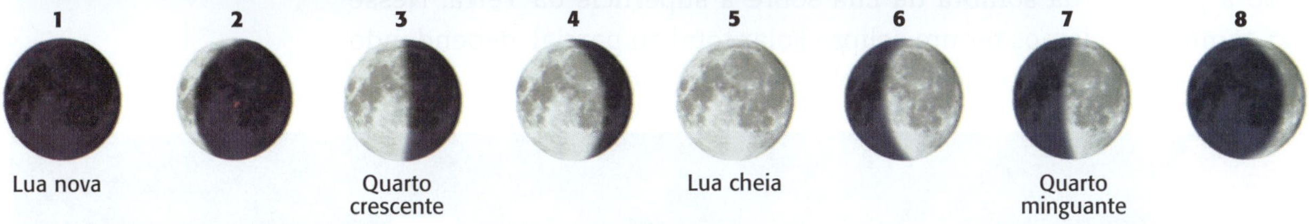

Representação das fases da Lua conforme são vistas da Terra em cada um dos números indicados na ilustração. Elementos fora de escala de tamanho e de proporção.

A Lua também gira ao redor de si mesma, em um movimento de **rotação** ao redor de um eixo imaginário. A duração desse movimento é quase a mesma que a duração da translação. É por essa razão que vemos sempre a mesma face da Lua. A outra face, sempre oculta para os observadores da Terra, só foi vista quando os astronautas orbitaram ao redor da Lua.

> **NÃO DEIXE DE ACESSAR**
>
> - **Consulte as fases da Lua.**
>   <http://www.inmet.gov.br/portal/index.php?r=home2/page&page=fasesLua2015>. Acesso em: 17 mar. 2015.

ECLIPSES

Quando um corpo celeste entra na sombra projetada por outro corpo celeste, ocorre um **eclipse**.

Da Terra, podemos observar dois tipos de eclipse: o **lunar** e o **solar**.

Eclipse lunar

Durante o **eclipse lunar**, a Terra fica alinhada entre o Sol e a Lua. A sombra da Terra é projetada sobre a Lua, escurecendo-a. Dependendo do ângulo formado pelos três corpos celestes (Sol, Terra e Lua), podemos observar desde uma penumbra sobre a superfície da Lua (eclipse penumbral) até o seu escurecimento total (eclipse lunar total).

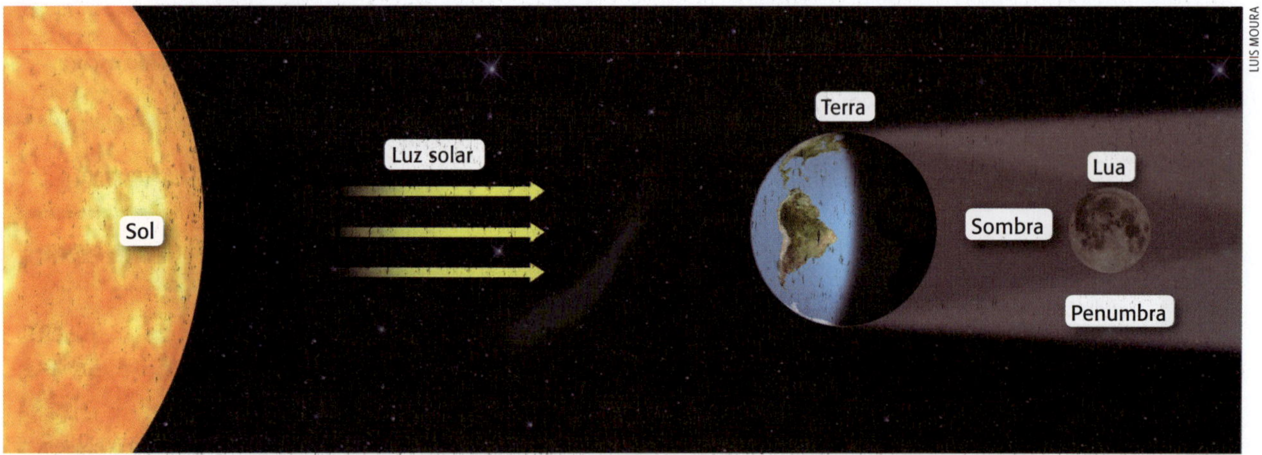

Representação esquemática de um eclipse lunar. Elementos fora de escala de proporção, de distância e de tamanho. Cores fantasia.

Eclipse solar

Durante o **eclipse solar**, a Lua coloca-se entre o Sol e a Terra, provocando a projeção da sombra da Lua sobre a superfície da Terra. Nesse caso, também podemos ter um eclipse solar total ou parcial, dependendo de como a sombra da Lua se projeta sobre a superfície da Terra.

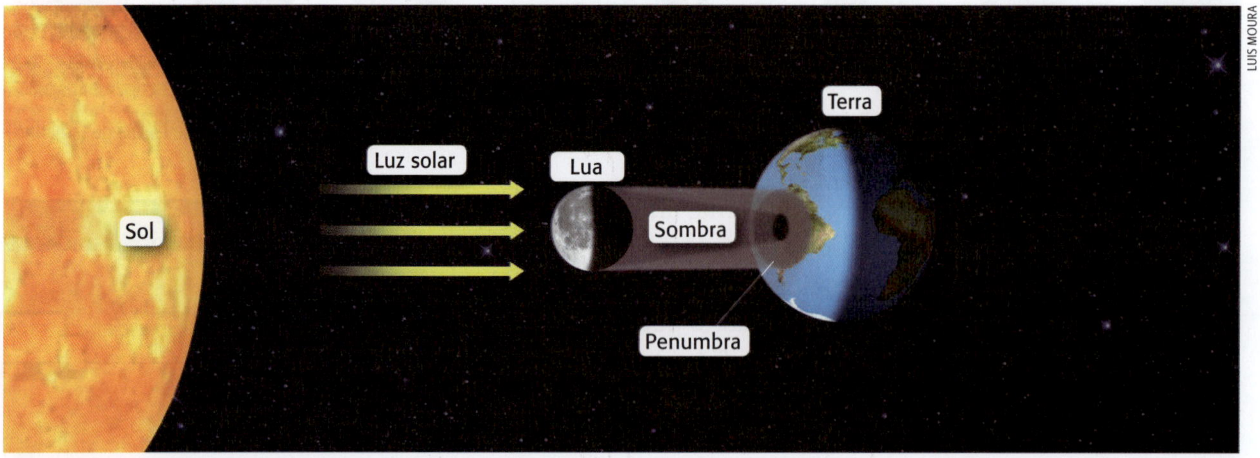

Representação esquemática de um eclipse solar. Elementos fora de escala de proporção, de distância e de tamanho. Cores fantasia.

1. Uma das afirmações abaixo é incorreta. Identifique a sentença incorreta e escreva-a no caderno, corrigindo-a.

a. No Sistema Solar, Terra e Marte apresentam condições ideais para o surgimento da vida como a conhecemos.

b. A Lua é o único satélite natural da Terra.

c. Vênus é o corpo celeste mais próximo da Terra.

2. Vamos supor que o Sol subitamente desaparecesse, portanto, sua luz deixaria de ser emitida. Vinte e quatro horas após esse acontecimento, um eventual sobrevivente, olhando para o céu, sem nuvens, veria: "a Lua e as estrelas", "somente a Lua", "somente as estrelas" ou a "completa escuridão"? Justifique sua resposta.

3. Elabore um pequeno texto com as definições de translação e de rotação. No texto, mencione quanto tempo leva para a Terra completar cada um desses movimentos.

4. A imagem ao lado é uma paisagem de uma cidade do Hemisfério Norte. Em qual estação do ano estaria a cidade brasileira Linhares (ES) na mesma data em que essa imagem foi capturada?

HINRICH BÄSEMANN/DPA/CORBIS/LATINSTOCK

Ilha Kvaloya, na Noruega, em março de 2015.

5. Observe a imagem que mostra uma simulação de um eclipse feita por uma dupla de crianças.

a. Identifique os astros que estão sendo representados pela bola branca e a lanterna.

b. Trata-se de um eclipse lunar ou solar? Qual a diferença entre esses dois tipos de eclipse?

c. Em todos os estados do Brasil a visualização desse eclipse seria a mesma? Justifique a sua resposta.

RODVAL MATIAS

Representação esquemática de eclipse. Cores fantasia.

Pista 3

Galileu Galilei era físico, matemático e astrônomo. Defensor do modelo heliocêntrico, foi um pesquisador notável na ciência. Apesar de não ter inventado a luneta, ele foi o primeiro a utilizá-la para observações dos astros. Pesquise a respeito de algumas das contribuições científicas de Galileu.

4 A estrutura da Terra

PRESIDENCIA/AFP PHOTO

Vista aérea de um afundamento que provocou um buraco gigante na região norte da Cidade da Guatemala, América Central, em maio de 2010. Várias pessoas foram retiradas do local pelo risco de novos afundamentos. A cratera tinha 60 m de profundidade e 20 m de diâmetro.

A cratera retratada na fotografia, na Guatemala, abriu-se de forma súbita. Na época em que isso ocorreu, não havia respostas concretas para as causas de seu surgimento. Ainda assim, fenômenos como esse podem ser considerados evidências de que a superfície terrestre sofre modificações constantes, desde o surgimento do planeta em que habitamos. Algumas modificações são mais notáveis e bruscas, como o exemplo mostrado, e outras mais lentas, geralmente percebidas apenas com o passar dos anos.

BATE-PAPO

1. Você sabe o que existe abaixo da superfície da Terra?
2. O que você acha que existe no fundo da cratera mostrada na fotografia?
3. Como você acha que essa cratera se formou? Será que foi um evento natural ou provocado pelo ser humano? Dê seu palpite e confira a resposta com seu professor.
4. A superfície terrestre pode sofrer alterações como o surgimento de montanhas. Que outras alterações da superfície você conhece?
5. Você sabe o que provoca essas alterações?

AS CAMADAS DA TERRA

Para facilitar o estudo, o interior do planeta é geralmente dividido em três camadas: a crosta terrestre, o manto e o núcleo.

A **crosta terrestre** é a camada mais externa e sobre a qual vivemos. É formada por rochas, que podem ou não ser recobertas de solo. A crosta é considerada uma camada fina quando comparada às outras. Ela abrange tanto a crosta continental (que forma os continentes) quanto a oceânica (fundo dos mares e oceanos).

Abaixo da crosta há o **manto**, que é dividido em superior e inferior. A crosta e a parte superior do manto (que contém rochas de consistência rígida) formam o que se chama de **litosfera** (do grego *lithos* = "rocha" e *sphaira* = "esfera").

As rochas da parte inferior do manto tornam-se líquidas e, então, recebem o nome de **magma**. Quando há uma erupção vulcânica, o magma é expelido para a superfície terrestre, passando a se chamar **lava**.

A parte mais interna da Terra é o **núcleo**, no qual as temperaturas podem alcançar mais de 5000 °C. É composto principalmente de ferro e níquel.

Se pudéssemos observar nosso planeta por dentro, veríamos que seu interior está em constante movimento. Muitas vezes, esses movimentos passam despercebidos e, em outras, podem provocar grande destruição, como quando os vulcões entram em erupção.

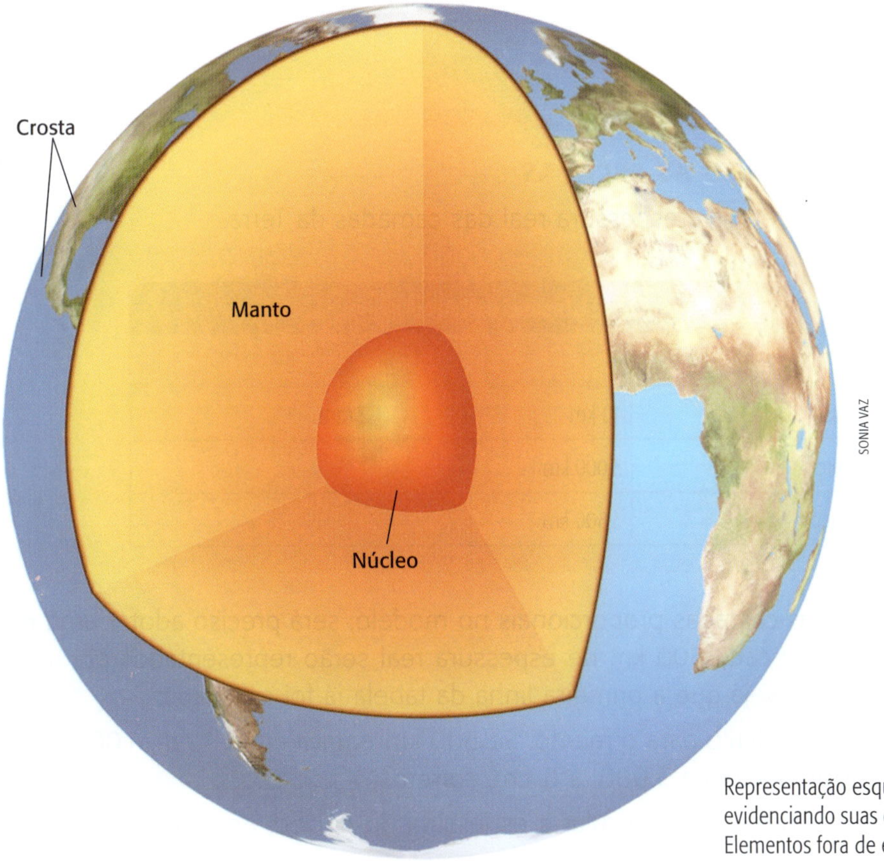

Representação esquemática da Terra em corte, evidenciando suas camadas. Cores fantasia. Elementos fora de escala de tamanho e de proporção.

Camadas da Terra

Para pensar

Qual o tamanho da crosta da Terra? Qual a maior camada da Terra? E a menor?

Se você tivesse que representar as camadas da Terra com um modelo tridimensional, quais materiais usaria? Seria possível representar essas camadas com seus tamanhos proporcionais?

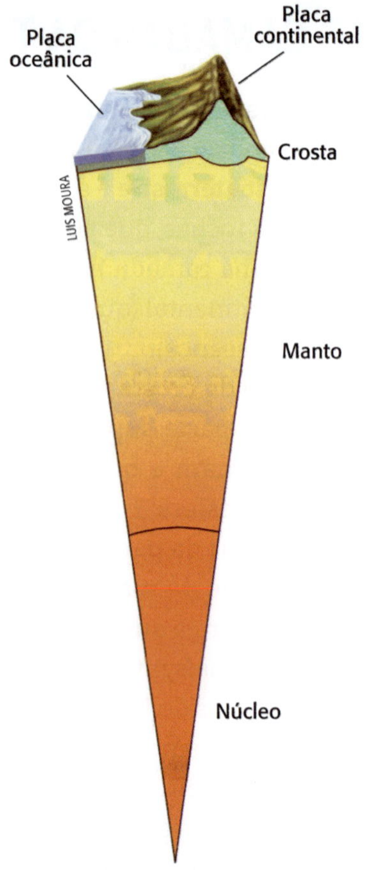

Representação esquemática das camadas da Terra com maior detalhe. Cores fantasia. Elementos fora de escala de tamanho e de proporção.

Objetivos

- Montar um modelo para representar as camadas da Terra.
- Compreender que um modelo, quando feito em escala, pode ajudar a entender proporções.

Materiais

- folhas de jornal
- régua
- massa de modelar de três cores diferentes
- canudo transparente

Procedimentos

1ª etapa: estudando as escalas

Na tabela a seguir, temos a espessura real das camadas da Terra.

Camadas da Terra		
Camada	**Espessura**	**Modelo experimental**
Crosta	10 km	2 mm
Manto	3 000 km	
Núcleo	3 500 km	

Para representar as camadas proporcionais no modelo, será preciso adotar uma escala. A escala adotada será: cada 500 km de espessura real serão representados por 1 cm de espessura no modelo. Veja que a primeira linha da tabela já foi calculada.

Vamos entender o cálculo para o manto. Se 500 km equivalem a 1 cm, 1 000 km equivalem a 2 cm, 2 000 a 4 cm e 3 000, a 6 cm, correto?

Use o mesmo raciocínio para calcular a espessura do núcleo, em seu modelo. Depois, copie e preencha a tabela em seu caderno.

2ª ETAPA: MONTANDO O MODELO

1. Use o jornal para cobrir a área a ser trabalhada, e inicie a modelagem das camadas. Cada uma deve ter uma cor e aproximadamente a espessura dos valores calculados na tabela.

RODVAL MATIAS

Atenção para modelar as camadas com a espessura aproximada, calculada na 1ª etapa da atividade. Cores fantasia.

2. Coloque-as sobrepostas: o núcleo na base, o manto no meio e, na camada superior, a crosta, conforme a imagem.
3. Com as camadas já sobrepostas, o canudo para recolher uma amostra do modelo experimental, afunde o canudo na massa de modelar (até ele percorrer todas as camadas) e retire-o.

RODVAL MATIAS

Representação esquemática do experimento. Cores fantasia.

Resultados e discussão

1. Em seu caderno faça o desenho das camadas que foram observadas dentro do canudo transparente.
2. Considerando que utilizamos a proporção de 500 km de espessura real para cada 1 cm no modelo, que tamanho teria um edifício na superfície desse modelo que você acabou de fazer? Que tamanho teria uma árvore? E uma pessoa?

Conclusão

No seu modelo experimental foi possível observar as amostras de todas as camadas. Seria possível retirar uma amostra assim das camadas da Terra? Que tamanho deveria ter um "canudo real" para conseguir fazer isso?

PLACAS LITOSFÉRICAS

A litosfera é formada pela crosta oceânica e continental e pela parte superior do manto. Ela se constitui das **placas litosféricas**.

A movimentação do manto e do núcleo faz com que as placas se desloquem. Esse deslocamento provoca modificações na superfície terrestre, que podem ser percebidas instantes depois de o movimento acontecer (por meio dos terremotos, vulcões e *tsunami*, por exemplo); ou podem ser notadas apenas ao longo de milhares de anos (por meio da formação das montanhas e do diferente posicionamento das placas litosféricas ao longo da história da Terra). Veja essas placas no mapa a seguir.

Tsunami: "onda gigante" ou uma grande massa de água do mar deslocada em função do movimento das placas litosféricas ou erupções vulcânicas.

PLACAS LITOSFÉRICAS E OS SEUS MOVIMENTOS

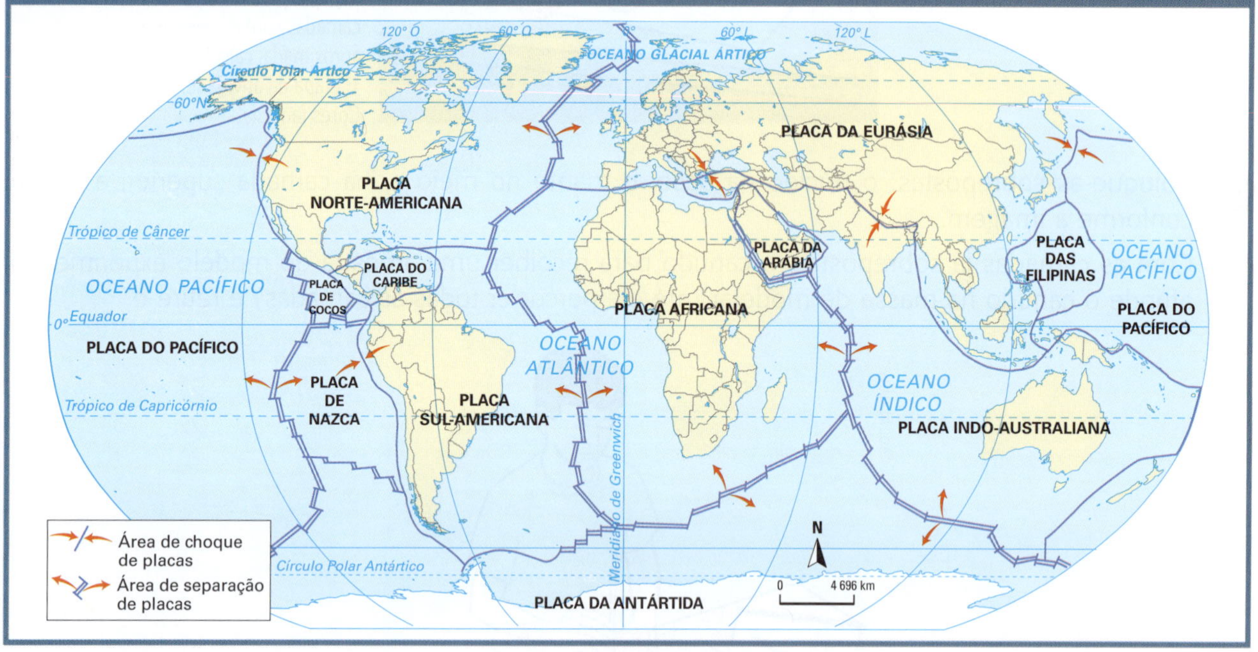

Fonte: *Atlas geográfico escolar*. Rio de Janeiro: IBGE, 2012.

No mapa, é possível observar **áreas de choque**, também chamadas de placas convergentes. Nessas áreas, as placas se movimentam uma em direção à outra e se chocam, formando cadeias de montanhas, como os Andes.

As **áreas de separação** são também chamadas de placas divergentes. Nessas áreas, as placas litosféricas se afastam, causando fissuras. Um exemplo é o Grande Vale de Rift, entre a placa Africana e a Arábica.

Os continentes, que hoje se encontram separados, há milhares de anos já estiveram juntos. Uma das evidências dessa teoria são a América do Sul e a África: ambas apresentam fósseis de animais e plantas idênticos. O cientista Alfred Wegener foi o primeiro a propor a teoria da movimentação das placas litosféricas, em 1915, denominada **deriva continental**.

ANUP SHAH/NATURE PL/DIOMEDIA

Região do Grande Vale de Rift, no Quênia, onde duas placas litosféricas estão se afastando.

SAIBA MAIS

A hipótese da Deriva Continental

"Até o começo do século XX, a ideia mais aceita entre os cientistas era [a] de que, desde que a crosta terrestre havia endurecido, os continentes estavam fixos em suas posições conhecidas. [...]

O meteorologista Alfred L. Wegener, no entanto, discordava dessa ideia. Depois de estudar muito o assunto, lançou uma hipótese diferente: os continentes que conhecemos hoje tinham formado no passado um grande e único continente, o continente de **Pangea**. No Cretáceo (entre 136 e 65 milhões de anos atrás) esse bloco teria se separado em vários pedaços, que começaram a viajar (à deriva) até atingir suas posições atuais.

Wegener alegava que uma das pistas de que os continentes poderiam ter se separado estaria no próprio contorno deles. Compare a costa da América do Sul com a da África e você entenderá por que, depois de estudar os mapas, Wegener teve essa ideia. O perfil dos continentes é praticamente complementar."

Fernando F. M. de Almeida. Continentes em movimento. *Geologia*: Ciência Hoje na escola. v. 10. São Paulo: Global, 2000.

DERIVA CONTINENTAL

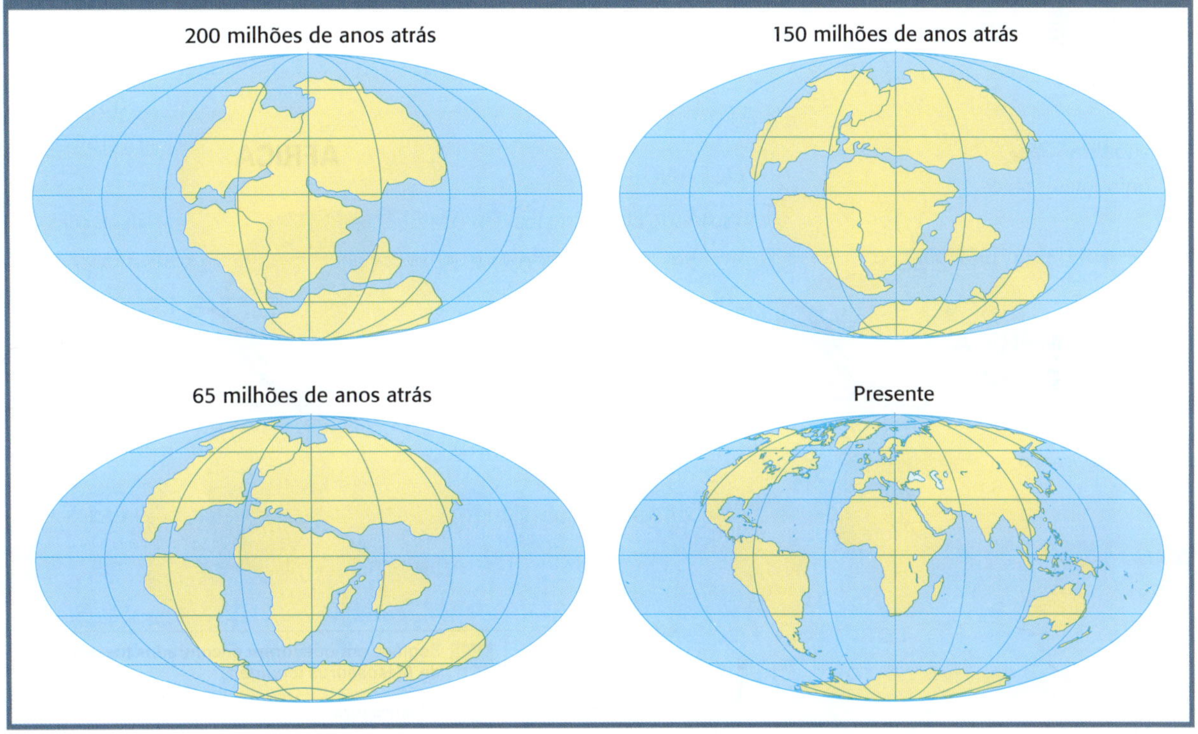

Fonte de pesquisa: KIOS, W. J.; TILLING, R. I. *This dynamic Earth*: the story of plate tectonic. Disponível em: <http://pubs.usgs.gov/gip/dynamic/historical.html>. Acesso em: 17 mar. 2015.

Para pensar

1. Quando Wegener propôs sua hipótese da Deriva Continental, qual era a ideia predominante entre os cientistas da época?

2. Você acha que os continentes manterão para sempre o formato ou a distribuição espacial que apresentam atualmente? Por quê?

Evidências da Deriva Continental

Quando Wegener propôs a hipótese da Deriva Continental, em 1915, pesquisadores não a aceitaram porque ele não apresentou evidências concretas nem soube explicar o que moveu os continentes. Somente em 1965, depois do trabalho de geólogos de várias partes do mundo, o termo "tectônica de placas" foi mencionado pela primeira vez pelo geólogo canadense John Tuzo Wilson. A teoria da Tectônica de Placas foi desenvolvida e aprimorada por diversos cientistas.

Algumas evidências colaboraram para reforçar a hipótese de que os continentes se moveram e continuam a se mover. Veja algumas:

- Presença de fósseis tanto no Brasil como na África de uma espécie de dinossauro (*Mesosaurus tenuidens*) que foi extinta há milhões de anos. Isso indica que um dia esses continentes já estiveram juntos. Veja no mapa a seguir a distribuição dos fósseis desse animal.

DISTRIBUIÇÃO DOS FÓSSEIS DE MESOSSAURO

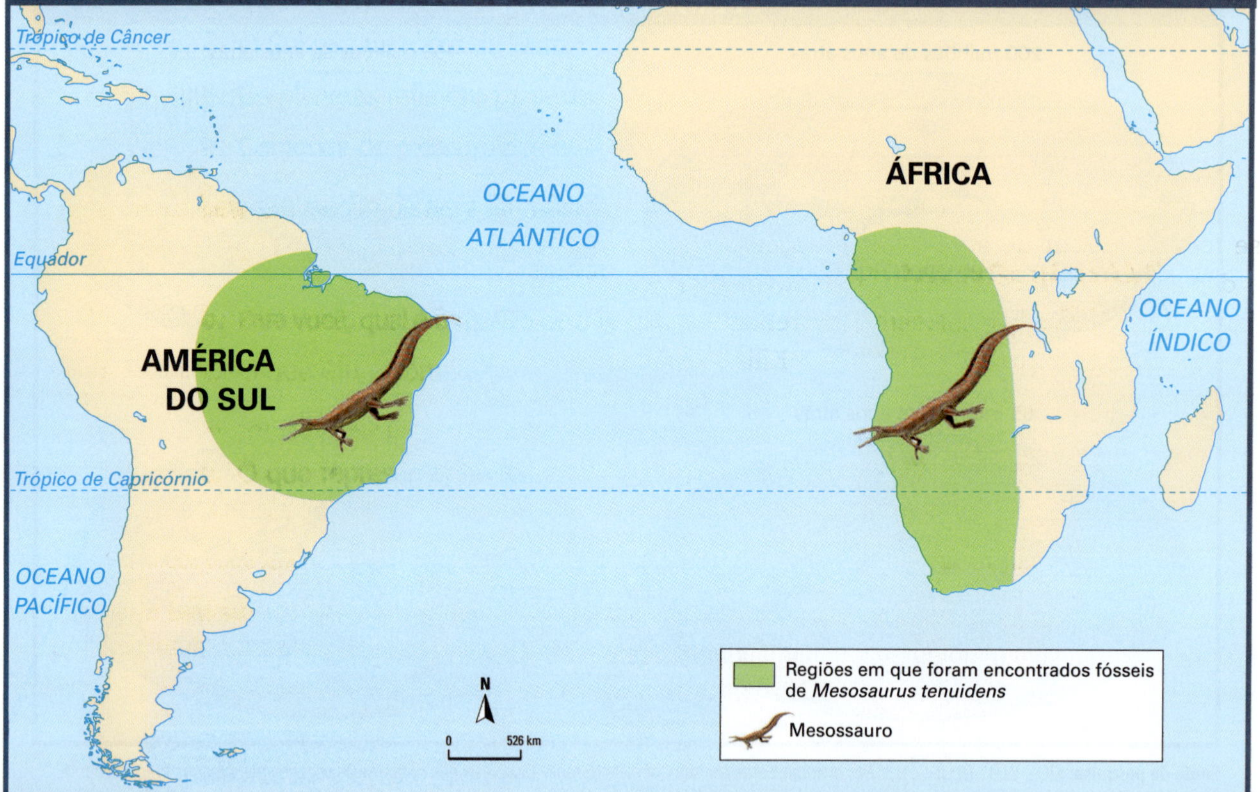

Fonte de pesquisa: BENTON, M.; HARPER, D. A.T. *Introduction to paleobiology and the fossil record. Chichester*: John Wiley & Sons, 2009.

- Mesmos tipos de rochas nos continentes que hoje estão separados.
- No fundo do oceano Atlântico existe uma grande cadeia de montanhas. Nela ocorrem intensos tremores de terra. Esses fatores indicam que a crosta do fundo do oceano Atlântico está constantemente se formando e se renovando. As duas placas litosféricas se afastam, e, pela fenda, há derramamento de magma. Esse material esfria, formando a cadeia de montanhas. Esses eventos mostram que a América do Sul e a África continuam se afastando.

MOVIMENTO DAS PLACAS LITOSFÉRICAS

O movimento das placas litosféricas e a interação resultante desse movimento são capazes de alterar de modo significativo as paisagens da Terra. Como vimos, fendas, cadeias de montanhas e vulcões são alguns dos elementos que podem surgir em uma paisagem, ao longo de muitos anos, e alterar drasticamente seu aspecto.

Formação de montanhas

O movimento das placas litosféricas explica também a origem de cadeias de montanhas. Quando duas placas litosféricas se chocam, uma pode afundar debaixo da outra. A força de compressão gerada no encontro entre as placas ergue parte da crosta terrestre, formando as montanhas.

Embora o choque de placas litosféricas seja a causa mais comum de formação de montanhas, elas podem ter outras origens. A montanha vulcânica, por exemplo, se forma a partir de sucessivas erupções e derramamentos de magma, que provocam uma acentuada elevação do terreno. É exemplo desse tipo de montanha o Kilimanjaro, na África.

FORMAÇÃO DE MONTANHAS PELO CHOQUE DE PLACAS LITOSFÉRICAS

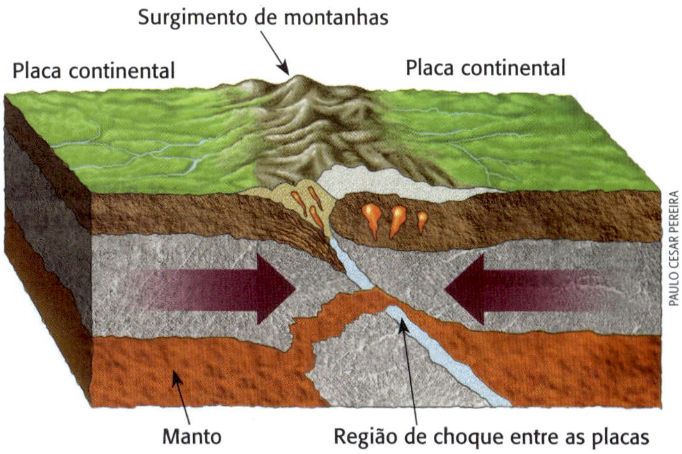

Representação esquemática da formação de montanhas. Elementos fora de escala de tamanho e de proporção. Cores fantasia.

Cadeia montanhosa de Kunduz, no Afeganistão, 2011.

Vulcões

Os vulcões são aberturas na crosta terrestre. Eles estão localizados geralmente nas bordas das placas litosféricas.

Quando essas placas se acomodam, espaços podem ser abertos, extravasando magma do manto para a superfície, formando a lava.

FRANS LANTING/CORBIS/LATINSTOCK

Vista aérea do parque Nacional dos Vulcões do Havaí, nos Estados Unidos, em 2010.

Estrutura de um vulcão

O magma fica armazenado em câmaras no interior da crosta continental ou oceânica, ou ainda na parte mais superficial do manto. Ao entrar em erupção, o magma transborda pela cratera do vulcão e forma a lava. São expulsos também cinzas, gases e fragmentos de rochas pela chaminé – um grande canal que chega até a superfície e se abre na cratera.

A lava deposita-se ao redor da cratera e forma o que chamamos de cone vulcânico. Depois de liberada pelo vulcão, a lava solidifica-se na superfície ou em espaços existentes entre as rochas.

As erupções vulcânicas também trazem para a superfície alguns elementos, como o ferro e o enxofre. Esses elementos vão tornar o solo mais fértil ao se depositarem nele.

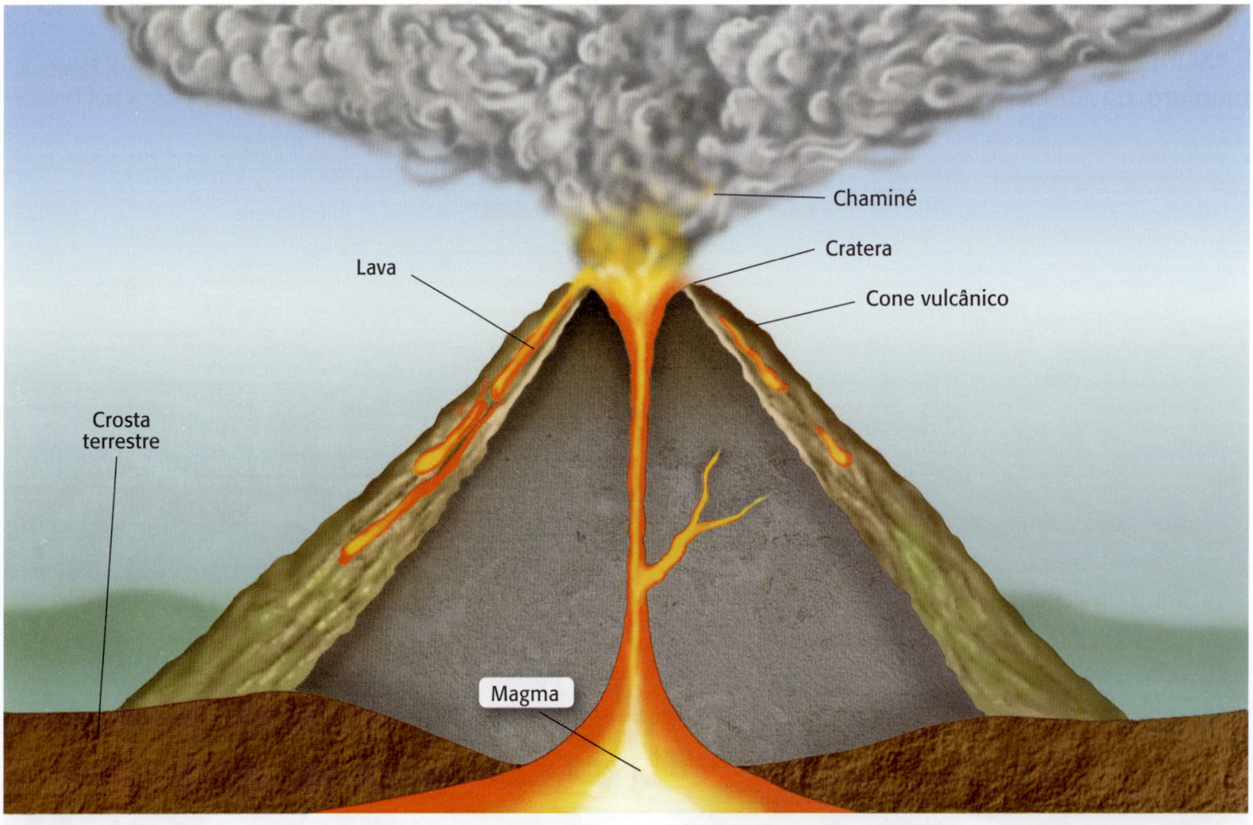

PAULO CESAR PEREIRA

Representação esquemática da estrutura de um vulcão. Elementos fora de escala de tamanho e de proporção. Cores fantasia.

Fonte: PRESS, F. e outros autores. *Para entender a Terra*. Porto Alegre: Bookman, 2006.

Terremotos

Os **terremotos** fazem parte da dinâmica natural da crosta terrestre. Eles são resultado de acomodamentos das placas litosféricas ou de grandes blocos de rochas da crosta. As placas podem, por exemplo, se deslocar uma em relação à outra, e o atrito entre elas pode causar a ruptura de rochas e, por consequência, os terremotos ou tremores. Eles duram poucos segundos, mas por vezes podem causar grande destruição.

Os terremotos não ocorrem igualmente em todas as regiões do planeta. Geralmente, há mais tremores de terra onde há maior quantidade de vulcões, chamadas de **zonas sismogênicas** ou cinturões de fogo. Compare a distribuição dessas zonas com a localização das placas litosféricas no mapa a seguir.

ZONAS SISMOGÊNICAS E AS PLACAS LITOSFÉRICAS

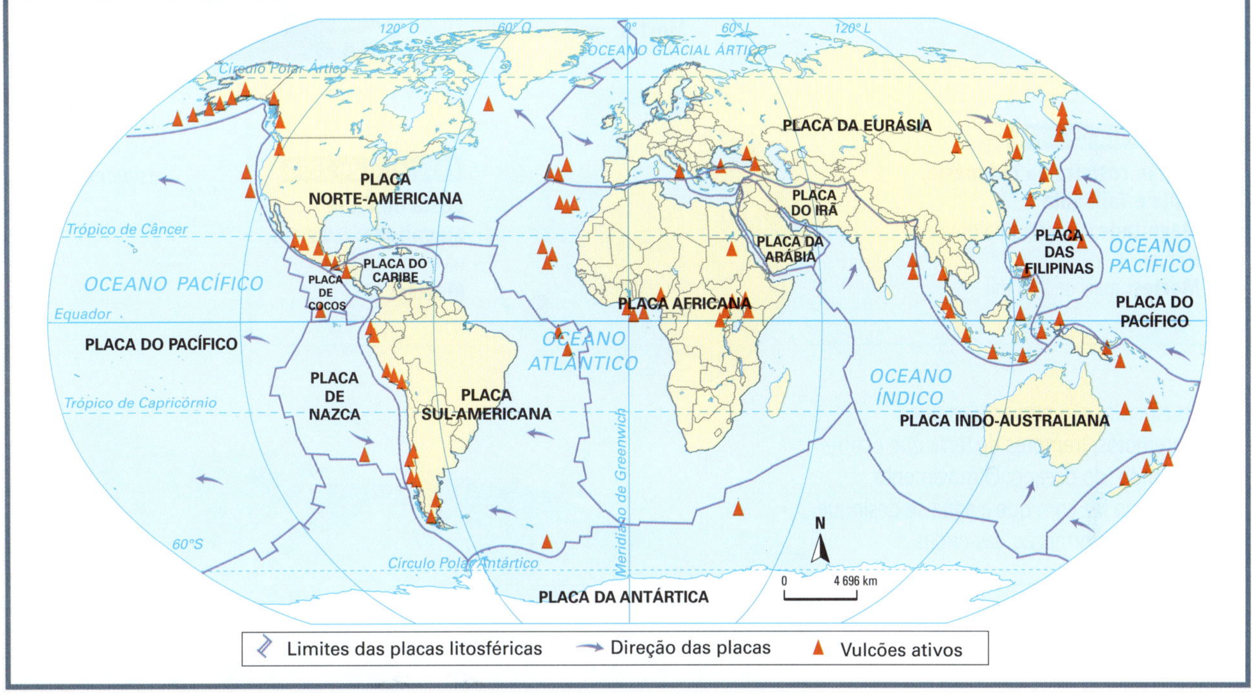

Fonte: *Atlas Geográfico Escolar*. Disponível em: <http://atlasescolar.ibge.gov.br/a-terra/formacao-dos-continentes>. Acesso em: 1 abr. 2015.

Maremotos

Quando os tremores de terra ocorrem no fundo do oceano, eles são chamados de maremotos. Quando um maremoto de grande intensidade ocorre, ele pode dar origem a ondas gigantes. Essas ondas podem chegar até o litoral e são denominadas *tsunami*.

Os cientistas conseguem prever os maremotos por meio de aparelhos, como os **sismógrafos**. Dessa maneira, é possível alertar a população sobre o perigo e, se necessário, retirar aqueles que estão nos locais mais ameaçados de destruição.

A magnitude de tremores como os terremotos e os maremotos é medida pela chamada **escala Richter**. Quanto mais alta a escala, mais danos o tremor causa. Um dos terremotos mais devastadores de que se tem conhecimento atingiu o Chile em 1960, e chegou a 9,5 graus na escala Richter.

NÃO DEIXE DE ACESSAR

- **Conheça mais sobre a formação e o movimento dos continentes.**
  <http://atlasescolar.ibge.gov.br/a-terra/formacao-dos-continentes>
  Acesso em: 17 mar. 2015

Mais que uma **onda**

Os *tsunami* não têm a mesma origem que as ondas que aparecem nas praias todos os dias, chamadas de ondas costeiras, formadas principalmente pela ação dos ventos. Descubra como são formadas essas ondas gigantes.

YOMIURI SHIMBUN/AFP PHOTO

Kesennuma, uma das cidades japonesas mais atingidas pelo *tsunami* em 2011.

GRANDES *TSUNAMI* DO SÉCULO XXI

Apesar de pouco frequentes, já houve três grandes maremotos que provocaram *tsunami* neste século. Veja as principais regiões atingidas, a intensidade do maremoto e o número de mortes causadas pela ação do *tsunami*.

Março de 2011

Costa nordeste do Japão
Magnitude do maremoto: 8,9 graus na escala Richter.
Mortes: mais de 9 mil

Dezembro de 2004

Região costeira da Indonésia, Índia e Tailândia
Magnitude: 9,1 graus na escala Richter.
Mortes: mais de 230 mil

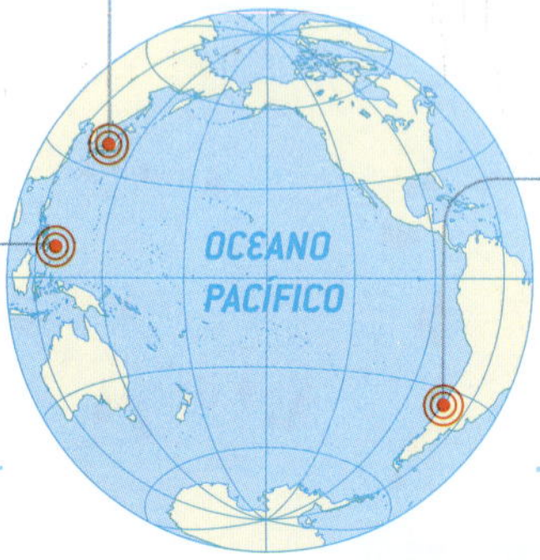

Fevereiro de 2010

Costa do Chile
Magnitude: 8,8 graus na escala Richter
Mortes: 524

1. Os *tsunami* são provocados por maremotos, tremores de terra que ocorrem no fundo do oceano. O movimento repentino faz com que a água se desloque, iniciando a formação das ondas.

Um casal de mergulhadores brasileiros escapou do *tsunami* que atingiu a Tailândia em 2004. Eles estavam praticando mergulho a **23 metros** de profundidade. Eles afirmaram ter sentido apenas uma correnteza mais forte. O barco que os levou para mergulhar foi destruído pela onda.

No local onde surge a onda, sua altura varia entre **10 cm** e **5 m**.

Atividades

1. Qual seria um sinal da chegada de um *tsunami* que pode ser observado da costa antes da chegada das ondas?

2. Que velocidade atinge um *tsunami*?

3. Nas figuras deste infográfico está representada apenas a consequência de um dos movimentos de placas litosféricas. Escolha outro movimento que ocorre nas placas e elabore um texto no caderno descrevendo como ele ocorre e quais as suas consequências.

OLHA A ONDA!

Nas praias, as ondas de um *tsunami* já chegaram a mais de 30 metros de altura, como aconteceu em Hokkaido, Japão, em 12 de julho de 1993.

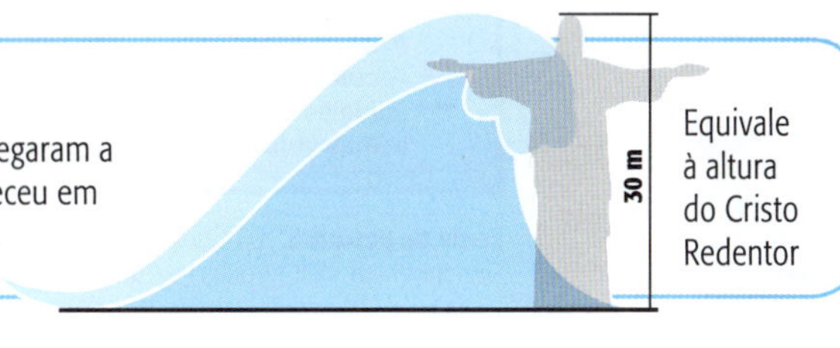

1. No caderno, faça um esquema da estrutura da Terra representando suas camadas, da crosta até o núcleo. Qual camada é a mais fina?
2. Explique como se origina a lava. Qual a diferença entre a lava e o magma?
3. Analise os mapas mostrados a seguir. O primeiro mostra alguns dos limites das principais placas litosféricas da superfície terrestre (linhas em preto). O segundo mostra o chamado Cinturão de fogo do Pacífico. As linhas azuis indicam a localização de vulcões.
   a. Explique o significado da expressão "Cinturão de fogo do Pacífico".
   b. Relacione as informações presentes nos mapas e escreva um parágrafo que associe a teoria das placas litosféricas com a formação de vulcões.
   c. Segundo pesquisadores, o Japão já foi vítima de *tsunami* devastadores e um evento como esse pode ocorrer novamente. Explique essa afirmação com base nos mapas.
   d. Observe o primeiro mapa e explique a pequena ocorrência de terremotos no Brasil.

Fonte de pesquisa: *Atlas Geográfico Escolar*.
Disponível em: <http://atlasescolar.ibge.gov.br/a-terra/formacao-dos-continentes>. Acesso em: 1º abr. 2015.

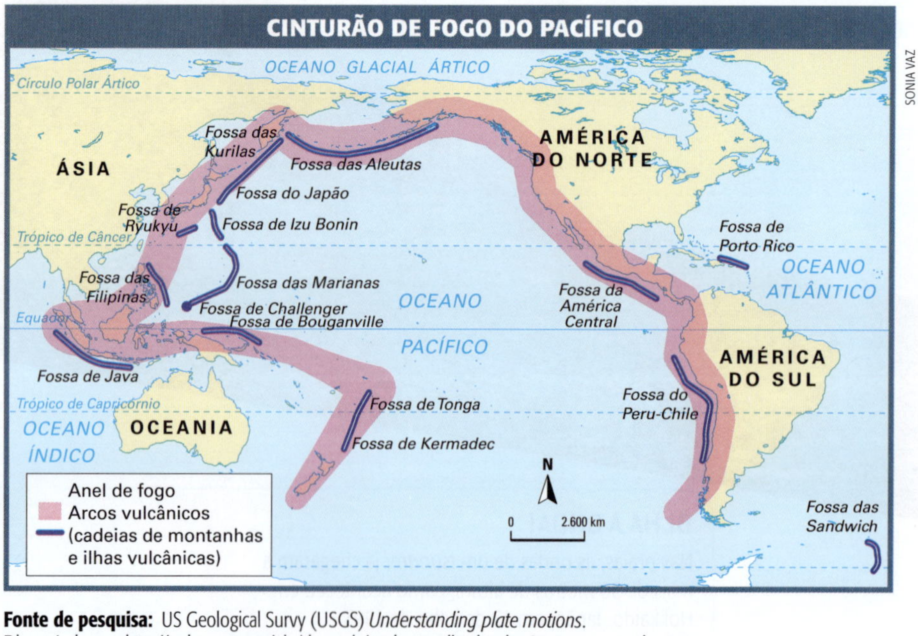

Fonte de pesquisa: US Geological Survy (USGS) *Understanding plate motions*.
Disponível em: <http://pubs.usgs.gov/gip/dynamic/understanding.html>. Acesso em: 1º abr. 2015.

4. Leia a notícia que segue.

Forte terremoto atinge a costa nordeste do Japão e gera *tsunami*

Um forte terremoto de magnitude 8,9 na [escala Richter] atingiu nesta sexta-feira (11) a costa nordeste do Japão, segundo o Serviço Geológico dos EUA (USGS), matando ao menos 60 pessoas no país e gerando um *tsunami* (onda gigante com potencial destrutivo) que ameaça países da costa do Oceano Pacífico. [...] O tremor [...] foi o 7º pior já registrado na história do Japão. Logo após o tremor, um alerta para ondas de até seis metros de altura foi emitido no país. [...] Vários governos emitiram alertas e alguns ordenaram a retirada de moradores de áreas costeiras. [...] A Polícia Nacional afirmou que pelo menos 60 pessoas morreram, 56 estavam desaparecidas e 241 ficaram feridas. [...] O transporte coletivo entrou em colapso na capital. A parede de água entrou quilômetros adentro pela costa da ilha de Honshu, arrastando casas e transformando os portos em cenários de desoladora devastação. Nas áreas rurais próximas, a onda varreu as frágeis casas de madeira como se fossem de papel, e em questão de minutos devorou centenas de hectares de plantações. [...]

Forte terremoto atinge a costa nordeste do Japão e gera *tsunami*, 2011. G1. Disponível em: <http://g1.globo.com/mundo/noticia/2011/03/forte-terremoto-atinge-o-japao-e-provoca-alerta-de-tsunami.html>. Acesso em: 18 mar. 2015.

a. O que mede a escala Richter?

b. Explique por que se formou um *tsunami*.

c. Que tipo de consequências um evento como esse causa às pessoas? Discuta com seus colegas a respeito.

5. Analise o esquema abaixo e responda: Que fenômeno está sendo representado nele? Explique.

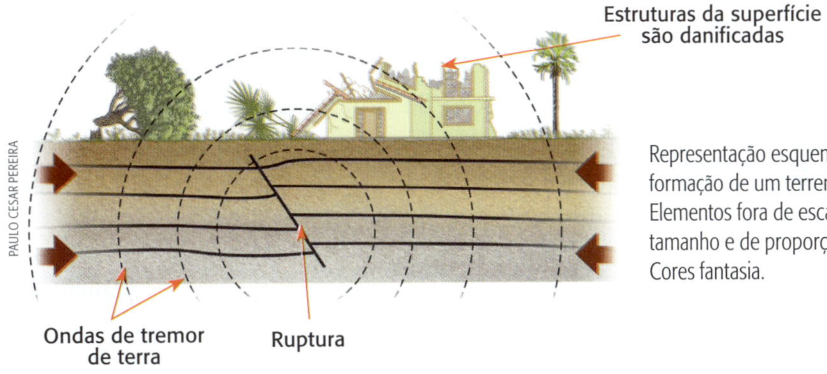

Representação esquemática da formação de um terremoto. Elementos fora de escala de tamanho e de proporção. Cores fantasia.

Desfecho

Quando olhamos para o céu durante o dia e vemos o Sol sabemos que ele é uma estrela, assim como os pontos luminosos que observamos à noite. Também sabemos que o planeta Terra não emite luz própria e tem uma órbita ao redor do Sol juntamente com os outros planetas do Sistema Solar. Todas essas informações só foram obtidas após séculos de estudos e observações, paralelamente ao desenvolvimento de tecnologias que auxiliam essas descobertas. Comente o que você sabe sobre o telescópio espacial *Hubble*.

Encerrando a unidade

Nesta unidade você estudou vários temas. Escreva um texto a respeito de cada um. Compartilhe com seus colegas.

- Os movimentos da Terra
- A Lua e suas fases
- A composição da Terra
- Placas litosféricas
- A hipótese da deriva continental

Como a vida surgiu na **Terra?**

Essa pergunta intriga inúmeros cientistas e, na busca pela resposta, eles compartilham informações. A seguir, leia um pouco sobre esse assunto.

O que diz a Geologia

Os geólogos afirmam que quando a Terra se formou, há aproximadamente 5 bilhões de anos, não havia água líquida e a superfície terrestre era muito quente. Existia também uma grande quantidade de vulcões e não havia a camada de gases da atmosfera. Muitos meteoritos colidiam com a superfície terrestre. Essas condições não permitiam que houvesse vida na Terra.

Aos poucos, no decorrer de milhões de anos, a Terra começou o processo de resfriamento. Houve uma época de tempestades frequentes, o que permitiu que a água se acumulasse nas depressões da superfície terrestre, formando os primeiros oceanos. Acredita-se que neles tenham surgido os primeiros seres vivos.

O que diz a Paleontologia

Os paleontologistas estudam as evidências de existência de vida pré-histórica preservadas nas rochas. Eles encontraram na Austrália colunas rochosas, conhecidas como estromatólitos, no solo de regiões de mar raso e águas quentes. Essas colunas são produzidas pela ação de cianobactérias no solo de regiões de mar raso e quente. Existem estromatólitos cuja idade foi calculada em 3,5 bilhões de anos. Portanto, nessa época, já existia vida no oceano.

Cianobactéria: microrganismo unicelular que realiza fotossíntese.

Representação artística de como seria a Terra primitiva há cerca de 3 bilhões de anos. Ainda havia muitos vulcões e a superfície estava começando a esfriar. Nos oceanos formaram-se os estromatólitos. Cores fantasia. Elementos fora de escala e de proporção.

O que diz a Bioquímica

BETTMANN/CORBIS/LATINSTOCK

Stanley Miller em seu laboratório de pesquisas com o aparelho simulador das condições da Terra, em Chicago, nos Estados Unidos da América, em 1959.

O bioquímico Alexander Oparin propôs que a vida poderia ter surgido em um ambiente aquoso, rico em nutrientes e com a ação da luz e calor solar e eletricidade (raios). Nele, teriam surgido moléculas com capacidade de duplicação, que originaram os primeiros seres vivos.

Em 1954, o cientista estadunidense Stanley L. Miller construiu um aparelho para simular as condições da Terra primitiva. Nesse aparelho, ele inseriu gases que julgava estarem presentes na atmosfera naquela época e, para recriar as descargas elétricas das tempestades, submeteu os gases a faíscas elétricas de alta intensidade. Depois de algum tempo, observou, no líquido acumulado na parte inferior do equipamento, a formação de um tipo de composto que só existe nos seres vivos: os aminoácidos.

O que diz a Física

Em 1974, o matemático e astrofísico indiano Wickramasinghe propôs a teoria de que as primeiras formas de vida foram trazidas pelos asteroides que bombardeavam a Terra. Para comprovar sua hipótese, ele cita que os balões da Organização de Pesquisas Espaciais Indiana (ISRO) coletaram vida microscópica a 50 quilômetros de altitude.

Para explorar

1. Por que não poderia haver vida no momento logo após a formação da Terra?
2. Qual a hipótese de Miller para o surgimento da vida?
3. Na sua opinião, a descoberta de vida microscópica a 50 quilômetros de altitude comprova que a vida veio do espaço?

CHRISTIAN JEGOU PUBLIPHOTO DIFFUSION/SPL/LATINSTOCK

UNIDADE

3 As rochas

ANDRE DIB/PULSAR IMAGENS

As rochas podem sofrer grandes transformações por ação da água. Ela consegue, por exemplo, "cavar" uma enorme galeria em um gigante bloco maciço, ao longo de muitos anos, e formar uma caverna ou gruta como a mostrada nessa imagem. Plantas e animais podem passar a habitar esse lugar.

Mudanças drásticas na paisagem, como essa, não são feitas apenas pela água: o vento, a variação de temperatura, os seres vivos, e vários outros componentes do ambiente também agem nesse tipo de mudança. Para estudar essas transformações foi desenvolvida uma ciência conhecida como geologia. Ela conta com pesquisadores, os geólogos. Esses profissionais estudam os processos de formação da Terra em geral, e a estrutura, a composição, a formação e a transformação das rochas ao longo do tempo.

Nesta unidade, você vai saber mais sobre:

- Os tipos de rochas
- A transformação das rochas em solo
- O que são fósseis e como se formam

Gruta do Janelão no Parque Nacional Cavernas do Peruaçu, Januária (MG), em 2012.

TROCANDO IDEIAS

1. Observe a imagem com atenção e descreva para seus colegas o que está vendo.
2. Você já observou alguma rocha? Todas as rochas são iguais? O que elas têm de semelhante entre si? E de diferente?
3. Como você acha que o vento ou a variação de temperatura podem causar alteração em uma rocha?
4. Você já visitou uma gruta ou caverna? Procure saber se na sua cidade há cavernas ou grutas abertas que podem ser visitadas.

5 Minerais e rochas

A crosta terrestre é formada principalmente por rochas. As rochas são sólidas e formadas de um ou mais minerais. Os diferentes tipos de rocha variam em composição de minerais, cor, dureza e outras propriedades. Muitos desses tipos podem ser observados e estudados em diversos museus de geologia que existem em nosso país. O Museu Geológico da Bahia, fundado em 1975, possui mais de 16 mil amostras catalogadas de rochas, minerais, entre outros itens. Esse museu funciona como centro de pesquisa, divulgação e educação, e busca valorizar as rochas brasileiras.

BATE-PAPO

1. Na sua opinião, por que as rochas têm diferentes cores e diversos tipos de brilho?
2. Observe a fotografia abaixo e responda: Você conhece alguma outra obra de arte que usa rochas como matéria-prima?

FERNANDO VIVAS/AG. A TARDE

Mural feito com rochas e cristais pelo artista Juarez Paraíso, em 1998, no Museu Geológico da Bahia, em Salvador. O mural simboliza a formação da Terra.

A medida do tempo

Há muito tempo, os seres humanos buscam relacionar os fenômenos naturais ao seu cotidiano e à sua vida. Povos distintos, em lugares e períodos diferentes, procuraram relacionar as observações dos astros do céu com a passagem do tempo. Eles usaram as observações do céu para criar calendários. Você sabe o que é um calendário? Em quais observações dos astros os seres humanos se basearam para criar o calendário que usamos?

MINERAIS E ROCHAS

Os **minerais** são partículas sólidas que ocorrem naturalmente na crosta terrestre. Cada tipo de mineral tem suas características próprias, como cor e brilho. Os minerais podem ocorrer com formas geométricas bem definidas, também chamados de cristais.

Alguns minerais extraídos das rochas podem ser aproveitados pelo ser humano. Esses minerais são denominados **minérios**.

THINKSTOCK/GETTY IMAGES

Cristais de quartzo. É geralmente branco ou transparente. O quartzo mostrado na fotografia está em forma de cristal.

FABIO COLOMBINI

Rocha pirita. Por ser brilhante e dourada, é chamada de "ouro de tolo".

FABIO COLOMBINI

Amostra de hematita. Principal mineral do qual se extrai o ferro.

FABIO COLOMBINI

Fragmento de feldspato. É o mineral mais abundante da crosta terrestre.

As **rochas** são formadas por um ou mais minerais. Entre as formadas apenas por um mineral, podemos citar o calcário, formado por calcita. Entretanto, a maioria das rochas é formada por mais de um mineral, como é o caso do granito, que contém principalmente quartzo, mica e feldspato.

PHOTO RESEARCHERS/JOYCE PHOTOGRAPHICS/DIOMEDIA

Amostra de granito, na qual é possível observar seus componentes minerais. O quartzo é geralmente esbranquiçado e translúcido, a mica são os pontos escuros e as regiões cinza são feldspato.

FIQUE DE OLHO

O granito é uma rocha usada para várias finalidades. As mais comuns são para produzir peças de cozinha e banheiro. Os escultores também podem utilizar o granito em suas obras.

1. Faça uma pesquisa a respeito do uso das rochas. De que forma elas podem ser aproveitadas pelo ser humano?
2. Se possível, faça uma visita a um museu em que haja esculturas feitas de rochas. Observe-as e anote o material que foi usado para construí-las.

FABIO COLOMBINI

Escultura em granito-rosa, feita pelo escultor paulista João Batista Ferri (1896-1978). Pinacoteca do Estado de São Paulo, SP.

OS TIPOS DE ROCHAS

Cada tipo de rocha passa por um processo diferente de formação. De acordo com sua origem, ou seja, como se formaram, as rochas são classificadas em magmáticas, sedimentares ou metamórficas.

Permeável: que deixa a água passar.

Rocha plutônica: são rochas formadas no interior do manto, em meio ao magma.

Rochas magmáticas ou ígneas

As rochas formadas da solidificação do magma, depois de seu resfriamento, são chamadas de **magmáticas** ou **ígneas**. As rochas magmáticas são resistentes e pouco permeáveis. O basalto, a pedra-pomes e o granito são exemplos desse tipo de rochas.

O granito faz parte dos chamados escudos cristalinos, que são blocos rochosos antigos e que formam parte da superfície da Terra. No Brasil, o escudo cristalino forma grande parte das serras da Mantiqueira, do Mar, dos Órgãos, entre outras.

FRANS LANTING/MINT IMAGES/ZUMA WIRE/EASYPIXBRASIL

Ao se solidificar, o magma forma rochas ígneas. Na fotografia, lava solidificada no Parque Nacional do Havaí, em 2014.

Formação de rochas magmáticas

As rochas magmáticas podem ser formadas tanto acima do solo como abaixo dele. A partir da erupção de um vulcão, o magma sobe para a superfície terrestre, e passa a ser chamado de lava. Então, a lava esfria e formam-se as rochas magmáticas vulcânicas.

O magma pode também ficar preso em um bolsão dentro da crosta terrestre. Nesse caso, o resfriamento é bem mais lento e são formadas as rochas plutônicas.

Pista 1

Atualmente, a maioria dos povos usa o **calendário gregoriano**, de origem europeia, promulgado em 1582. Faça uma pesquisa sobre a origem do calendário gregoriano: como ele foi criado e com base em que tipo de informação. Pesquise também sobre outros tipos de calendário.

Rochas metamórficas

As rochas podem sofrer modificações, por exemplo, em sua composição ou textura, provocadas por alterações no ambiente em que estão. Um aumento muito grande e rápido na temperatura pode ser um exemplo. A rocha formada em razão dessas modificações ambientais é chamada de **metamórfica**.

As rochas metamórficas são bastante resistentes e, por isso, são usadas em construções. Mica, mármore e ardósia são exemplos desse tipo de rocha.

FABIO COLOMBINI

Amostra de gnaisse, uma rocha metamórfica formada principalmente por quartzo e feldspato.

PALÊ ZUPPANI/PULSAR IMAGENS

Portal da cidade Castelo do Piauí (PI), construído com rochas metamórficas.

FABIO COLOMBINI

Pedaço de mármore, rocha metamórfica formada por transformação da calcita.

Formação de rochas metamórficas

Os minerais que compõem as rochas ígneas e sedimentares (que veremos em seguida) permanecem inalterados em determinadas condições. No entanto, se essas condições mudam, os minerais também podem ser alterados. Assim, as rochas podem sofrer transformações, como o surgimento de cristais e a formação de novos minerais. É dessa forma que são originadas as rochas metamórficas.

Um exemplo desse processo ocorre quando há uma erupção vulcânica com derramamento de lava sobre rochas sedimentares. Com a elevação da temperatura e da pressão sobre essas rochas, elas se transformam e originam as rochas metamórficas.

A composição inicial da rocha sedimentar ou ígnea, e as condições de temperatura e pressão, influenciam no tipo de rocha metamórfica que irá se formar.

NÃO DEIXE DE ACESSAR

- **Veja a lista de museus de geologia que existem no Brasil. Se possível, faça uma visita a algum deles.**
  <http://www.geologo.com.br/museus.asp>
  Acesso em: 18 mar. 2015.

NÃO DEIXE DE ACESSAR

- **Na Enciclopédia Multimídia de Minerais e Rochas você encontra informações sobre o tema.**
  <http://www.rc.unesp.br/museudpm/banco/index.html>
  Acesso em: 18 mar. 2015.

Rochas sedimentares

As rochas sofrem desgaste ao longo do tempo. Isso pode ser causado pela ação da água, das mudanças de temperatura, pelo vento, por substâncias químicas, entre outros fatores.

As rochas sedimentares formam-se da compactação de sedimentos que se desprenderam de outras rochas por causa do desgaste. A estrutura porosa das rochas sedimentares faz com que elas sejam mais permeáveis que as rochas magmáticas.

Essa estrutura permite não só a infiltração da água, mas também a sua filtração. Conforme a água passa pelos poros da rocha sedimentar, as impurezas vão sendo retidas. São exemplos de rochas sedimentares o calcário e o arenito.

Do calcário, é possível extrair a cal, muito usada na pintura de paredes e na produção de argamassa (massa utilizada na construção para fixar tijolos e azulejos). Na agricultura, o calcário é aplicado ao solo para torná-lo apropriado para o plantio.

A argila, um tipo de partícula que compõe rochas sedimentares, é usada na produção de panelas, potes, objetos de decoração de cerâmica.

Veja, na figura abaixo, como ocorre o processo de formação de rochas sedimentares.

FABIO COLOMBINI

Fragmento de calcário, rocha sedimentar formada principalmente por calcita.

FABIO COLOMBINI

Fragmento de arenito, composto principalmente por quartzo.

Permeável: que permite a passagem de um líquido.
Infiltração: penetração de um líquido através de poros.
Filtração: ato de passar um líquido através de filtro ou algo similar, processo que retira as partículas sólidas.

FORMAÇÃO DE ROCHAS SEDIMENTARES

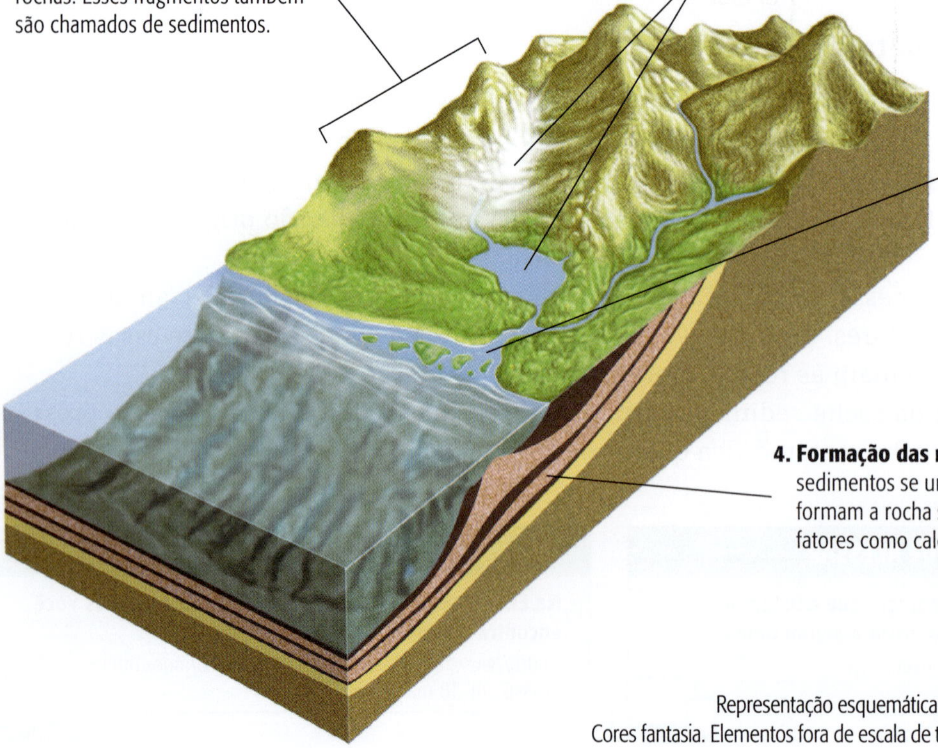

Representação esquemática da formação de rochas sedimentares. Cores fantasia. Elementos fora de escala de tamanho, de proporção e de distância.

SAIBA MAIS

O que é o pré-sal?

“O petróleo ocorre sempre em regiões da crosta formadas por rochas sedimentares. Ele se forma em uma rocha, chamada rocha geradora, a partir de restos orgânicos, sobretudo microrganismos animais. Durante milhões de anos esses detritos orgânicos sofrem transformações que levam a um aumento da temperatura e da pressão interna, o que acaba rompendo a rocha. Com isso, o petróleo migra para cima através dos poros existentes nas rochas, até encontrar algo que o impeça de continuar se deslocando. Essa barreira, chamada de trapa, pode ser uma rocha impermeável, como uma camada de sal.

O que se chama de pré-sal são as rochas sedimentares que existem abaixo de uma camada de sal com até 2 000 m de espessura, que se estende por uma grande extensão. Essa espessa camada de sal, formada principalmente de halita (cloreto de sódio, ou seja, o sal que usamos na comida) e anidrita (sulfato de cálcio) é uma barreira que se formou diretamente sobre a rocha geradora, impedindo que, nesse caso, o petróleo migrasse.

Quando a sonda perfura as rochas, ela encontra esse petróleo depois da camada de sal. Mas não se diz que ele está no pós-sal e sim no pré-sal porque está em rochas que se formaram antes das que estão acima, como é normal nos processos geológicos de sedimentação. O prefixo *pré-*, portanto, refere-se ao tempo, não ao espaço. Pós-sal é o que está acima do sal.

Por que só nos últimos tempos se começou a falar em petróleo do pré-sal? Porque, devido às enormes profundidades, nunca se havia procurado petróleo abaixo da camada de sal. É preciso lembrar que esse combustível está 3 a 5 km abaixo do fundo do mar e que existem até 2 200 m de água até chegar ao fundo. (Além disso, as plataformas de exploração e produção ficam a até 340 km da costa.)

O pré-sal existe também em outros países, mas apenas na África ele tem características semelhantes às do Brasil.”

Pércio de Moraes Branco. *O petróleo do pré-sal*. Disponível em: <www.cprm.gov.br/publique/cgi/cgilua.exe/sys/start.htm?infoid=1301&sid=129>. Acesso em: 18 mar. 2015.

Detritos: restos, sobras.
Impermeável: impossível de ser penetrado por líquidos.

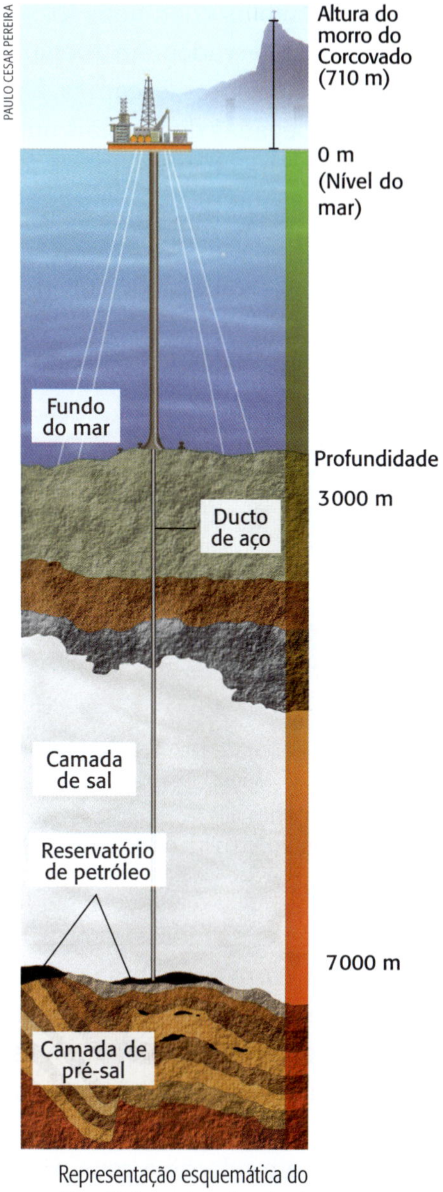

Representação esquemática do perfil geológico na área do pré-sal. Note a comparação entre a altura do morro do Corcovado (RJ) com a profundidade em que está o petróleo. Cores fantasia.

Para pensar

1. Por que o pré-sal existente no Brasil tem características semelhantes às camadas de pré-sal encontradas na África?
2. Por que é chamada pré-sal essa camada que fica abaixo da deposição de sal? Explique com base nos seus conhecimentos sobre os tipos de rochas.

FÓSSEIS

Nas rochas, principalmente nas sedimentares, os pesquisadores podem encontrar valiosas "pistas" sobre a vida no passado. Uma dessas "pistas" são os chamados fósseis – restos ou vestígios de seres vivos que foram conservados em rocha. Os restos podem ser ossos, pelos, penas, carapaças, dentes, escamas, fezes, troncos ou pólen. Os vestígios são rastros ou pegadas de animais ou, ainda, outros tipos de marcas ou "impressões" de seres vivos.

NÃO DEIXE DE LER

- **A vida dos dinossauros.** Rosicler Martins Rodrigues. Editora Moderna, 2011.

JOÃO PRUDENTE/PULSAR IMAGENS

Pegadas fósseis no Vale dos Dinossauros, em Souza (PB). As pegadas têm 40 cm de largura e são de um iguanodonte, ou dinossauro bico-de-pato, que media cerca de 10 metros de altura.

SALLY A. MORGAN/ECOSCENE/CORBIS/ LATINSTOCK

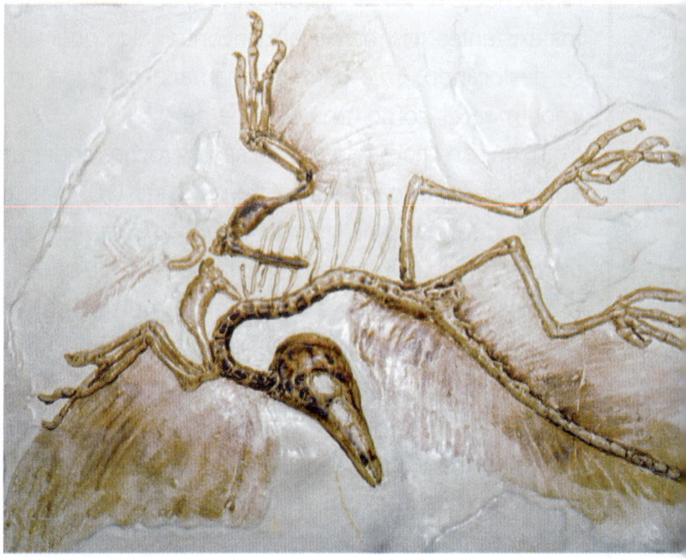

Fóssil de arqueópterix encontrado em Workerszell, na Alemanha, em 1951. Esse animal viveu há 150 milhões de anos.

A análise dos fósseis contribui para o estudo dos seres vivos que habitavam a Terra e que hoje estão extintos. Por meio desses fósseis, é possível entender o parentesco entre os grupos de seres vivos, estimar quando se deu o surgimento de uma espécie ou quando aconteceu sua extinção. Além disso, os pequisadores podem ter pistas de como era a alimentação do animal fossilizado, seu tamanho e as possíveis diferenças que apresentava em relação a seus parentes atuais.

Estimar: prever, calcular.
Sítio paleontológico: local onde são encontrados fósseis, ossadas, objetos e construções muito antigas.

FIQUE DE OLHO

Os fósseis da Chapada do Araripe

A Chapada do Araripe, na Região Nordeste do Brasil, ocupa partes de três estados: Ceará, Piauí e Pernambuco. Nos blocos rochosos dessa chapada, foram encontrados diversos fósseis: de pterossauros (répteis voadores), insetos, anfíbios, peixes, tartarugas, entre outros.

Durante muitos anos, o local ficou sem nenhum tipo de proteção, e fósseis foram retirados por turistas e pessoas interessadas em vendê-los.

Transformada em área de proteção ambiental, pesquisadores e governo tentam preservar o que restou desse importante sítio paleontológico.

- Converse com seus colegas sobre a importância da preservação dos sítios paleontológicos brasileiros. Escrevam um texto com as conclusões do grupo.

Fossilização

Um organismo, ao morrer, pode ser total ou parcialmente coberto por sedimentos. Nessas condições, ele fica mais protegido da ação de microrganismos decompositores e também da ação de agentes da natureza, como a água da chuva. Seu corpo, então, é lentamente transformado em rocha, principalmente as partes duras (esqueleto, concha, tronco, semente, entre outras).

A formação de fósseis por restos de animais pode ocorrer por molde, mineralização ou preservação. O **molde** ocorre quando as partes duras do organismo desaparecem (são decompostas), restando como fóssil a marca no sedimento. A fossilização por **mineralização** ocorre quando as partes duras do organismo são substituídas aos poucos por minerais. A **preservação** ocorre quando um organismo é conservado em gelo ou âmbar, principalmente.

PROCESSO DE FOSSILIZAÇÃO E ESCAVAÇÃO

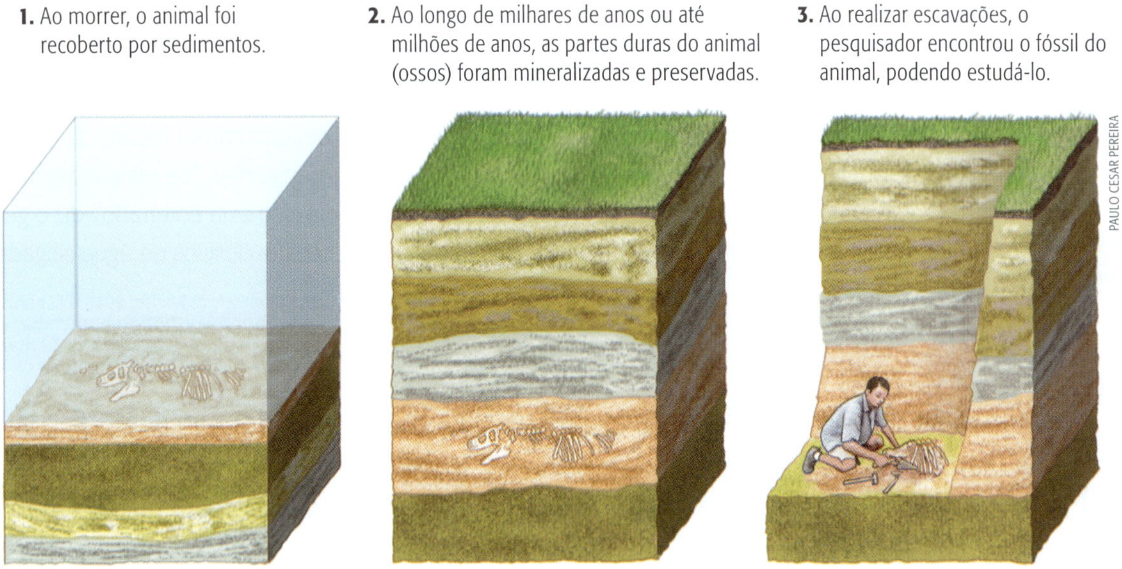

Representação esquemática da fossilização de um animal por mineralização. O esqueleto de um animal é soterrado. Os restos que são encontrados por pesquisadores são os ossos mineralizados que passaram pelo processo de fossilização. Cores fantasia. Elementos representados fora de escala de tamanho e de proporção.

Fossilização de vestígios

A fossilização de vestígios ocorre quando marcas da atividade ou de hábitos de animais são preservados em rochas. Entre os vestígios, podemos citar as pegadas, as marcas de habitação (como tocas ou galerias), indícios de reprodução (ninhos) e fezes.

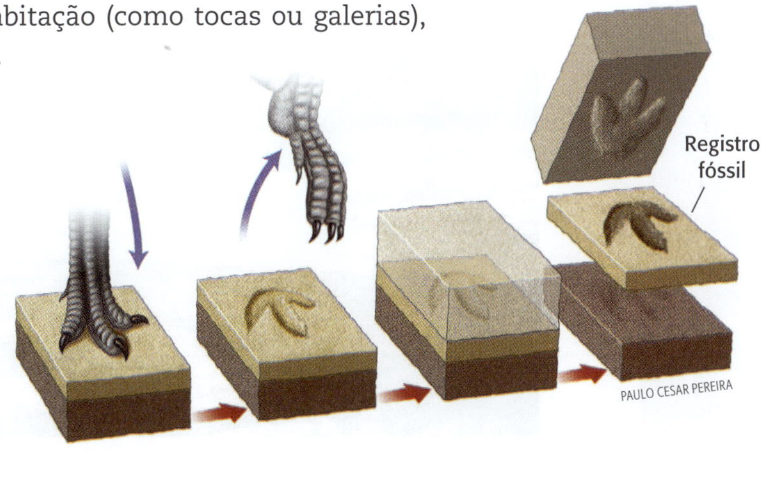

Representação esquemática da fossilização de pegadas. Um animal pisou a lama e continuou seu caminho. Com o passar do tempo, sedimentos cobriram a pegada e se mineralizaram, deixando na rocha o molde da pata do animal. Cores fantasia. Elementos representados fora de escala de tamanho e de proporção.

teia do saber

1. Associe cada um dos termos do quadro abaixo a um tipo de rocha estudado. Justifique as suas escolhas associando o significado de cada termo à origem das rochas.

magma – sedimento – metamorfose

2. Quais são os tipos de rocha formados de outras rochas?

3. A sentença abaixo é verdadeira ou falsa? Justifique a sua resposta.

> Na Terra, todos os tipos de rochas formam-se continuamente, com exceção das rochas magmáticas, que tiveram sua origem somente no início da formação do planeta.

4. Paleontólogos, pesquisadores que estudam os fósseis, não procuram fósseis em rochas ígneas ou metamórficas. Explique por quê.

5. Leia o trecho a seguir e responda às questões:

Fósseis provam que o Sertão já foi oceano

Pesquisadores da Universidade Regional do Cariri (Urca) desenterraram fósseis de duas espécies de ouriços e comprovaram que o Sertão, sim, já foi um imenso mar. "Se restava alguma dúvida sobre a inundação do oceano no interior do Nordeste, agora isso está enterrado", diz o geólogo Alexandre Feitosa Sales. "É que os ouriços são animais aquáticos exclusivos de água salgada."

Jornal do Commercio, Recife, 2010. Disponível em: <http://www.ufcg.edu.br/prt_ufcg/assessoria_imprensa/mostra_noticia.php?codigo=6092>. Acesso em: 19 mar. 2015.

a. Qual foi o raciocínio dos paleontólgos para concluir que o sertão nordestino já foi um dia coberto por mar?

b. Em sua opinião, que tipo de mudança pode ter acontecido para que o sertão, antes coberto por mar, agora seja seco?

c. Qual a importância do estudo dos fósseis?

6. No alto do Himalaia (cadeia de montanhas situada na Ásia), a muitos metros acima do nível do mar, foram descobertos fósseis de animais marinhos. Com base no que você aprendeu até o momento, elabore uma hipótese para explicar esse fato.

7. As rochas podem passar por transformações que acabam por alterá-las, originando os tipos metamórfica ou sedimentar. Além desse tipo de mudança, por quais outros uma rocha pode passar, que acabam por gerar fragmentos como os mostrados na imagem abaixo?

JTB/UIG VIA GETTY IMAGES

Pequenas rochas no fundo de rio.

8. Marcos leu uma notícia a respeito de uma ossada de baleia que havia sido encontrada em uma praia. Ele mostrou a notícia à sua professora de Ciências, chamando a ossada de fóssil. Está correta a denominação dada por Marcos? Justifique sua resposta.

Ossos de baleia-jubarte (*Megaptera novaeangliae*) encontrados na Antártica, próximos à praia.

9. A profissão de geólogo tem várias áreas de estudo, entre elas:

Paleontologia	Estuda os fósseis
Sismologia	Estuda os terremotos
Vulcanologia	Estuda os vulcões
Petrologia	Estuda as rochas
Mineralogia	Estuda os componentes das rochas
Espeleologia	Estuda as cavernas

a. Qual dessas áreas você acha mais interessante? Por quê?

b. Escolha uma dessas áreas. Em seguida, pesquise mais sobre ela e, se possível, descubra o nome de um profissional brasileiro do ramo da geologia escolhido.

Pista 2

A datação de fósseis ou artefatos é a estimativa de idade desses elementos. Ela envolve as áreas de física, química e biologia.

Há alguns métodos utilizados para se inferir a idade de um fóssil, os quais são baseados no estudo das alterações de substâncias e elementos químicos ao longo do tempo. A técnica do carbono-14, por exemplo, é um dos métodos empregados na datação de fósseis.

- Qual a importância da datação de fósseis?

6 Transformações das rochas

No Oceano Atlântico, próximo ao litoral do estado do Espírito Santo, existem montanhas submersas. Essas montanhas já foram vulcões e atualmente não derramam mais lava.

As bases dessas montanhas estão a cerca de 3 500 metros de profundidade e em apenas algumas regiões elas ultrapassaram o nível do mar. É o caso dos rochedos que formam o arquipélago de Martin Vaz e a Ilha de Trindade.

ERNESTO REGHRAN/PULSAR IMAGENS

Helicóptero da Marinha sobrevoando a Ilha de Trindade, no Oceano Atlântico, litoral do Espírito Santo, em 2010.

ERNESTO REGHRAN/PULSAR IMAGENS

Formação rochosa vulcânica na Ilha de Trindade, no Oceano Atlântico, litoral do Espírito Santo, em 2010.

BATE-PAPO

Observe as fotografias e converse com seus colegas sobre as questões:

1. Para a formação dessa caverna na ilha, houve a ação de um agente da natureza. Qual foi esse agente?
2. Usando o que você já aprendeu sobre rochas, você poderia deduzir de qual tipo de rocha a Ilha da Trindade é formada?
3. Essa caverna ainda pode aumentar de tamanho?

DINÂMICA DA TERRA

A Terra tem uma estrutura dinâmica, ou seja, sofre modificações constantes em sua superfície e em seu interior ao longo do tempo.

As alterações na superfície são mais visíveis para nós, embora algumas só possam ser percebidas ao longo de muitos anos. As mudanças no interior da Terra, por vezes, podem ser sentidas por meio de tremores, terremotos e atividade vulcânica.

As rochas que formam a superfície terrestre vão sendo modificadas naturalmente ao longo do tempo. Vamos estudar agora alguns dos agentes naturais que causam a transformação das rochas.

DEA/PUBBLI AER FOTO/DE AGOSTINI PICTURE LIBRARY/GETTY IMAGES

O vulcão Vesúvio, na Itália, está inativo, mas já entrou em erupção diversas vezes. A sua erupção em 79 d.C. destruiu a cidade romana de Pompeia.

Vulcanismo

Os fenômenos que provocam a subida de material magmático durante as atividades vulcânicas recebem o nome de **vulcanismo**. Essa ação acontece na Terra desde sua formação e é responsável por grandes transformações da superfície terrestre.

Metamorfismo

O **metamorfismo** é o conjunto de processos que levam à transformação de uma rocha, podendo alterar uma ou mais de suas características, como a textura, a estrutura e a composição de minerais.

A grande variação de temperatura, o soterramento da rocha por lava vulcânica e os terremotos podem causar metamorfismo na rocha. Esses fatores podem transformar rochas magmáticas e sedimentares em rochas metamórficas.

CHRIS GALLAGHER/PHOTORESEARCHERS/ LATINSTOCK

As tensões geradas sobre as rochas provocam rachaduras na crosta, como essa que se formou em terremoto no Parque Nacional dos Vulcões, perto de Kilauea, no Havaí, Estados Unidos.

Pista 3

Uma das maneiras de medir o tempo de forma mais ampla é por meio do uso da escala de tempo geológico. Esta consiste basicamente em uma linha do tempo desde a formação da Terra até os dias atuais. A divisão em cinco eras geológicas é baseada principalmente em grandes alterações que ocorreram na crosta terrestre. Escolha uma das cinco eras geológicas e pesquise a respeito das características da crosta e dos seres vivos viventes na época. Compartilhe o que você pesquisou com seus colegas e montem uma linha do tempo no quadro, incluindo as características estudadas.

Intemperismo

É chamado de intemperismo o conjunto de fenômenos que ocorrem na superfície terrestre e que causam a degradação ou a fragmentação de uma rocha.

Há três tipos de intemperismos:

- **Intemperismo físico**: pode ser causado pelo vento que remove partículas da rocha, pela variação de temperatura ou pelo congelamento de água entre as fendas ou espaços nas rochas. Com a variação de temperatura, a rocha aumenta (quando aquecida) e diminui (quando esfria) um pouco de tamanho. Essa mudança de tamanho, mesmo que pequena, ao longo do tempo, faz com que a rocha se fragmente.
- **Intemperismo químico**: causado principalmente pela ação da água, na qual pode haver componentes que reagem com substâncias da rocha alterando a composição dos minerais.
- **Intemperismo biológico**: é a degradação da rocha causada por organismos. São exemplos de intemperismo biológico: raízes de plantas que penetram em fendas das rochas, animais que carregam fragmentos de rocha ou que escavam o solo e removem materiais fragmentados, liquens e musgos que crescem sobre as rochas, entre outros.

SCIENCE SOURCE/MAUR/DIOMEDIA

A rocha pode sofrer desgaste após muitos anos de ação da chuva ácida. Observe esta escultura: não é mais possível ver certos detalhes por causa do desgaste sofrido.

NÃO DEIXE DE LER

- **Cinco pedrinhas saem em aventura.** Rosely Aparecida Imbernon e Maria Cristina Motta de Toledo. Oficina de Textos, 2006.

Musgos e liquens crescem sobre as rochas, desgastando-as. Paraty (RJ), em 2009.

RUBENS CHAVES/PULSAR IMAGENS

Raízes de árvore penetrando em uma rocha, fragmentando-a. Parque Nacional da Serra da Capivara (PI), em 2015.

FABIO COLOMBINI

O CICLO DAS ROCHAS

O ciclo das rochas é uma representação das diversas possibilidades de transformação pelas quais elas podem passar ao longo do tempo. Essas modificações ocorrem pela ação contínua dos intemperismos, do vulcanismo e do metamorfismo.

O CICLO DAS ROCHAS

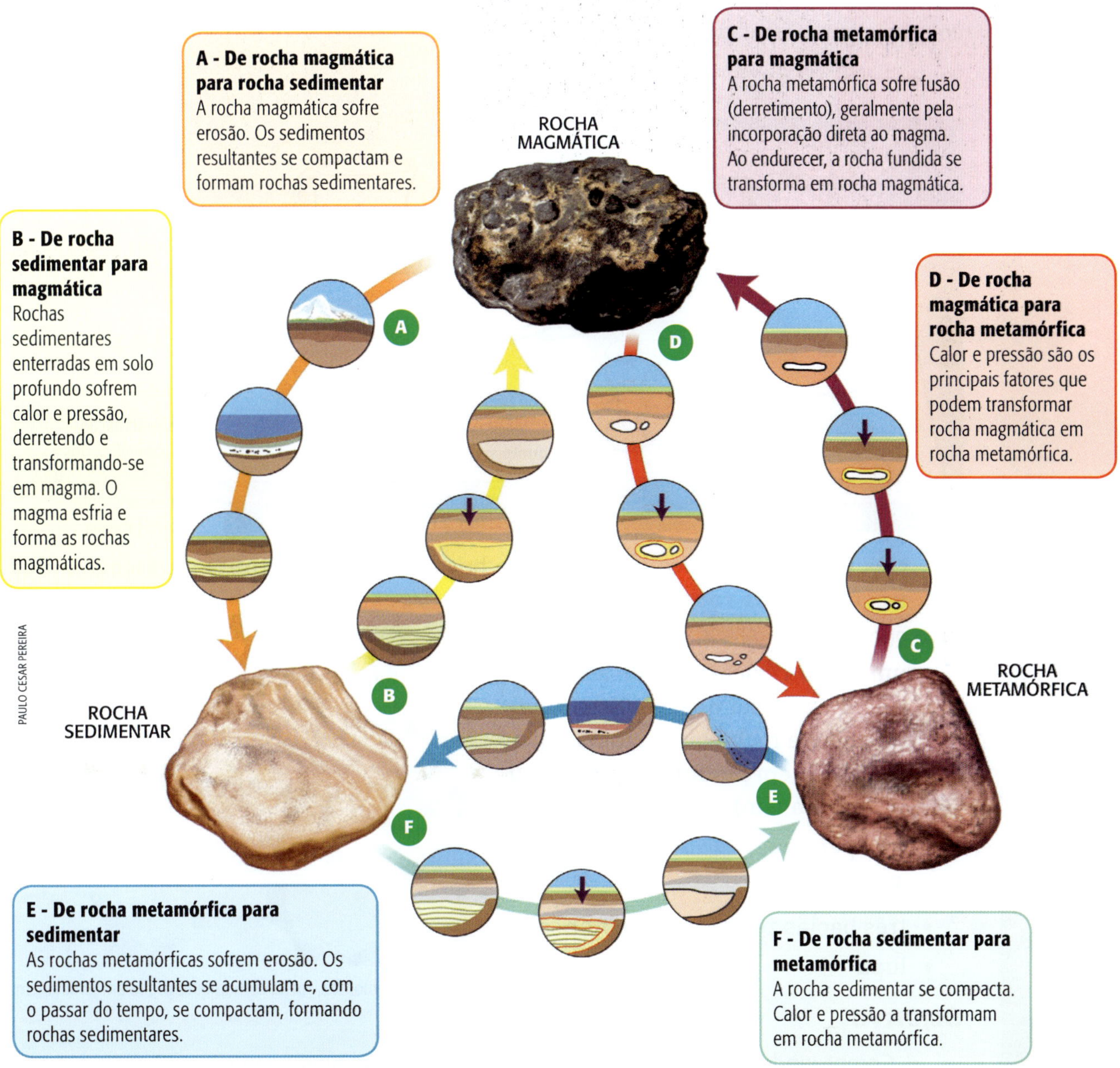

Representação esquemática do ciclo das rochas. Cores fantasia.
Elementos representados fora de escala de tamanho e de proporção.

Fonte: Disponível em: <http://the-earth-story.com/post/77051417599/excellent-diagram-from-matt-williard-explaining>. Acesso em: 2 abr. 2015.

O idealizador

O ciclo das rochas foi proposto pelo geólogo James Hutton há mais de 200 anos. Segundo esse geólogo, todas as rochas são submetidas ao intemperismo e formam sedimentos que são transportados e depositados em lugares mais baixos. Eles são soterrados e ficam compactados, unidos uns aos outros.

EXPERIMENTE FAZER

O desgaste das rochas

Para pensar

Como foi visto, as rochas sofrem desgaste ao longo do tempo. Essas mudanças podem ser causadas pela ação da água, pelas mudanças de temperatura, pelo vento, por substâncias químicas, entre outros.

Dos fatores que podem provocar mudanças nas rochas, quais você acha que podemos conseguir usar em sala de aula? Como você acha que podemos simular, por exemplo, o desgaste que as rochas sofrem por ação das ondas do mar? Discuta com os colegas e anote no caderno suas respostas.

Materiais

RODVAL MATIAS

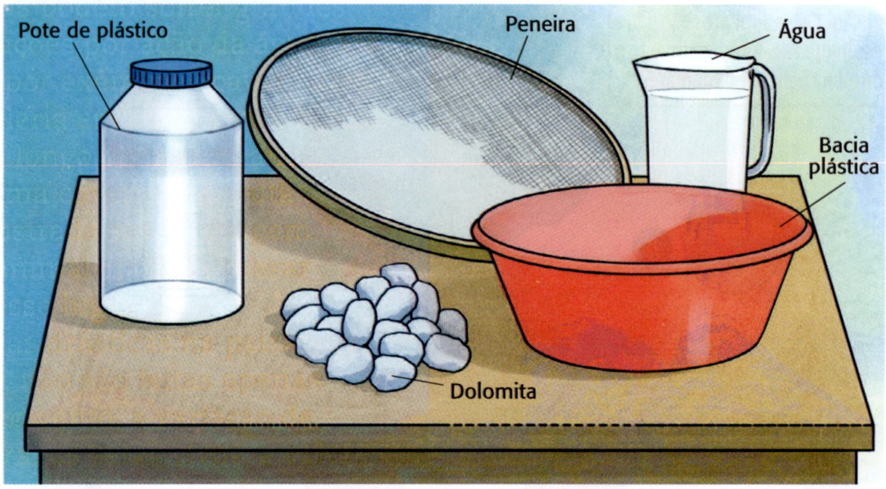

Representação esquemática dos materiais necessários ao experimento. Cores fantasia.

- três potes de plástico com tampa e boca larga (que permita a passagem dos fragmentos de rocha)
- 200 g de pedaços de dolomita, que é uma rocha calcária (pode ser comprada em lojas que vendem fragmentos de rocha ou em lojas especializadas em produtos agrícolas ou de jardinagem)
- três peneiras
- água
- três bacias plásticas não brancas
- lupa

RITA BARRETO

Dolomita, rocha comumente usada em jardinagem.

Objetivo

- Compreender o desgate das rochas pela ação de alguns agentes.

Procedimentos

1. Com a lupa, observe a cor, a forma e o tamanho dos fragmentos da dolomita. Anote no caderno as características que você observou. Reserve quatro unidades.
2. Divida o restante em três partes iguais e coloque cada parte em um pote. Adicione água nos potes até cobrir os fragmentos de rocha por completo. Procure colocar a mesma quantidade de água nos potes.

3 Cada estudante deverá ficar com um dos três potes e todos começarão a agitar seu pote ao mesmo tempo, como mostra a figura ao lado.

4 Após dois minutos, o primeiro estudante parará de agitar o pote. Os demais continuam agitando.

5 Após quatro minutos, o segundo estudante parará de agitar o pote. A terceira pessoa continua agitando o terceiro pote.

6 Por fim, após seis minutos, a terceira pessoa pode parar de agitar o pote.

7 Após a agitação, abra os potes e despeje seus conteúdos sobre uma peneira, coletando a água na bacia plástica, separadamente. Observe o aspecto dos fragmentos de calcário que ficaram retidos na peneira e o aspecto da água dentro da bacia plástica.

RODVAL MATIAS

Representação artística do procedimento 3. Se os braços ficarem cansados durante a agitação do pote, reveze a ação com um colega.

8 Faça uma tabela para anotar suas observações em relação ao aspecto dos fragmentos de rocha e da água em seus estados inicial (fragmentos reservados) e após a agitação de dois, quatro e seis minutos.

Experimento elaborado com base em: Rondon Mamede Fatá. D. Revista *Educação Pública*, maio 2007. Disponível em: <http://www.educacaopublica.rj.gov.br/oficinas/geologia/erosao/01_atv.html>. Acesso em: 6 maio 2015.

Resultados

1. Como ficou a água depois de agitar o pote por 2 minutos? E depois de 4 e 6 minutos? Por que isso aconteceu?
2. O que aconteceu com os fragmentos de dolomita depois da agitação nos três casos?
3. O que provocou esse fenômeno?

Conclusões

1. Quais os fatores que contribuem para o desgaste de rochas que conseguimos simular em nosso experimento?
2. Como a nossa simulação pode ser comparada com a situação real das ondas do mar batendo nas rochas? O que tem de parecido e o que tem de diferente?
3. Que outros fatores de erosão estão presentes nas situações reais de desgaste de rochas que não fizemos aqui nesse experimento?

Calcário

Do calcário é extraída a cal, material usado na construção civil. Além disso, o calcário é usado na agricultura, pois permite a adequação do pH do solo, preparando-o para o plantio.

Dolomita

A dolomita recebeu esse nome em homenagem ao seu descobridor, Déodat de Dolomieu (1750-1801). O geólogo e mineralogista francês foi o primeiro a identificar o mineral dolomita, distinguindo-o do calcário por conter magnésio em sua fórmula química. A dolomita é muito usada em jardins e na fabricação de material cerâmico. Já o calcário é extraído da cal, usado na construção civil e na agricultura, pois permite a adequação do solo, preparando-o para o plantio.

Como nasce **uma ilha vulcânica?**

Quando pensamos em ilhas, geralmente nos lembramos de mar, certo? Fato é que algumas delas nascem mergulhadas neles! São as ilhas vulcânicas, assim chamadas porque começam sua história como um vulcão, submerso na água. A atividade do vulcão e a lava que endurece ao seu redor têm tudo a ver com elas. Vamos entender um pouco mais.

FORMAÇÃO DE ILHAS

No solo do fundo do mar há muitos pontos com atividade vulcânica. No fundo do mar, acontece o mesmo processo que com um vulcão no continente: a lava do interior do planeta escapa por uma abertura e forma um vulcão. A lava expelida vai se acumulando ao redor dele.

LIGEIRINHO!

Um dos vulcões de surgimento mais recente que se conhece fica na cidade de San Juan Parangaricutiro, no México. Em fevereiro de 1943, durante uma semana, surgiu uma elevação de 15 metros de altura em uma plantação de milho. Em 10 meses, ele já havia crescido e atingido 336 metros de altura. O vulcão ficou em erupção durante 8 anos.

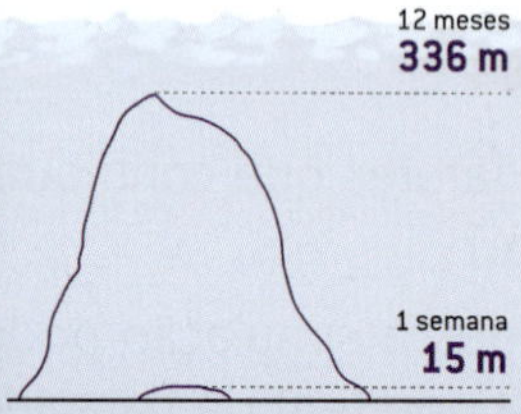

Crescimento cerca de **8,5 m** por semana.

75% de todas as erupções vulcânicas ocorrem no fundo dos oceanos.

LUIS MOURA

Com a atividade do vulcão, ao longo de milhões de anos, a lava se acumula, chegando a ultrapassar o nível da água. Temos aí uma nova ilha pontuando o oceano. Muitas vezes, os vulcões continuam em atividade mesmo depois que a ilha já emergiu.

Há mais de **500 vulcões** ativos no mundo.

Nos últimos **500 anos**, mais de **250 mil pessoas morreram** em consequência de erupções vulcânicas.

ISTOCKPHOTO/THINKSTOCK/GETTY IMAGES

E O MEU PÉ, O QUE TEM A VER COM ISSO?

Talvez você já tenha visto alguém lixar os pés utilizando a pedra-pomes. Essa rocha furadinha e leve é formada em explosões vulcânicas violentas. Os furos são formados por gases misturados à rocha quando ela estava no estado líquido.

Atividades

1. Como um vulcão submarino pode se transformar em uma ilha?
2. De que tipo seriam as rochas de uma ilha vulcânica que tivesse emergido há pouco tempo: magmática, metamórfica ou sedimentar? Explique.

teia do saber

1. Como são chamadas as transformações que ocorrem nas rochas e são resultantes de alguns fatores ambientais?

2. Diferencie intemperismo de metamorfismo.

3. Como o vulcanismo pode alterar a superfície da Terra?

4. Quais afirmações abaixo são incorretas? Justifique suas respostas.

   a. A permeabilidade é uma das características da rocha sedimentar.

   b. As rochas magmáticas formam-se da deposição e compactação de sedimentos.

   c. Sol, vento, água, raízes de árvores, liquens e alguns animais são exemplos de agentes do intemperismo.

   d. O vulcanismo participa diretamente da formação das rochas sedimentares.

5. Observe a fotografia ao lado e depois responda às questões. Ela mostra a caverna do Poço Encantado, que foi escavada pelo rio ao longo dos anos. As rochas da região são calcárias.

   a. Cavernas e grutas aparecem com maior frequência em rochas como o calcário e o arenito. Justifique esse fato.

   b. Como o rio abriu essa passagem?

   c. Como se chama esse tipo de intemperismo?

ZÉ ZUPPANI/PULSAR IMAGENS

Poço Encantado, na Chapada Diamantina, em Itaeté (BA), em 2007.

6. As transformações na superfície da Terra ocorrem de forma rápida ou lenta?

7. Leia o texto e observe a fotografia. Depois responda às questões.

> O Deserto Branco do Egito é formado por areia branca e rochas gigantescas de carbonato de cálcio. No Deserto Branco ocorrem tempestades de areia, caracterizadas pela suspensão de partículas de areia provocada por fortes ventos. Nele, as rochas foram esculpidas ao longo de milhares de anos e parecem cogumelos.

   a. Que tipo de intemperismo agiu sobre as rochas desse deserto?

   b. Você acha que essas rochas são metamórficas, magmáticas ou sedimentares?

PETR SVARC/ALAMY/LATINSTOCK

Rochas que sofreram ação de intemperismos do Deserto Branco, no Egito, norte da África, em 2012.

8. Leia o texto, observe a imagem e depois responda à questão.

O tatu-galinha (*Dasypus novemcinctus*) é um animal mamífero encontrado em diversas regiões do Brasil. Ele escava buracos que servirão como abrigo contra predadores e também como toca para os filhotes. Essas tocas chegam a ter 6 metros de comprimento. Ao escavar, ele pode quebrar algumas rochas e deixar outras expostas à ação do vento e da chuva.

STEPHEN J. KRASEMANN/ALL CANADAPHOTOS/CORBIS/LATINSTOCK

Diversas espécies de tatu cavam tocas no solo para construir abrigos. Este é o tatu-galinha (*Dasypus novemcinctus*), ele pode ter até 1 m de comprimento do corpo.

- Quais tipos de intemperismo a rocha pode sofrer por causa do escavamento das tocas pelos tatus-galinha? Justifique sua resposta.

9. Observe o ciclo das rochas representado a seguir e responda às questões.

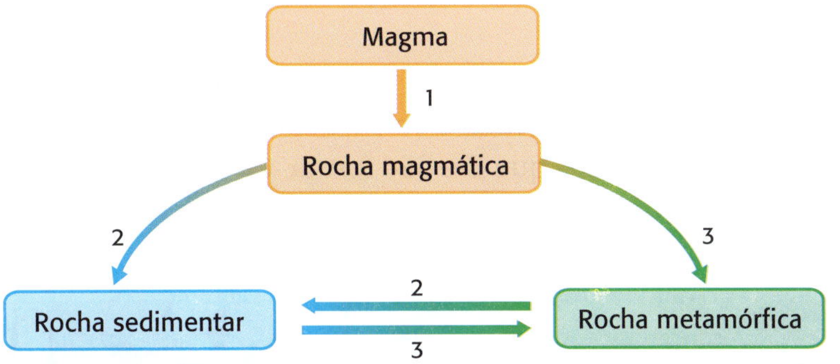

a. O mesmo mineral que compõe uma rocha pode ter pertencido a outras rochas?

b. Qual é o número da seta que pode indicar onde ocorreu metamorfismo?

c. Qual é o número da seta que pode indicar onde ocorreu a ação do vulcanismo? Por quê?

d. Quais tipos de rochas podem sofrer a ação do intemperismo?

Desfecho

Como a medida do tempo está relacionada ao nosso dia a dia? Qual a importância da medida de tempo no estudo das rochas e dos fósseis?

Encerrando a unidade

1. Nesta unidade, você estudou vários temas. Escolha um dos temas listados abaixo e produza um pôster sobre ele.

- Os tipos de rochas
- O que são fósseis e como se formam
- A transformação das rochas em solo
- O ciclo das rochas

2. Façam uma exposição dos pôsteres. Cada grupo irá explicar o seu pôster para os colegas.

A história da Terra documentada pelas rochas

A existência do ser humano na Terra é relativamente recente quando comparada ao surgimento desse planeta, há 4,5 bilhões de anos. Acredita-se que a espécie humana moderna, *Homo sapiens*, tenha surgido na África, entre 200 mil e 150 mil anos atrás e que a escrita tenha surgido por volta de 3500 a.C.

Como então contar a história do planeta que aconteceu antes do aparecimento dos primeiros seres humanos capazes de fazer relatos escritos? Ela pode ser contada pelas rochas que compõem a superfície terrestre. Diversos cientistas de diferentes áreas do conhecimento somam suas descobertas para aprender um pouco mais sobre os primórdios do planeta onde vivemos.

Geologia

A Geologia é a ciência que estuda a Terra, sua composição, estrutura, propriedades físicas, história e os processos que lhe dão forma. Os geólogos, por meio do estudo das camadas de rochas que compõem a superfície do planeta, afirmam que seu interior foi e continua a ser muito ativo.

GEOPHOTO/ALAMY/GLOW IMAGES

Ao observar essas rochas com camadas dobradas, os geólogos concluíram que elas eram horizontais no momento de sua formação, mas foram dobradas por forças provenientes do interior da Terra, causadas por movimentos das placas que formam a superfície terrestre. Na fotografia, rochas sedimentares em Devon, na Inglaterra, em 2014.

UIG VIA GETTY IMAGES

Rocha metamórfica atravessada por rocha vulcânica. Observando essas rochas, os geólogos concluíram que no local ocorreram erupções vulcânicas. Na fotografia, detalhe de rocha em Nova Gales do Sul, na Austrália, em 2007.

Paleontologia

A Paleontologia é a ciência que estuda os fósseis. O estudo dos fósseis, geralmente encontrados em rochas sedimentares, permite conhecer um pouco mais sobre o passado do planeta, dando pistas de como eram o clima, a flora e a fauna da Terra.

WALTER MYERS/SPL/LATINSTOCK

Representação artística de libélula pré-histórica, pousada em uma samambaia.

BRITISH ANTARCTIC SURVEY/SPL/LATINSTOCK

Fóssil de samambaia que viveu no mesmo período da libélula representada na imagem ao lado.

Acredita-se que, no passado, existiam extensas florestas formadas por samambaias gigantes, como a representada na imagem acima. Por meio dos estudos dos fósseis, estima-se que um cenário como esse tenha existido há mais de 250 milhões de anos, em um período chamado Permiano.

Para explorar

Conhecer o passado da Terra permite investigar as causas de muitos acontecimentos que afetam a vida dos seres humanos no presente, como terremotos e vulcanismo. Permite também compreender a formação e estudar a extração dos combustíveis fósseis que garantem o desenvolvimento da maior parte dos transportes e das indústrias atuais.

Com os colegas, converse sobre a riqueza de informações presentes nas rochas e guardadas no solo e no subsolo da Terra. Depois, reflitam sobre as questões a seguir.

1. Qual a importância de somar os conhecimentos de diferentes áreas para contar a história da Terra?

2. Quais são os pontos positivos e os negativos da exploração dos combustíveis fósseis?

3. É possível explorar as rochas sem agressão ao meio ambiente e sem destruir "pistas" da história da Terra?

Combustível fóssil: material resultante da transformação de restos de organismos vivos ao longo de milhões de anos. São exemplos o carvão e derivados de petróleo, como a gasolina e o querosene.

UNIDADE

4 O solo

Poucas pessoas observam o solo em seu dia a dia. Porém, ele é muito importante para todos os seres vivos.

O ser humano, por exemplo, aproveita o solo de muitas maneiras. Esse componente do ambiente é tão importante para nós que há diversos pesquisadores que se dedicam a estudá-lo.

Os pedólogos estudam como o solo se forma, do que é feito, que seres nele vivem. Os agrônomos estudam o solo no qual cultivamos os alimentos e as plantas que usamos para fabricar outros produtos. Os biólogos estudam os organismos que vivem no solo ou dependem dele de alguma forma.

Nesta unidade, você vai saber mais sobre:

- O que é o solo
- Os seres vivos e o solo
- Como o solo é usado
- De que maneiras podemos preservar o solo

O solo é utilizado para a agricultura, construção de residências e para as demais atividades humanas. Fotografia aérea, em Londrina (PR), em 2014.

TROCANDO IDEIAS

1. De que forma o solo está sendo aproveitado no local mostrado na fotografia?
2. Por que você acha que o solo é importante para os seres vivos?
3. Você acha que só existe um tipo de solo, ou seja, que ele tem as mesmas características em qualquer região do planeta?
4. Será que é possível plantar em qualquer porção de solo?

ERNESTO REGHRAN/PULSAR IMAGENS

7 Nosso solo

Terras pretas e férteis de índios

"Naturalistas e geólogos que viajaram pela Amazônia, a partir da década de 1870, observaram manchas profundas de solo escuro, muito fértil, diferentes do solo pobre existente em quase toda a região. O solo amazônico comum é em geral arenoso ou argiloso, tem poucos nutrientes e exibe apenas uma fina camada superficial de húmus produzida pela floresta.

As manchas, ao contrário, são ricas em carbono, contendo, em média, 150 g desse elemento por quilo de solo, enquanto os outros solos da região têm de 20 a 30 g de carbono por quilo. Esses solos estão em geral associados a antigas ocupações indígenas, identificadas por fragmentos de cerâmica, ossos e outros vestígios – por isso, ganharam o nome de 'terra preta de índio'.

[...]

Alguns pesquisadores calculam que esses solos escuros ocupem 1% (63 mil km^2) de toda a área de floresta na Amazônia, mas outras estimativas atingem até 10%. As terras pretas foram formadas pelos índios pré-colombianos, embora não esteja claro se foi um processo intencional de melhoria do solo ou um subproduto das atividades agrícolas e de habitação desses povos."

Antonio S. Mangrich, Claudia M. B. F. Maia e Etelvino H. Novotny. *Terras pretas e férteis de índios*. Disponível em: <http://cienciahoje.uol.com.br/revista-ch/2011/281/terras-pretas-e-ferteis-de-indios>. Acesso em: 2 abr. 2015.

ZIG KOCH/OPÇÃO BRASIL IMAGENS

A "terra preta" formada por indígenas pré-colombianos é caracterizada pela cor escura e pela presença de fragmentos de artefatos de cerâmica. Na fotografia, "terra preta" com fragmentos de cerâmica, nas proximidades do rio Jauaperi (RR), em 2008.

BATE-PAPO

1. De acordo com o texto, o que é a "terra preta de índio"?
2. A "terra preta de índio" tem sido estudada por muitos pesquisadores, brasileiros e estrangeiros. Em sua opinião, qual a importância de estudos como esse?

Como solucionar o problema do lixo?

Você sabia que cada brasileiro produz em média 1 kg de lixo por dia? Imagine esse valor multiplicado por 200 milhões, que é o número de habitantes que existem em nosso país. O aumento da população e dos níveis de consumo faz com que a cada dia produzamos mais embalagens, restos de alimentos, objetos quebrados etc. As montanhas de lixo não só ocupam espaço, mas também podem contaminar o solo e a água com substâncias tóxicas ou com microrganismos que causam doenças. Além, é claro, da poluição visual e do mal cheiro.

O QUE É O SOLO?

O solo é a camada mais superficial da crosta terrestre. Ele é composto de pedaços de rocha, ar, água, seres vivos e restos de organismos, como folhas, galhos e animais mortos.

O solo forma-se a partir das rochas. O processo de formação do solo pode levar milhares de anos.

No dia a dia, chamamos de solo também o local onde andamos, plantamos e construímos casas e ruas.

SANDRA BERTINI, 2009/COLEÇÃO PARTICULAR

Vista Alegre, obra pintada por Sandra Bertini, em 2009. Nela, podemos observar diversos usos do solo, como para plantações, criação de animais, construção de ruas e casas.

FIQUE DE OLHO

É do solo que as plantas retiram a água e os sais minerais de que elas precisam para sobreviver.

O solo abriga também muitos organismos, como minhocas, tatuzinhos-de-quintal, caracóis, centopeias, larvas, fungos e microrganismos. No solo, esses seres vivos encontram abrigo, proteção e alimento.

- Faça uma pesquisa em livros ou na internet e liste dois benefícios, para o solo, produzidos por organismos que vivem nele.

THINKSTOCK/GETTY IMAGES

Minhocas no solo. Existem aproximadamente 4 500 espécies de minhocas no mundo. As minhocas cavam túneis no solo, tornando-o mais arejado e rico em nutrientes.

Identificando diferentes tipos de solo

Para pensar

Você já reparou que existem diferentes tipos de solo na escola, nos jardins, nas hortas, na rua e nos arredores da sua casa? Por que esses solos são diferentes?

Objetivos

- Analisar e identificar características de alguns tipos de solo.

Materiais

- amostras de solo coletadas em três locais diferentes
- sacos plásticos
- etiquetas
- caneta
- copos de plástico transparentes
- água
- luvas
- areia
- 4 garrafas plásticas descartáveis transparentes (tipo PET de 2 L)
- pedaços de tecido
- elástico
- água
- tesoura de pontas arredondadas
- jornais
- rolo de macarrão velho
- um copo descartável de 200 mL
- régua
- relógio

ATENÇÃO!
O professor irá orientar a coleta do solo.

Procedimentos

1. Antes de coletar as amostras de solo, procure observá-las bem.
2. Manuseando-o com uma colher e usando luvas, retire uma pequena amostra de cada um deles, cerca de 2 copos de 200 mL de terra. O professor irá orientar o local e o procedimento de coleta. Identifique os sacos plásticos com o nome do local e a data de coleta.
3. No caderno, faça uma tabela como a do modelo abaixo e complete-a com as informações necessárias.

	Local de coleta do solo	Cor	Textura (tipos de grãos)	Presença de húmus
Amostra 1				
Amostra 2				
Amostra 3				

Modelo de tabela 1.

4 Coloque as folhas de jornal sobre uma superfície plana em uma área externa, em um local protegido da chuva.

ATENÇÃO !

Peça ajuda a um adulto para cortar a garrafa.

5 Espalhe as amostras de solo sobre o jornal, tomando cuidado para não misturá-las. Deixe-as de um dia para o outro ao ar livre, de preferência ao sol.

6 Quando as amostras de solo estiverem secas, passe sobre cada uma delas um rolo de macarrão para desfazer os torrões.

7 Com a tesoura, corte as garrafas plásticas ao meio. A parte da boca da garrafa será utilizada como funil e o fundo como suporte. Atenção: Cuidado ao manusear as garrafas cortadas.

8 Na boca da garrafa, prenda um pedaço de tecido com um elástico.

9 Coloque cada "funil" sobre seu suporte, de modo que fique apoiado.

10 Com a caneta hidrocor, identifique o tipo de solo que será colocado em cada garrafa-funil: areia, amostra de solo 1, amostra de solo 2 e amostra de solo 3.

11 Coloque a mesma quantidade de solo em cada um dos "funis".

12 No caderno, elabore uma tabela como a do modelo abaixo.

RODVAL MATIAS

Representação esquemática dos procedimentos. Prepare os quatro funis antes de continuar as outras etapas do experimento. Cores fantasia.

Tipo de solo	Tempo - água começou a pingar	Tempo - água parou de pingar	Nível que o líquido atingiu	Cor da água
Amostra 1				
Amostra 2				
Amostra 3				

Modelo de tabela 2.

13 Acrescente 200 mL de água a cada um dos "funis" ao mesmo tempo. Lembre-se de acionar o cronômetro e registre o resultado na tabela.

Resultados e discussão

1. Quais as principais diferenças entre os tipos de solo observados? Por que é importante conhecer essas características?
2. Em qual das amostras de solo a água começou a pingar primeiro no suporte? E em qual amostra a água demorou mais tempo para começar a pingar? O que isso representa?
3. Qual suporte apresentou maior quantidade de líquido após a água ter parado de pingar? E qual suporte apresentou menor quantidade de líquido? O que isso representa?
4. Qual foi o aspecto do líquido em cada um dos suportes?

Conclusão

- O que permite a infiltração de água no solo? Avalie as características das amostras coletadas.

A FORMAÇÃO DO SOLO

O solo é formado a partir das transformações que ocorrem nas rochas. Uma rocha na superfície (ou próximo a ela) pode sofrer a ação da água dos rios e da chuva, do vento, das mudanças de temperatura e das raízes das plantas. Esses fenômenos naturais são chamados intemperismos.

Pela ação desses fenômenos, a rocha sólida é transformada e o solo começa a se formar. Observe, no esquema a seguir, as etapas de formação do solo.

ETAPAS DA FORMAÇÃO DE UM TIPO DE SOLO

PAULO CESAR PEREIRA

1. A transformação da rocha em solo ocorre principalmente na superfície exposta à ação dos intemperismos. A rocha que dará origem ao solo é chamada de rocha-mãe. Ela começa a ser quebrada, formando rachaduras.

2. Por essas rachaduras, entram água e organismos como bactérias e fungos.

3 e 4. O solo aos poucos passa a ter uma camada de húmus (restos de organismos em decomposição). As sementes que aí caem germinam e as plantas pequenas crescem.

5. Essa camada torna-se cada vez mais espessa e torna possível que se desenvolvam vegetais maiores. Diversos seres vivos podem habitar essa camada do solo.
As várias camadas formadas são chamadas de horizontes, com características específicas, como cor, textura e composição de minerais. Quanto mais antigo for o solo, mais distante sua superfície estará da rocha que deu origem a ele.
O processo de formação do solo é contínuo e pode ser muito lento. Como esse recurso demora muito tempo para ser renovado, é importante preservá-lo.

Representação esquemática da formação do solo pela ação de intemperismos. Elementos representados fora de escala de tamanho e de proporção. Cores fantasia.

A COMPOSIÇÃO DO SOLO

O solo é composto de uma mistura de partículas minerais de diferentes tamanhos, húmus, ar e água. A quantidade de cada um desses itens varia de acordo com o tipo de solo.

Os principais grupos minerais que compõem o solo são a areia, a argila e o silte. Vejamos, no quadro abaixo, as principais diferenças entre elas.

Comparação entre os grupos minerais que compõem o solo

Grupos minerais	Areia	Silte	Argila
Tamanho das partículas	Partículas de tamanho grande entre 0,05 mm e 2 mm. É visível sem o auxílio de instrumentos.	Partículas de tamanho médio (entre 0,002 mm e 0,05 mm). Pode ser necessário utilizar microscópio para visualizá-las.	Partículas muito pequenas (menor que 0,002 mm). É necessário utilizar microscópio para visualizá-las.
Espaço entre as partículas	Há bastante espaço entre as partículas.	Há menos espaço entre as partículas quando comparado à areia.	Há pouco espaço entre as partículas. Forma solos muito compactos.
Quantidade de nutrientes	Retém pouca água e nutrientes.	Retém água e nutrientes, mas não em excesso.	Retém água demais e maior quantidade de nutrientes.

O húmus é formado por folhas, galhos, frutos, sementes e restos de animais e outros organismos mortos. Depois da decomposição, ficam no solo os sais minerais.

A água que está no solo pode ser aproveitada diretamente pelas plantas. Ela dissolve os minerais presentes no solo, permitindo a absorção deles pela raiz das plantas.

Entre as partículas de solo existe ar, que permite que os seres vivos absorvam o oxigênio para respiração.

NÃO DEIXE DE ACESSAR

- **Para mais detalhes a respeito da composição do solo, acesse o *site* do Centro de Previsão do Tempo e Estudos Climáticos.** <http://videoseducacionais.cptec.inpe.br/swf/solo/3_1/>. Acesso em: 19 mar. 2015.

MARVIN DEMBINSKY PHOTO

Solo rico em húmus. Repare em seu aspecto escuro. Ele geralmente contém dezenas de pequenos organismos.

Pista 1

Quanto lixo você produz em sua casa? Converse com os adultos com quem você mora e tentem estimar a quantidade de lixo em quilogramas que é produzido em um dia. Multiplique o valor encontrado por 30, para estimar a quantidade de lixo que é produzido pela casa em um mês. Quanto lixo foi produzido? Você acha que parte desse lixo poderia ser reciclado ou reaproveitado? Explique.

PROPRIEDADES DO SOLO

Existem vários fatores que podem influenciar na classificação do solo, entre eles estão a composição e a permeabilidade.

A variação na quantidade de areia, silte e argila é o que altera a textura do solo. Os que têm maior quantidade de partículas de areia têm uma textura mais áspera, enquanto os com maior quantidade de argila são mais suaves, com textura semelhante à do talco.

Os solos podem ser ainda classificados por sua quantidade de húmus. Solos de regiões onde chove pouco e há pouca vegetação têm menos húmus do que o solo de uma região onde chove mais e há maior quantidade de vegetação. Os solos com maior quantidade de húmus geralmente são mais escuros e melhores para a agricultura. Solos de regiões áridas têm menor quantidade de matéria orgânica.

PAULO CESAR PEREIRA

Representação esquemática do solo em região utilizada para plantação. Observe como a camada de solo fértil é pequena. Cores fantasia. Elementos fora de escala de tamanho e de proporção.

Representação esquemática do solo de região em que ocorreu desertificação. Solo com maior quantidade de partículas de areia. Cores fantasia. Elementos representados fora de escala de tamanho e de proporção.

Alguns solos armazenam mais água que outros. A capacidade de permitir que a água infiltre o solo é chamada de **permeabilidade**. Os solos com maior quantidade de partículas de argila têm espaços pequenos entre elas, dificultando a passagem da água. Os solos com maior quantidade de areia têm espaços maiores entre suas partículas, facilitando a passagem da água que, portanto, não fica retida.

LUIS MOURA

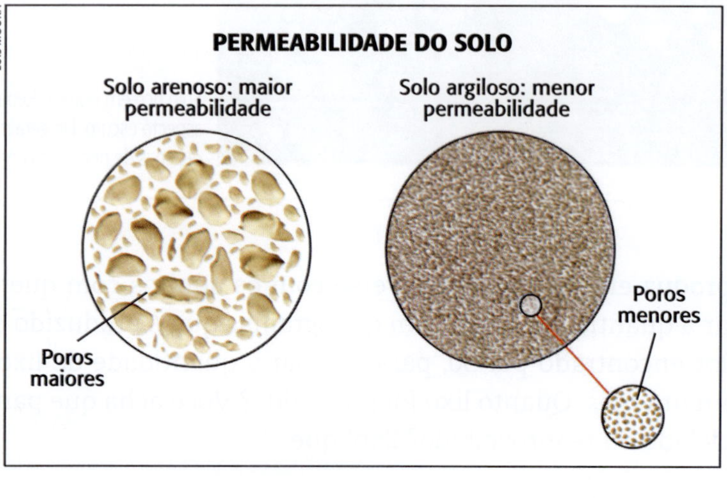

Representação esquemática de solo arenoso e argiloso. Observe a diferença entre o tamanho dos poros. Cores fantasia. Elementos representados fora de escala de tamanho e de proporção.

PERFIL DO SOLO

A espessura e a quantidade das camadas (horizontes) podem variar, dependendo da rocha que originou o solo, do tempo e dos processos de transformação.

O conjunto de horizontes, da superfície até a rocha, é chamado **perfil** do solo.

EXEMPLO DE PERFIL DE SOLO

1. Camada com organismos vivos e restos de organismos mortos. Os organismos mortos apodrecem e formam o húmus.

2. Camada com húmus e partículas da rocha. Há seres vivos também nesta camada. Ela é escura por causa da matéria orgânica decomposta.

3. Camada com pouco húmus. Sua fertilidade é mantida pela água, que mobiliza sais minerais de diferentes camadas.

4. Camada formada por rochas fragmentadas, geralmente com poucas partículas de argila que vieram das camadas superiores.

5. Rocha-mãe, que ainda não se transformou em solo.

PAULO CESAR PEREIRA

Representação esquemática de exemplo de perfil de solo. Cores fantasia. Elementos representados fora de escala de tamanho e de proporção.

FIQUE DE OLHO

Um solo adequado para cultivar os vegetais é chamado de solo fértil. Entre as características gerais desse tipo de solo, podemos citar:

- O tamanho das partículas devem permitir que a água seja retida na quantidade ideal. Se não houver água suficiente, as plantas morrem. Se houver água demais, as raízes podem apodrecer.
- Deve haver variados tipos de nutrientes para que a planta possa se desenvolver. Eles provém da decomposição de restos de seres vivos ou do desgate da rocha que deu origem a esse solo.
- A sua composição deve facilitar a penetração das raízes no solo. Os muito compactos (com pouco espaço entre as partículas que o compõem) dificultam a penetração das raízes.

1. Como o tamanho das partículas altera a fertilidade do solo?
2. Faça uma pesquisa a respeito de como os agricultores conseguem plantar em solos que não têm as características apresentadas neste texto.

SAIBA MAIS

Os organismos do solo

“ Muitos organismos vivem no solo. [...] Dentre estes, as minhocas são os mais importantes. Elas constroem canais, formando redes que contribuem para a aeração e descompactação do solo e para a circulação de água e nutrientes. Além delas, porém, existem vários outros seres vivos responsáveis pela vida do solo.

O resultado do apodrecimento e do transporte de matéria orgânica no solo é a eliminação da serrapilheira (camada de restos de plantas em decomposição na parte superficial do solo), a formação do húmus [...] e a construção de poros. Nesses pequenos canais, o ar circula e é por eles que a água se movimenta e as raízes das plantas penetram e se fixam.

Aeração: ato de fazer o ar circular.
Descompactação do solo: ato de deixar as partículas do solo com maior espaço entre si.

FABIO COLOMBINI

Camada de serrapilheira sobre o solo da Floresta Amazônica, em Manaus (AM). Nessa camada, há diversos seres vivos, como animais, plantas e fungos macroscópicos. Há também bactérias e fungos microscópicos, que se alimentam dos restos de matéria orgânica.

ALGUNS SERES VIVOS DO SOLO

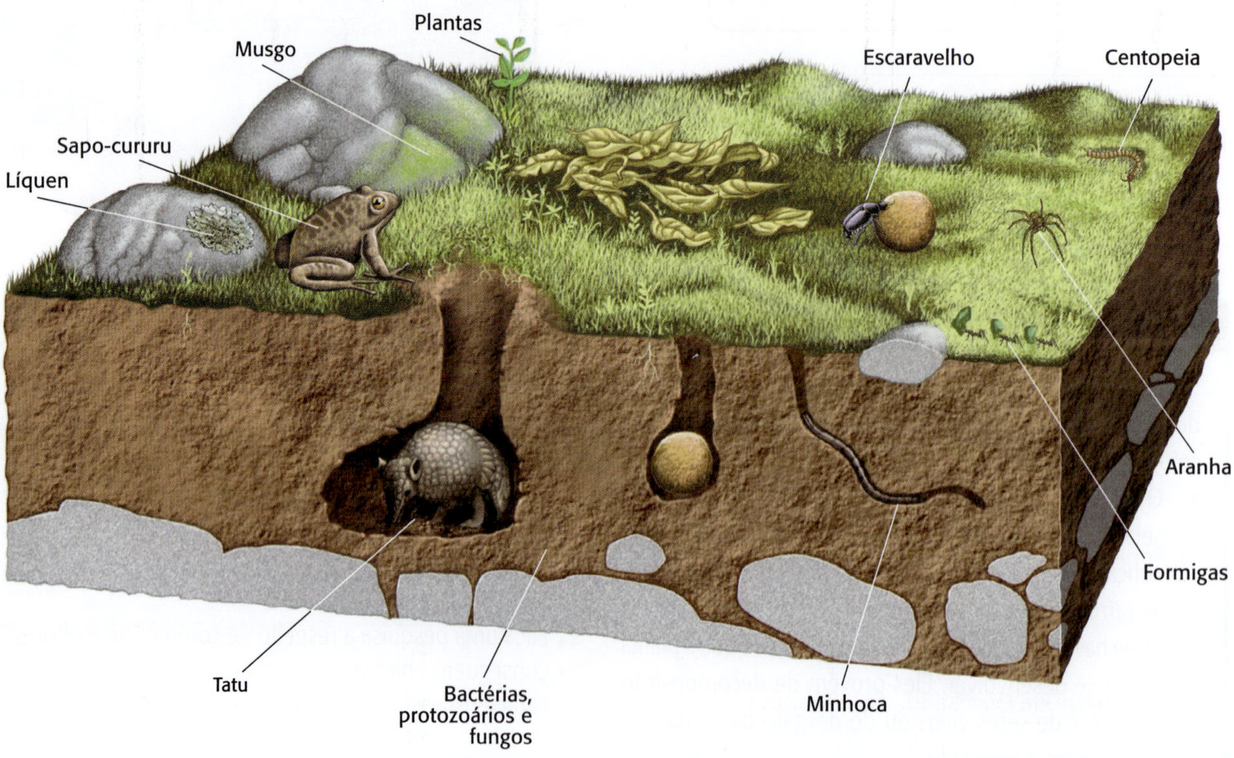

PAULO CESAR PEREIRA

Representação esquemática de organismos presentes no solo. Cores fantasia. Elementos fora de escala de proporção e de tamanho.

No solo, as bactérias são encontradas nas camadas mais superficiais, agindo com os fungos como decompositoras.

As bactérias e fungos são seres vivos chamados de decompositores ou saprófitas, pois alimentam-se dos corpos de organismos mortos (animais e plantas) ou de partes liberadas por seres vivos (dejetos, folhas, pelos, urina etc.), devolvendo para o ambiente nutrientes e substâncias importantes para as plantas. »

Déborah de Oliveira. *O solo sob nossos pés*. São Paulo: Atual, 2010.

Dejetos: fezes.

CICLO DOS SAIS MINERAIS

1. Partes da planta, como folhas, sementes, flores e frutos, caem no solo.

2. Esses restos são decompostos por fungos e bactérias. Na decomposição, são liberados sais minerais, que as plantas absorvem com a água.

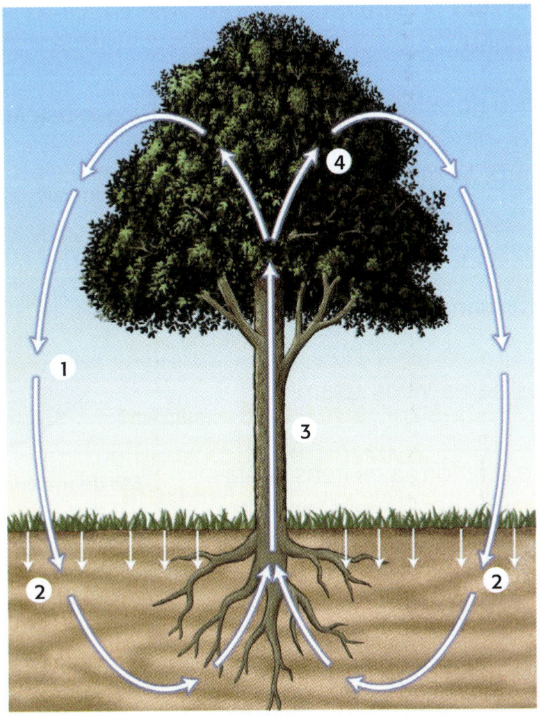

3. A água com sais minerais é distribuída pela planta.

4. Os sais minerais e outros elementos são aproveitados pela planta para a produção de energia e de novos nutrientes que serão usados na composição de novas estruturas, como folhas, flores e frutos.

Representação esquemática do ciclo dos sais minerais. Cores fantasia. Os elementos da imagem estão representados fora de escala de tamanho e de proporção.

Para pensar

1. No caderno, escreva um pequeno texto sobre a importância dos decompositores para o solo.
2. Qual é a importância do solo para as plantas?
3. Qual é a importância das plantas para o solo?
4. Os animais que vivem no solo precisam de gás oxigênio. Que características o solo precisa ter para que esses animais tenham acesso a esse gás?

NÃO DEIXE DE VISITAR

- **Se você estiver em Curitiba-PR, não deixe de visitar o Projeto Solo na Escola, da Universidade Federal do Paraná.**

  Rua dos Funcionários, 1 540 – Departamento de Solos e Engenharia Agrícola. Informações em: <http://www.escola.agrarias.ufpr.br/index_arquivos/exposicao.htm>. Acesso em: 19 mar. 2015.

1. Cite as etapas de fragmentação da rocha até a formação do solo.

2. No quadro abaixo há algumas características das partículas do solo.

Componentes do solo		
Componente	Tamanho da partícula	Espaço entre as partículas
Areia	Grande	Grande
Argila	Pequeno	Pequeno
Silte	Médio	Médio

a. Retome o resultado do experimento realizado nas páginas 96 e 97. Qual das amostras de solo coletadas apresentava maior quantidade de argila? E de areia?

b. Qual tipo de solo poderá inundar com uma chuva forte: o rico em areia ou o rico em argila? Justifique.

3. Observe o gráfico de setores. Ele mostra a composição do solo ideal para o plantio. Depois, responda às questões.

a. Quais são os principais grupos minerais do solo?

b. Como se formam esses grupos minerais?

c. Para que os seres vivos usam o ar do solo?

d. Descreva de que forma os itens destacados no gráfico são necessários para o desenvolvimento das plantas.

COMPOSIÇÃO IDEAL DO SOLO PARA PLANTIO

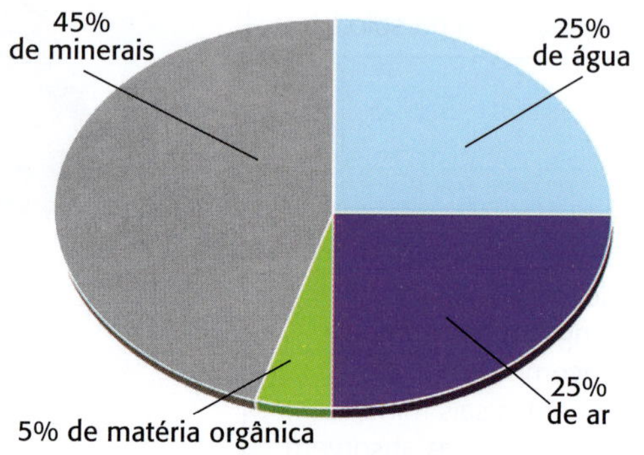

Fonte: Disponível em: <http://sistemasdeproducao.cnptia.embrapa.br/FontesHTML/Melao/SistemaProducaoMelao/manejo_do_solo.html>. Acesso em: 2 abr. 2015.

4. Leia o texto que segue.

A hidroponia é um tipo de agricultura em que as plantas crescem fora do solo. As plantas são mantidas suspensas por um sistema de canais ou recipientes que banham as raízes com uma solução nutritiva. Essa solução contém água com sais minerais de que as plantas necessitam para crescer. A vantagem desse sistema é o isolamento de possíveis ataques de fungos, larvas, insetos do solo, entre outros seres vivos. Isso diminui a necessidade do uso de substâncias químicas para matar esses seres vivos e também permite maior controle sobre a nutrição das plantas.

GERSON GERLOFF/PULSAR IMAGENS

A hidroponia reduz o ataque de insetos e fungos às plantas cultivadas. Na foto, cultivo hidropônico de morangos em Silveira Martins (RS), em 2014.

a. Quais são as vantagens que um agricultor tem ao usar a hidroponia em vez da agricultura tradicional?

b. Por que não se pode usar apenas água sem solução nutritiva?

5. Na floresta, a produção de húmus não cessa, porque os restos das plantas e animais se acumulam e se decompõem. Além disso, os animais eliminam fezes e urina no solo.

MARCOS AMEND/PULSAR IMAGENS

Camada de folhas caídas em floresta. Parque Nacional de Anavilhanas, Novo Airão (AM), em 2013.

a. Como a cobertura do solo da floresta se transforma em húmus?

b. O que acontecerá ao solo se a vegetação for derrubada?

c. Expliquem o significado desta frase:

> As plantas e os animais da floresta mantêm a fertilidade do solo e o solo mantém as plantas e os animais da floresta.

6. Observe as fotografias do mesmo tipo de solo. Uma delas foi tirada logo após uma chuva forte e a outra representa o mesmo solo algumas horas após a chuva.

FABIO COLOMBINI

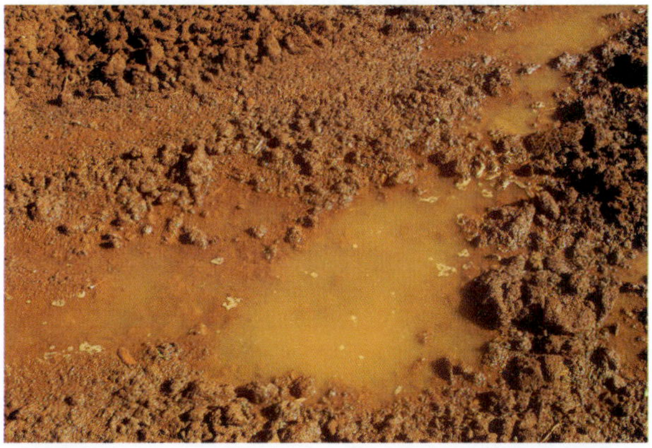

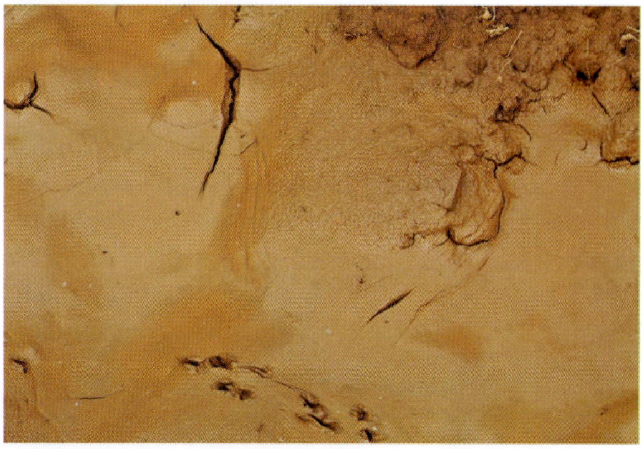

FABIO COLOMBINI

Solos no Parque Nacional Aparados da Serra em Cambará do Sul (RS), em 2008.

a. O que aconteceu com a água que estava sobre o solo durante esse período de tempo?

b. De acordo com o que você aprendeu nesta unidade, que tipo de partícula de solo deve haver em maior quantidade nesta região? Justifique sua resposta.

Pista 2

O uso do lixo orgânico em minhocários domésticos é uma opção para o destino dos resíduos orgânicos. Pesquise a respeito de como funciona um minhocário doméstico (como montar, como o lixo é transformado e em que ele pode ser usado após o processo). Compartilhe o que você descobriu com os colegas.

8 Uso do solo

O solo pode ser usado de diversas formas:

- para o cultivo de plantas, que podem ser consumidas como alimento, usadas na fabricação de roupas, na produção de móveis, entre outros;
- como matéria-prima para a construção (areia, rochas, argila);
- como abrigo para seres vivos;
- como área de ocupação para a construção de ruas, casas etc.

FLAVIO BACELLAR/OLHAR IMAGEM

Vista aérea, em São Paulo (SP), em 2013.

LUCIANA WHITAKER/PULSAR IMAGENS

Plantação de hortaliças em Teresópolis (RJ), em 2014.

GERSON SOBREIRA/TERRASTOCK

Criação de gado em Piracanjuba (GO), em 2012.

THOMAZ VITA NETO/PULSAR IMAGENS

Área de mineração de fosfato em Tapira (MG), em 2014.

BATE-PAPO

1. Que tipos de uso e ocupação do solo você pode observar nas fotografias?
2. Você acha que essas atividades podem prejudicar o solo? Explique.

O SOLO É UM RECURSO NATURAL

Os recursos naturais são elementos da natureza (como o solo) que podem ser aproveitados pelo ser humano. A humanidade aprendeu a explorar o solo e a extrair dele uma grande quantidade de riquezas que em muito contribuíram para a melhora de nossa qualidade de vida.

Os recursos naturais podem ser divididos em **renováveis** e **não renováveis**.

Recursos naturais renováveis do solo

Os recursos renováveis são aqueles que a natureza pode repor em um ritmo constante, como a energia do Sol e a do vento. Alguns recursos só são renováveis se forem usados de maneira adequada, como ocorre com a água.

A vegetação é um exemplo de recurso renovável. Ela retira do solo a água e os nutrientes (sais minerais) necessários para produzir energia e compostos necessários à sua sobrevivência. Além de ser fonte de alimentos para os seres humanos (seja por meio de áreas de crescimento natural, seja pelas áreas cultivadas), ela também sustenta animais herbívoros, que servem de alimento para os carnívoros, e assim por diante.

Além da alimentação, o ser humano usa os vegetais como matéria-prima para numerosos produtos, como látex usado na produção de borracha, madeira para a construção de casas, pontes, móveis, embarcações, entre outros usos.

FABIO COLOMBINI

Cacaueiro, em Linhares (ES). As sementes do cacau são usadas para produzir chocolate. O cacaueiro possui entre 4 e 8 metros de altura.

FABIO COLOMBINI

A soja é usada na alimentação e na produção de rações animais. Colheita mecanizada de soja, em Campo Mourão (PR).

Recursos naturais não renováveis do solo

Os recursos naturais não renováveis não podem ser repostos, pois demoram milhões de anos para se renovar. Por isso, eles se esgotam ao longo dos anos de extração. A retirada de recursos naturais não renováveis deve ser planejada de forma a poupar recursos para o futuro.

Subsolo: camada do solo que fica entre a rocha matriz e o solo mais raso (geralmente cultivável).

São exemplos de recursos naturais não renováveis o **carvão mineral**, o **petróleo**, o **gás natural** e os **minérios**.

O carvão mineral, o petróleo e o gás natural são encontrados no subsolo.

PETRÓLEO E SEUS DERIVADOS

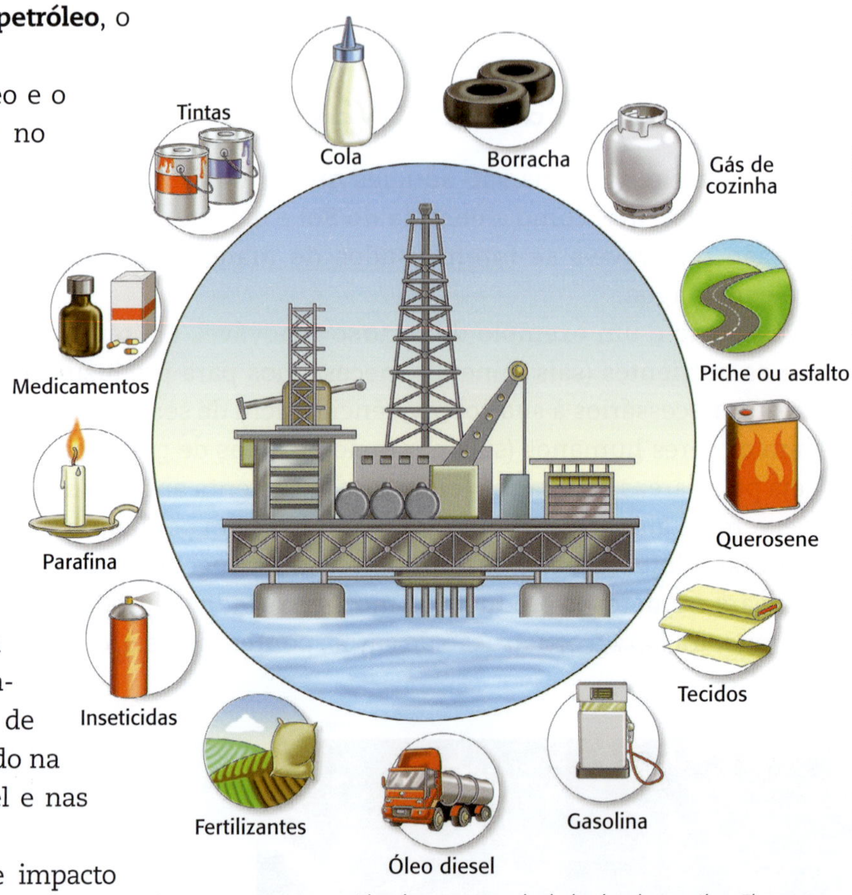

ILUSTRAÇÕES: PAULO CESAR PEREIRA

Representação esquemática de extração e de derivados do petróleo. Elementos representados fora de escala de tamanho e de proporção. Cores fantasia.

Carvão mineral

O carvão mineral é um tipo de combustível fóssil retirado do subsolo por meio de um processo chamado mineração. Acredita-se que o carvão mineral seja o combustível fóssil mais abundante na Terra.

No Brasil, o carvão mineral é usado nas termelétricas para aquecer a água e formar os vapores que giram os geradores de eletricidade. Ele também é usado na produção de cimento, de papel e nas indústrias de alimento.

A mineração causa enorme impacto ambiental, o que prejudica principalmente os rios e o relevo das áreas mais próximas. Além disso, a queima do carvão mineral produz gases poluentes.

HEMERA/THINKSTOCK/GETTY IMAGES

O carvão é um mineral usado para gerar energia.

FABIO COLOMBINI

A extração de carvão mineral causa graves problemas ao meio ambiente. Mina de carvão em Candiota (RS), em 2011.

Petróleo

O petróleo forma-se entre camadas profundas de rochas, em um processo de transformação de restos de seres vivos que pode durar milhões de anos. Por isso, é chamado de combustível fóssil. Atualmente, o petróleo é a principal fonte de energia no mundo. Esse recurso também é matéria-prima de inúmeros produtos.

A queima de combustíveis feitos de petróleo produz gases que poluem o ar. Por ser um recurso não renovável e poluente, é provável que ele seja substituído por fontes alternativas de energia e de matérias-primas.

NÃO DEIXE DE LER

- **O solo e a vida.** Rosicler Martins Rodrigues. São Paulo: Editora Moderna, 2005.
- **O solo sob nossos pés.** Déborah de Oliveira. São Paulo: Editora Atual, 2010.

Gás natural

O gás natural, também um combustível fóssil, é encontrado em bolsões de petróleo. É um recurso energético menos poluente que o petróleo e o carvão mineral. O Brasil tem grandes reservas de gás natural em diferentes estados, como Rio de Janeiro, Rio Grande do Norte e Amazonas. É usado em veículos automotores, como carros e ônibus, e em indústrias e fábricas.

Minérios

Os minérios são minerais de valor econômico e dos quais extraímos, por exemplo, metais, como ferro e alumínio. Eles podem ser repostos ao longo do ciclo das rochas, mas levam muito tempo para se formar.

A hematita, por exemplo, é o minério do qual se extrai o metal ferro. Podemos dizer, então, que ela é um minério de ferro. Nas jazidas encontramos grande concentração de determinado mineral.

Minérios e os metais deles extraídos

Minério	Metal extraído	Aplicações
Bauxita	Alumínio	Janelas, panelas, rodas, latas de refrigerante e cerveja.
Pirolusita	Manganês	Forma, com o ferro, uma liga muito resistente usada em trilhos de estradas de ferro, carros-fortes etc.
Hematita	Ferro	Panelas, portões e pregos. Associado ao carbono, forma o aço, muito utilizado na construção civil.
Galena	Chumbo	É usado como proteção contra a radiação, na produção de munição e em soldas elétricas.

FIQUE DE OLHO

O etanol e o biodiesel são combustíveis alternativos à gasolina e ao diesel, que são derivados do petróleo.

A fonte do etanol é a cana-de-açúcar. Portanto, a obtenção desse combustível depende das plantações de cana.

O biodiesel é derivado de fontes renováveis, como óleos vegetais (soja, mamona, milho, óleo de cozinha etc.), e gorduras animais, os quais reagem com o álcool (metanol ou etanol).

1. Em grupos, pesquisem na internet quais as vantagens e desvantagens do uso desses combustíveis. Depois, façam uma tabela organizando o que descobriram.
2. Organizem um debate, no qual um grupo de alunos defenderá o uso de etanol e de biodiesel e o outro grupo apresentará argumentos contra. Os argumentos devem ser baseados nas pesquisas que vocês realizaram.

EROSÃO

A erosão é um processo em que as partículas que compõem o solo ou as rochas são desagregadas e arrastadas pela água, pelo vento ou por ação das geleiras. Isso acontece com mais frequência em áreas inclinadas e sem cobertura vegetal.

Uma das principais causas da erosão do solo é a remoção da vegetação, muitas vezes ocasionada por atividades humanas como os **desmatamentos** e **queimadas**.

JOÃO PRUDENTE/PULSAR IMAGENS

Erosão causada por desmatamento do morro. Vassouras (RJ), em 2009.

Desmatamentos

Os **desmatamentos** são praticados com frequência para que se estabeleçam áreas de cultivo e de pastagem, ou como consequência da extração de árvores para uso da madeira na indústria de móveis, construção civil, entre outras.

A retirada de matas e florestas, por sua vez, deixa o solo exposto e vulnerável à ação dos ventos e das chuvas, o que facilita sua erosão. A vegetação ajuda na proteção do solo de duas formas, basicamente:

- as folhas diminuem a velocidade com que a água da chuva chega ao solo e, consequentemente, a capacidade que o movimento da água tem de desagregá-lo;
- as raízes ajudam as partículas do solo a se manterem unidas, e evitam que a chuva ou o vento as carreguem.

O solo desprotegido é carregado para as áreas mais baixas do terreno e depositado, geralmente, em rios e lagos – processo chamado de **assoreamento**. O assoreamento torna o rio cada vez mais raso e, em períodos de chuva, podem ocorrer transbordamentos. Sem a cobertura vegetal, pode acontecer a lixiviação da área. Como não há vegetação, não há mais restos de vegetais em decomposição, que compõem parte do húmus. Assim, o solo perde fertilidade.

Queimadas

A **queimada** é um recurso por meio do qual é realizada a retirada de vegetação para formação de pastos, áreas para o cultivo ou para facilitar a colheita de algumas culturas, como a da cana-de-açúcar.

O fogo traz enormes prejuízos ao solo e a todos os seres que nele vivem, pois provoca a morte ou a fuga de animais e mata também os fungos e bactérias. Além disso, suprime a cobertura vegetal, expondo o solo a processos erosivos.

CONTAMINAÇÃO DO SOLO

As principais formas de contaminação do solo são o uso inadequado de agroquímicos, o despejo de resíduos contendo metais pesados e o descarte do lixo de maneira inadequada.

O uso de agroquímicos

Os **agroquímicos** são produtos usados nas plantações, entre eles os adubos químicos e os agrotóxicos (também chamados de defensivos agrícolas).

Os adubos químicos aumentam a fertilidade do solo. Mas, quando usados em excesso, podem enfraquecer a planta, que pode sofrer ataque de pragas e doenças.

Os agrotóxicos são usados no combate a organismos considerados pragas, que podem destruir ou prejudicar o desenvolvimento das plantas. Os inseticidas matam insetos que invadem as plantações, como os gafanhotos. Os fungicidas matam fungos. Os herbicidas matam as plantas daninhas.

A aplicação sem controle dos agroquímicos contamina o solo, a água, o ar e os vegetais cultivados. O Brasil, grande produtor agrícola, é o terceiro consumidor de agroquímicos do mundo.

FABIO COLOMBINI

Pulverização com agroquímicos em plantação de melão, em Mossoró (RN). Observe a proteção dos trabalhadores.

Metais pesados

Metais como o mercúrio, o chumbo, o manganês e o cádmio não são benéficos ou necessários para o bom funcionamento da saúde humana (como é o ferro). Os metais desse grupo, conhecidos como **metais pesados**, dissolvem-se na água e são facilmente incorporados pelo organismo. Ao serem liberados no ambiente (principalmente por processos industriais), os metais pesados contaminam o solo e podem ser inalados ou ingeridos juntamente com a água ou o alimento contaminado. Uma vez dentro do corpo, eles afetam principalmente o sistema nervoso (cérebro e medula), os rins e o fígado.

Lixo ou resíduo sólido

Os restos da produção e do consumo humanos são chamados de lixo ou de **resíduos sólidos**.

Com o desenvolvimento da indústria e a expansão do consumo de bens e produtos no último século, a produção de resíduos aumentou em quantidades alarmantes. O uso de materiais descartáveis, como sacolas, fraldas, copos plásticos e latas de alumínio, também contribuiu para aumentar a quantidade diária de resíduos produzidos e seu acúmulo no ambiente.

Além disso, muitos materiais que são descartados levam anos para se decompor. Como consequência, cada vez mais ambientes são tomados pelo lixo que se acumula, principalmente nas grandes cidades, onde a população é maior.

Pragas: grupos de seres vivos que prejudicam a produção agrícola.

Plantas daninhas: plantas não cultivadas intencionalmente, e que podem prejudicar os vegetais cultivados, e de interesse do agricultor, por meio da competição por água, luz, espaço, nutrientes etc.

DESTINOS DO LIXO

O destino que deve ser dado ao lixo produzido pela sociedade depende de sua composição. Entre os possíveis destinos do lixo estão a reciclagem, a compostagem, a incineração e os aterros sanitários.

NÃO DEIXE DE ACESSAR

- **Manual da composteira doméstica.** <http://www.moradadafloresta.org.br/produtos-principal/composteiras-domesticas/432-manual-da-composteira-domestica-da-morada-da-floresta>. Acesso em: 4 maio 2015

Reciclagem

Reciclagem é o conjunto de processos por meio dos quais alguns tipos de produtos podem ser usados novamente como matéria-prima. Esses produtos, que antes seriam jogados fora, misturados ao lixo orgânico, devem ser separados de acordo com o material de que são feitos para, então, ser descartados.

LUIS MOURA

Representação de cestos de coleta seletiva.

As indústrias consomem muita energia e toneladas de matéria-prima para produzir embalagens de plástico, vidro, papel ou metal, que serão jogadas fora após o uso do produto. O que nós, consumidores, podemos fazer em relação a isso é procurar direcionar o material da embalagem para a coleta seletiva ou, então, reutilizar essa embalagem.

Para reduzir a quantidade de lixo produzida e aumentar a quantidade de matéria-prima disponível, foi pensada a política dos 3 “Rs”:

- **reduzir** o consumo, principalmente de produtos com grande quantidade de embalagens;
- **reutilizar** os materiais e objetos, usando-os para outras finalidades, ou doar os objetos para o uso de outras pessoas;
- **reciclar** os resíduos. Hoje há tecnologia adequada para a **reciclagem** de vários materiais.

Atualmente, fala-se em mais dois “Rs”: **repensar** o consumo e **recusar** produtos que agridam a saúde e o ambiente.

RITA BARRETO

O tecido desta camiseta foi feito por meio da reciclagem de garrafas plásticas.

Compostagem

As usinas de compostagem são locais onde o lixo orgânico passa por processos de transformação em um composto que pode ser usado como adubo ou como ração para animais.

Ao destinar o lixo orgânico às usinas de compostagem, reduz-se a quantidade de lixo que irá para aterros sanitários ou lixões. Porém, se a usina não for implantada da forma certa, pode produzir mau cheiro e atrair insetos e ratos.

FABIO COLOMBINI

Compostagem de esterco produzido das fezes dos mamíferos do zoológico, e cujo adubo formado é depois usado no Jardim Botânico de Belo Horizonte (MG), em 2009.

Incineradores

ALF RIBEIRO/FOLHAPRESS

Incinerador desativado na Praça Victor Civita, em São Paulo (SP), em 2012.

Os incineradores são equipamentos que queimam o lixo de forma controlada, principalmente os materiais perigosos, como o produzido em hospitais e que contém objetos cortantes, gazes, agulhas, entre outros.

A vantagem dos incineradores é que a queima reduz o volume do lixo, mata os microrganismos causadores de doenças e sua instalação não necessita de uma área muito grande para ser construída. Mas custa caro construí-los, precisam de manutenção constante e podem poluir o ar. As cinzas produzidas durante a queima também podem contaminar o solo.

Aterros sanitários

Os aterros são áreas onde o solo é especialmente preparado para receber o lixo. São locais escolhidos a uma distância segura dos centros urbanos, e no mínimo a 500 metros de distância de rios, córregos e represas.

Nos aterros, uma camada de solo é recoberta com lona plástica e cal. À medida que o lixo vai sendo depositado nessas camadas, ele é compactado por rolos compressores. O chorume é recolhido por tubulações e levado para tratamento. Os gases resultantes da decomposição saem por tubos chamados de respiradouros. Quando a capacidade de acúmulo se esgota nessa camada de lixo, ela é recoberta por uma nova camada de solo, que é protegida para receber uma outra quantidade de lixo. Esse processo se repete algumas vezes, até a capacidade do aterro chegar a seu limite.

Lixão

Os lixões são locais onde os resíduos são jogados a céu aberto, sem qualquer preparação do solo ou tratamento. Apesar de ser a forma mais barata a curto prazo de dar um destino aos resíduos sólidos, os lixões contaminam o solo, o ar e a água, além de produzir o chorume.

Em 2010, o Ministério do Meio Ambiente elaborou o Plano Nacional de Resíduos Sólidos (PNRS). Nele foi determinado que, até 2014, todos os municípios brasileiros deveriam fechar seus lixões a céu aberto e dar lugar à construção de aterros sanitários. No entanto, os lixões ainda existem em alguns lugares.

DELFIM MARTINS/PULSAR IMAGENS

Geralmente, os lixões não têm autorização para funcionar. Além de poluir o ambiente, eles podem causar riscos à saúde de pessoas que moram no entorno. Fotografia em cidade brasileira, 2014.

Pista 3

Se separarmos o lixo orgânico e o que pode ser reciclado ou reutilizado do total de lixo produzido na casa onde você mora, o que sobra? Qual é o tipo de lixo que não podemos reciclar nem destinar às composteiras? Para onde vai o lixo enviado para a coleta pública no seu município? Há lixões no município onde você mora?

Para onde vai o **lixo?**

Muita gente pensa que o lixo desaparece quando o colocamos para fora de casa. A verdade é que esse lixo pode ter vários destinos. O que não é reciclado pode ir para o **aterro sanitário**. Os métodos de armazenamento do lixo usados nesses aterros reduzem os impactos ao meio ambiente. Veja como funciona um aterro e quem são os funcionários que lá trabalham.

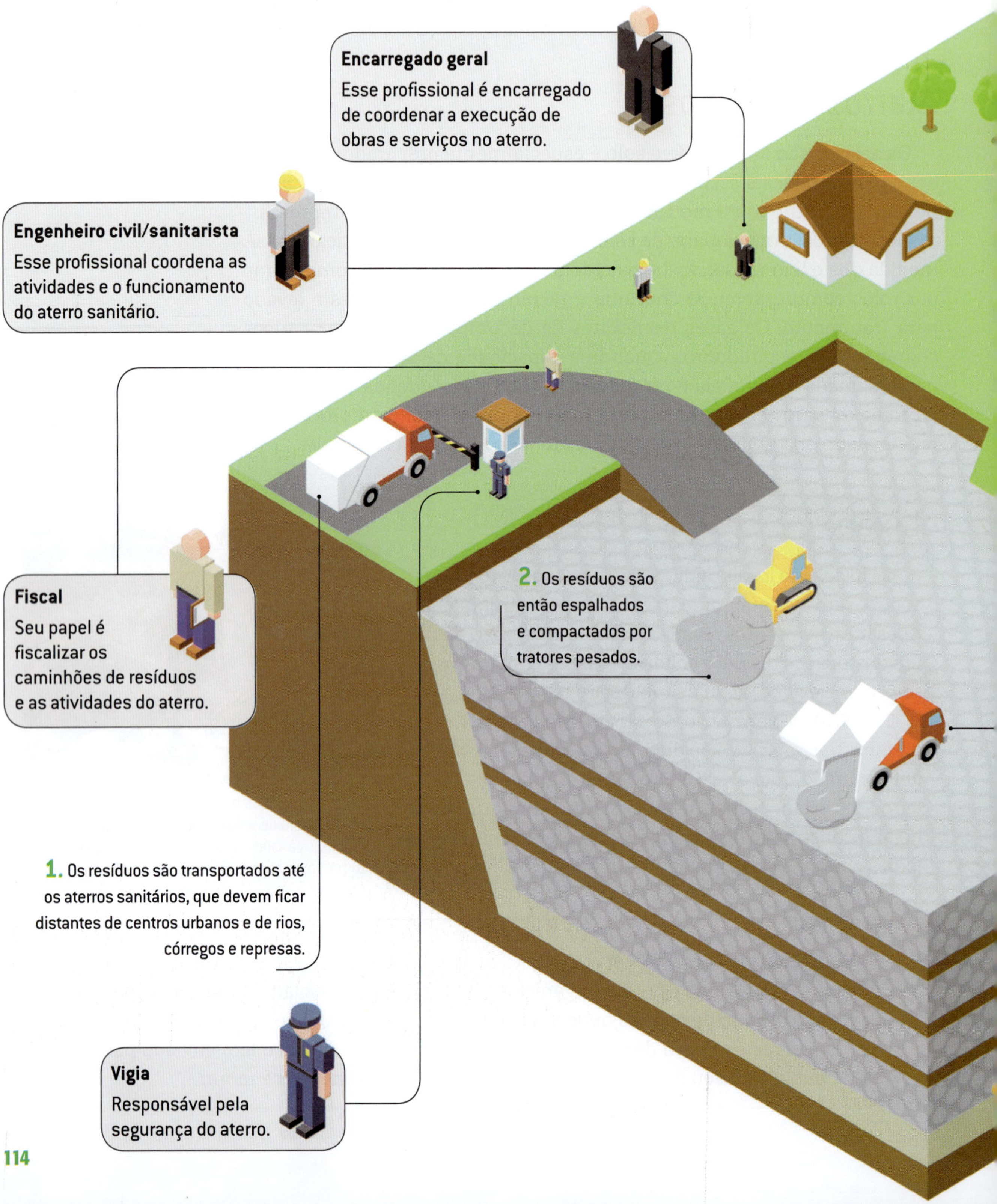

Atividades

1. Descreva o que ocorre com os resíduos sólidos após eles chegarem a um aterro sanitário.

2. Que profissionais estão envolvidos no trabalho realizado no aterro?

3. Quais são os dois produtos da decomposição dos resíduos sólidos que devem ser drenados para evitar a contaminação do solo ou explosões?

A produção de gases ocorre por causa da decomposição dos resíduos. Esses gases são coletados e geralmente queimados.

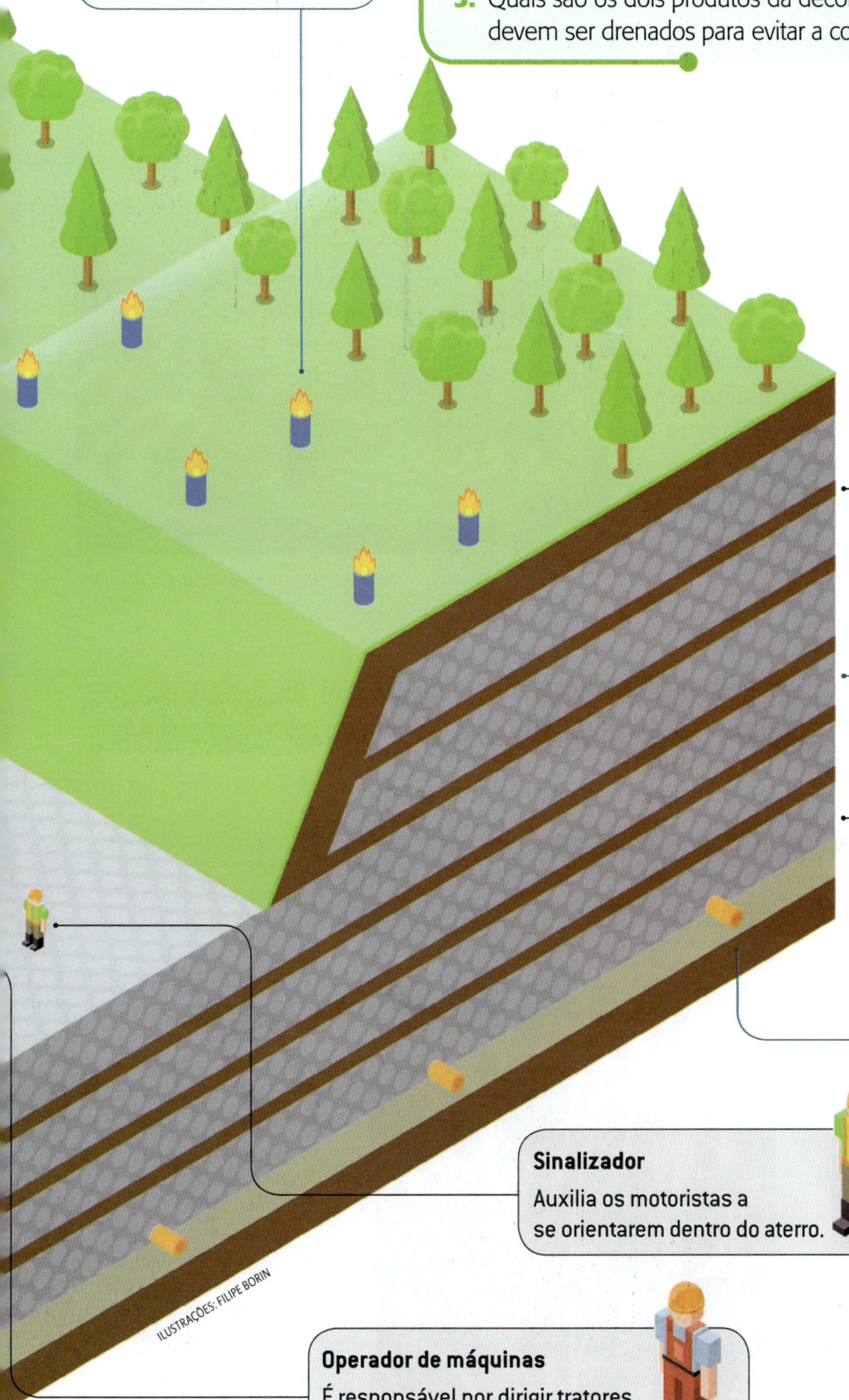

ILUSTRAÇÕES: FILIPE BORIN

3. Ao final do dia, os resíduos compactados são recobertos com uma camada de 15 a 20 cm de terra. Isso é feito repetidas vezes, até que o aterro atinja a sua capacidade. Quando isso acontece, o lixo é recoberto com uma camada de 60 cm de solo e planta-se grama.

Cada camada do aterro sanitário tem cerca de 5 m de altura. Dependendo da capacidade do aterro, podem ser colocadas até 20 camadas.

4. Para evitar a contaminação pelo lixo, o solo é recoberto por uma camada de lona plástica e cal.

A decomposição dos resíduos sólidos produz um líquido escuro e com cheiro ruim, chamado de chorume ou sumeiro. Nos aterros, esse líquido é drenado e enviado para estações de tratamento.

Sinalizador
Auxilia os motoristas a se orientarem dentro do aterro.

Operador de máquinas
É responsável por dirigir tratores, caminhões e retroescavadeiras.

PRESERVAÇÃO DO SOLO

Algumas práticas agrícolas podem ajudar a proteger o solo, diminuindo o processo de erosão. São elas: o plantio em encostas (ou degraus) e em curvas de nível, a rotação de culturas, a adubação verde e a agricultura orgânica. Estudaremos a seguir essas práticas.

GERSON GERLOFF/PULSAR IMAGENS

Plantação de arroz em curvas de nível em São Pedro do Sul (RS), em 2014.

Plantio em encostas

As **curvas de nível** são sulcos traçados em linhas horizontais de mesma altitude em uma região com baixa declividade. Os **terraços** são plataformas cavadas na encosta, formando degraus.

Essas técnicas de plantio reduzem a velocidade de escoamento da água da chuva, o impacto de gotas de chuva e facilitam a infiltração de água no solo. Com isso, evita-se que as partículas do solo sejam arrastadas, causando erosão.

MOODBOARD/ALAMY/GLOW IMAGES

Plantação de arroz em terraços, na província de Guangxi, China, em 2010.

Adubação verde

Nesse tipo de adubação, são usadas plantas chamadas leguminosas (como ervilha, soja, alfafa) picadas e misturadas ao solo. Nas raízes desses vegetais vivem bactérias que absorvem o gás nitrogênio do ar (que não pode ser absorvido diretamente pela planta) e o transformam em sais de nitrogênio (que podem ser usados diretamente pelas plantas), que fertilizam o solo.

STEVE GSCHMEISSNER/SPL/LATINSTOCK

Nódulo de leguminosa visto ao microscópio eletrônico com aumento de 40 vezes. Bactérias coloridas em rosa. Cores artificiais.

DR JEREMY BURGESS/SPL/LATINSTOCK

Raízes de leguminosas com nódulos formados por bactérias que transformam o nitrogênio do ar em uma forma que possa ser usada pelas plantas.

Rotação de culturas

Ao terminar uma colheita, geralmente o solo fica empobrecido em nutrientes (que, como vimos, são elementos essenciais para o desenvolvimento das plantas, e que podem vir tanto da rocha que origina o solo quanto da decomposição do resto de seres vivos). Para amenizar esse problema, emprega-se uma técnica de plantio chamada **rotação de culturas**. Essa técnica consiste em alternar (rotar) o tipo de vegetal cultivado, sendo que um deles geralmente é uma leguminosa (tipo vegetal usado na técnica de adubação verde, vista anteriormente).

GERSON GERLOFF/PULSAR IMAGENS

Cultivo em rotação de culturas (soja e milho) na zona rural de Júlio de Castilhos (RS), em 2011.

Ao alternar as culturas, o solo pode "descansar", já que diferentes tipos de planta podem necessitar de quantidades e tipos diferentes de nutrientes. Assim, os sais minerais retirados pela cultura anterior são repostos pela dinâmica natural de formação do solo (desgaste da rocha de origem ou decomposição de seres vivos), o que pode ser acelerado com o plantio das leguminosas.

Agricultura orgânica

A preocupação com o uso excessivo de agroquímicos tem aumentado a procura por alimentos orgânicos, cultivados sem o uso de substâncias como adubos e defensivos químicos. Apesar de os alimentos orgânicos apresentarem um custo de produção mais elevado, eles são mais saudáveis por não conter resíduos dos agroquímicos.

Os agricultores que adotam essa prática usam métodos naturais para afastar animais que possam atacar a plantação, e restos vegetais para a adubação do solo. Dessa forma, o ambiente é preservado e a saúde humana e do ambiente também.

MARCIA MINILLO/OLHAR IMAGEM

Agricultor cultivando brócolis em horta orgânica, Joanópolis (SP), em 2014.

FIQUE DE OLHO

1. Procure informações sobre as vantagens e desvantagens da agricultura orgânica e da agricultura convencional. Elabore uma lista de vantagens de consumir alimentos orgânicos.
2. Se houver supermercados que vendam produtos orgânicos em sua região, compare seus preços com os dos alimentos convencionais. Escolha os mesmos produtos, monte uma tabela e compare os preços.
3. Apresente o resultado aos colegas da classe.

1. O carvão mineral, o petróleo e o gás natural são recursos naturais usados como fonte de energia. Responda:

a. Esses recursos são renováveis ou não renováveis? Explique.

b. O que esses combustíveis têm em comum em sua origem?

c. Atualmente, o petróleo é um recurso natural muito usado. Existem fontes alternativas para a sua substituição? Quais você conhece?

2. Observe o gráfico e depois responda às questões.

FONTES DE ENERGIA USADAS NO BRASIL

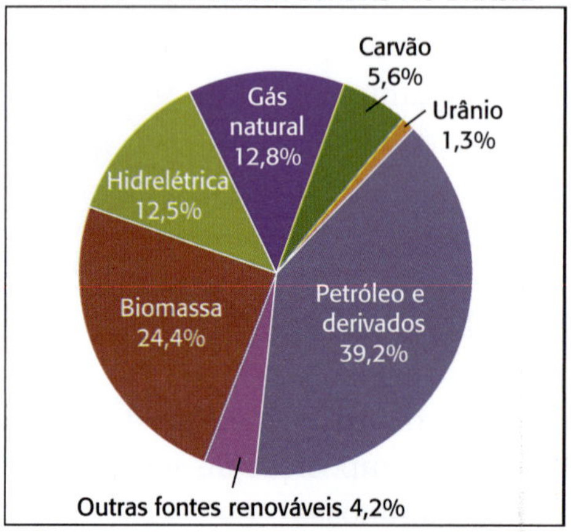

Fonte: BRASIL. Ministério de Minas e Energia. *Balanço Energético Nacional.* Rio de Janeiro: EPE, 2014.

a. Qual a origem da energia renovável usada no Brasil?

b. Qual é a maior fonte de energia renovável do Brasil?

c. A lenha, o biodiesel e o etanol produzido da cana-de-açúcar são exemplos de energia obtida da biomassa. Dentre elas, qual é a mais importante para o nosso país?

3. Observe a imagem da obra de arte ao lado. Ela foi produzida pelo artista plástico brasileiro Vik Muniz com lixo retirado de um aterro sanitário e feita com a ajuda de catadores de lixo.

Agora, responda:

a. O que a obra representa para você?

b. A que riscos se expõem as pessoas que entram em contato com o lixo?

c. Quais medidas de segurança você sugeriria para as pessoas que participaram da produção dessa obra?

© MUNIZ, VIK/LICENCIADO POR AUTVIS, BRASIL, 2012/COLEÇÃO PARTICULAR

Obra de arte de Vik Muniz, produzida com objetos encontrados no lixo, em 2008.

4. Muitos agricultores usam agrotóxicos em suas plantações para evitar que elas sejam atacadas por insetos ou fungos, por exemplo. Cite uma vantagem e duas desvantagens desse método.

5. Explique a relação entre assoreamento, erosão e enchentes. Existem rios ou córregos que cortam a sua cidade? Ocorrem enchentes causadas pelo transbordamento desse(s) rio(s)/córrego(s)?

6. Leia a tira abaixo e responda às questões.

   a. O que o último quadro da tira mostra?

   b. O que você entende por "progresso"? O que você acha que Papa Capim quis dizer ao usar esse termo, considerando o contexto do quadrinho?

   c. Como você relaciona o que é discutido nessa tira com o fenômeno de erosão do solo?

   d. Cite e explique pelo menos uma técnica de plantio que pode amenizar o problema da erosão do solo.

MAURICIO DE SOUSA EDITORA

Tirinha de Mauricio de Sousa.

Desfecho

Reúna as informações que você aprendeu nesta unidade e faça uma lista de ações do dia a dia que auxiliariam na diminuição de produção de lixo na sua casa e na sua cidade. Elabore um cartaz explicando quais são as melhores ações para minimizar esse problema e exponha em sua escola. Aproveite também para conversar com sua família sobre essas ações. Não deixe de discutir questões que envolvam as ações públicas, organizadas pelo governo.

Encerrando a unidade

1. Trabalhando com seus colegas de grupo, escreva em seu caderno o que você aprendeu sobre estes assuntos e anote suas dúvidas.
   - Do que é feito o solo
   - Os seres vivos dependem do solo e este é alterado pelos seres vivos
   - Como o solo é usado
   - De que maneiras podemos preservar o solo
2. Faça um cartaz representando a região onde você mora. Esquematize os usos do solo que você identifica na região. Marque quais usos você considera adequados e quais poderiam ser modificados ou melhorados.

As sacolas plásticas afetam o solo?

“[...] Sacos e sacolas plásticas podem demorar até quatro séculos para se decompor, dependendo da exposição à luz ultravioleta e outros fatores. Trata-se de um período oitocentas vezes maior que o necessário para pôr um fim em materiais como papel ou papelão. Ao contrário do que acontece com o lixo orgânico, que leva entre dois meses e um ano para "sumir" – sendo decomposto por minhocas, fungos e bactérias –, a natureza simplesmente não sabe como se livrar dos plásticos. [...]

Sobrecarregam aterros, reduzindo sua vida útil

Por ano, são produzidos em todo o mundo pelo menos 500 bilhões de unidades de saco plástico, o que equivale a 1,4 bilhão a cada dia ou 1 milhão por minuto. Imagine agora todo esse grande volume de sacolas indo parar nos aterros e lixões a céu aberto. [...]

No Brasil, os sacos plásticos já representam 10% de todo o lixo nacional. Quando descartados de forma inadequada, eles comprometem a capacidade do aterro, reduzindo sua vida útil e deixando o terreno impermeável e instável para o processo de biodegradação de materiais orgânicos. Para não falar do tempo quase infinito que levam para desaparecer. Com o excesso de sacolas plásticas, os municípios são obrigados a ampliar seus aterros sanitários.

Contribuem para inundações nos grandes centros urbanos

Em épocas de chuva, as sacolas mostram as consequências do descarte incorreto, entupindo bueiros nos grandes centros urbanos. Distribuídas [...] por farmácias, padarias, lojas e principalmente mercados, elas fazem um verdadeiro estrago. Leves e finas, as sacolinhas são varridas pelo vento e pela chuva para os bueiros, prejudicando o escoamento da água, o que contribui para a ocorrência de enchentes.

Claro que elas não são as únicas culpadas pelas enchentes e inundações das cidades, mas contribuem muito para agravar o quadro de impermeabilização urbana. Além disso, bueiros entupidos por plásticos tornam-se o ambiente ideal para a reprodução de insetos transmissores de doenças, como mosquitos da dengue. [...]

Liberam substâncias tóxicas ao se decompor

A decomposição de sacos plásticos na natureza, ainda que demorada, libera substâncias químicas que contaminam o meio ambiente. No mar, esse processo é acelerado devido à exposição do resíduo ao sol e à água. Segundo estudos da Universidade de Nihon, no Japão, quando o plástico se decompõe no mar, libera bisfenol-A (BPA) e oligômero (PS), substâncias químicas tóxicas que podem afetar a reprodução, o crescimento e o desenvolvimento de animais marinhos. Os males do saco plástico não terminam aí. A tinta usada para impressão colorida possui cádmio, um metal pesado altamente tóxico nocivo ao meio ambiente e à saúde dos animais.”

Vanessa Barbosa. 6 pecados ambientais da sacola plástica. Revista *Exame*. Disponível em: <http://exame.abril.com.br/economia/meio-ambiente-e-energia/noticias/6-pecados-ambientais-da-sacola-plastica>. Acesso em: 21 mar. 2015.

DANIEL AUGUSTO JR/PULSAR IMAGENS

No ambiente, as sacolas plásticas causam diversos prejuízos. Na situação mostrada na fotografia, elas entopem um bueiro.

Como lidar com as sacolas plásticas?

As sacolas plásticas ainda são entregues ou vendidas em muitos estabelecimentos comerciais. O que fazer com elas para que os impactos citados no texto sejam minimizados?

Uma das soluções para este problema é a política dos 3 “Rs”. A atitude de reciclar, além de minimizar o problema do acúmulo de sacolas plásticas e outros resíduos sólidos no meio ambiente, tem gerado emprego a muitas pessoas, possibilitando que elas aumentem sua renda mensal.

Além dessas práticas individuais ou comunitárias, é importante estar ciente das atuações realizadas em esferas maiores, por meio da busca por informações sobre decisões e medidas tomadas pelo poder público com relação ao consumo e à produção de embalagens e produtos que poluem o ambiente e/ou que demoram tempo demais para se decompor.

LUIS MOURA

Reduzir o consumo.

Reutilizar os materiais.

Reciclar o que não pode ser mais usado.

Para explorar

1. Com os colegas e o professor:

a. Pensem em maneiras de reduzir a quantidade de sacolas plásticas e de lixo que possam ser praticadas por qualquer pessoa, no dia a dia.

b. Leve as ideias para casa e incentive os seus familiares a colocá-las em prática.

c. Ao final de um mês, analise quais das ações continuam sendo praticadas por você e por seus colegas.

d. Proponha um debate com a comunidade sobre a presença de medidas governamentais para o incentivo da reciclagem ou produção de embalagens feitas de material biodegradável.

2. Observem a imagem a seguir e respondam às questões.

WWW.FOTOARENA.COM.BR

Pessoas trabalhando na cooperativa de reciclagem da Urbanizadora Municipal (Urbam), um projeto em parceria com a prefeitura do município de São José dos Campos (SP). Foto tirada em 2014.

a. Pensem em como a separação do lixo em casa e a coleta seletiva poderiam facilitar o trabalho das pessoas que vivem da reciclagem.

b. Vocês têm contribuído para minimizar o problema causado pelo lixo?

UNIDADE

5 A água

Grande parte do planeta Terra está coberta por água dos oceanos, mares, rios e lagos. O Brasil, por exemplo, tem uma costa bastante extensa banhada pelo Oceano Atlântico, além de inúmeros rios que cortam todo o seu território.

A água no estado líquido é essencial para a manutenção da vida como a conhecemos.

Nesta unidade, você vai saber mais sobre:

- **A distribuição da água na Terra**
- **A água nos seres vivos e suas funções**
- **Os estados físicos da água**
- **As mudanças de estado físico da água**

O Brasil tem um extenso litoral. Vista aérea da praia do Moçambique, Florianópolis (SC), em 2009.

ZÉ PAIVA/PULSAR IMAGENS

TROCANDO IDEIAS

1. Como você acha que os seres vivos usam a água?
2. De que formas encontramos a água na natureza?
3. O que diferencia a água que corre nos rios da que existe nos mares?
4. Do que você acha que são formadas as nuvens?

9 A água na natureza

O conjunto de reservatórios de água da Terra é chamado de hidrosfera. Esses reservatórios de água podem ser encontrados em diferentes locais: nos mares e oceanos; nos rios, lagos e geleiras; nos reservatórios subterrâneos; no ar, em forma de vapor-d'água; nas nuvens, na forma de gotículas de água suspensas no ar; nos seres vivos.

MARCOS AMEND/ISUZU IMAGENS

As ilhas Anavilhanas, no Rio Negro, formam um dos maiores arquipélagos de água doce do mundo. Manaus e Novo Airão (AM), em 2013.

GENTIL BARREIRA/IMAGEM BRASIL/ISUZU IMAGENS

O oceano é o maior reservatório de água salgada do planeta. A praia do Cumbuco é banhada pelo Oceano Atlântico. Ceará, em 2012.

FABIO COLOMBINI

Gruta do Lago Azul. Bonito (MS), em 2011.

BATE-PAPO

1. Na região onde você mora, de que formas você encontra água disponível?
2. Você sabe de onde vem a água que você e sua família usam em casa?

A água pode acabar?

Muitas pessoas pensam que a água é um recurso inesgotável. Porém, o uso inadequado pode gerar escassez desse recurso, principalmente em regiões onde ele é menos presente, ou nas que é mais usado. Isso pode ser bastante grave se considerarmos que a água é essencial para a existência da vida tal como a conhecemos. O que deve ser feito para que seja garantido que sempre tenhamos água própria para o uso e consumo na Terra?

TIPOS DE ÁGUA

A Terra é o único planeta do Sistema Solar que apresenta grande quantidade de água líquida em sua superfície. A água que encontramos na Terra geralmente está misturada a outros componentes, entre eles os sais. É possível classificar os tipos de água de acordo com a quantidade de sais que ela contém.

- A **água salgada** contém grande quantidade de sais, como é o caso da água dos mares e oceanos. O sal mais abundante na água do mar é o cloreto de sódio (sal de cozinha).
- A **água doce** apresenta pequena quantidade sais, e é essa água que podemos consumir. Encontramos água doce em rios, lagos e lagoas, por exemplo.
- Há ainda a **água salobra**, originada da mistura entre a água doce, vinda dos rios, e a água salgada dos mares. Os manguezais são exemplos de locais onde encontramos água salobra.

NÃO DEIXE DE LER

- **Água, vida e energia.** Eloci Peres Rios. Editora Atual, 2010.
- **Encontros d'água.** Ninfa Parreiras. Editora Scipione, 2009.

PROPORÇÃO DE ÁGUA DOCE E SALGADA EXISTENTE NA TERRA

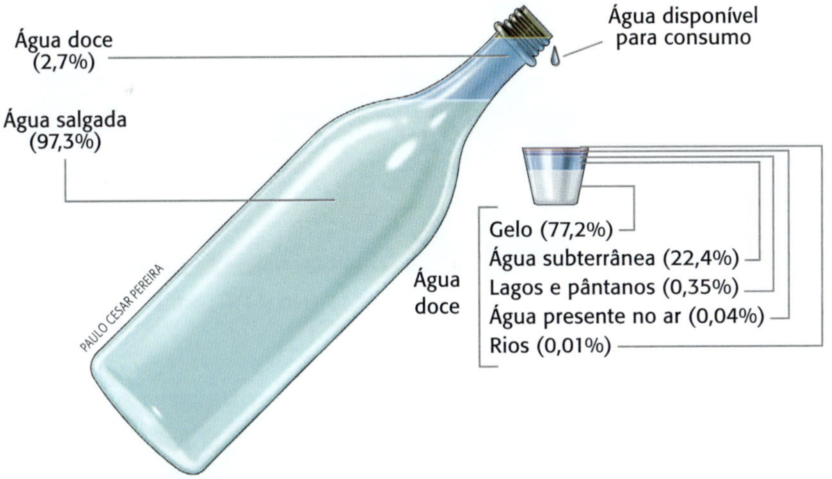

Representação esquemática da distribuição da água na Terra. Se toda a água existente no planeta coubesse em uma garrafa de 2 litros, a quantidade de água doce corresponderia apenas a um copinho de café. E dessa água doce, a parte disponível para consumo não passaria de uma gota.

Água pura e água potável

Água **pura** é aquela que não está misturada a nenhum outro componente. É muito difícil encontrar água com essa característica na natureza. A água que geralmente bebemos, e que também pode ser consumida por outros animais sem causar doenças, é a água **potável,** uma mistura de muitas substâncias.

A água própria para o consumo mistura-se a gases da atmosfera, como oxigênio, e a minerais do solo ao longo de seu ciclo na natureza. Esses elementos são encontrados na água potável presente em nascentes, que por sua vez são abastecidas pela chuva e por fontes de água que estão dentro do solo (as quais estudaremos mais adiante), e não causam danos à saude se ingeridos.

CRISTINA XAVIER/FINEPHOTO

A água mineral pode conter diferentes substâncias, como é possível verificar pelas informações do rótulo acima.

ÁGUA NO PLANETA

A maior reserva de água do planeta é salgada e está nos oceanos Atlântico, Pacífico, Índico, Glacial Ártico e Antártico. Também encontramos água salgada dentro de continentes ou próximo a eles, formando os mares.

A água doce está congelada nas geleiras, nos polos e no topo das montanhas mais altas; também está presente, na forma líquida, nos depósitos subterrâneos, lagos e rios. A água que há na atmosfera pode ser líquida, nas nuvens, ou gasosa na forma de vapor-d'água.

DU ZUPPANI/PULSAR IMAGENS

Água da atmosfera em forma líquida nas nuvens e na chuva caindo, no Rio Negro (AM), em 2009.

DELFIM MARTINS/PULSAR IMAGENS

Água doce no Rio Culuene, Querência (MT), em 2011.

As geleiras e os *icebergs* também são importantes reservatórios de água do planeta.

Geleiras são imensas placas de gelo e neve que podem ter centenas de quilômetros de comprimento e milhares de metros de espessura. Elas são originadas em áreas onde o acúmulo de neve é superior à quantidade de gelo que derrete ao longo dos anos. As geleiras estão presentes nos polos, no topo de montanhas muito altas, e em outros locais frios do planeta. Como elas cobrem uma extensa área da superfície terrestre, ajudam a manter as médias anuais de temperatura do planeta, refletindo parte dos raios solares.

Icebergs são imensos pedaços de gelo que flutuam no oceano. A maior porção do *iceberg* fica embaixo da água. Ao contrário do que parece, eles são constituídos por água doce, e não salgada, pois se formam da água da chuva e da neve, e não da água do mar.

MARIO GOLDMAN/AFP

Grande parte da água doce está em geleiras. Na fotografia, geleira no Parque Nacional Los Glaciares, na Argentina, em 2014.

Reservas de água do subsolo

Parte da água da chuva, do granizo e da neve escorre para os locais mais baixos do terreno, indo para rios e lagos. Outra parte infiltra o solo e se acumula no subsolo.

Durante a infiltração, a água passa por entre as partículas de solo e de rocha e desce até encontrar uma camada impermeável, que não deixa a água passar. A água se acumula e forma reservas tanto próximas à superfície como mais profundas. A esses reservatórios de água subterrânea dá-se o nome de **aquíferos**.

ESTRUTURA SIMPLIFICADA DE UM AQUÍFERO

PAULO CESAR PEREIRA

Fonte: F. Press et al. *Para entender a Terra*. Porto Alegre: Bookman, 2006.

Representação esquemática de um reservatório de água subterrânea. Cores fantasia. Elementos fora de escala de tamanho e de proporção.

Para que uma reserva de água subterrânea possa ser usada, é necessário cavar poços. Para alcançar as reservas que estão a grande profundidade, são cavados poços específicos, denominados artesianos.

Embora os reservatórios subterrâneos de água sejam naturalmente reabastecidos pela água das chuvas ou do derretimento de geleiras, neve e granizo, as reservas podem se esgotar ou ficar por muito tempo inutilizadas quando o consumo é excessivo. Além disso, atividades humanas também podem causar a contaminação dessa água.

UNIVERSAL IMAGES GROUP/GETTY IMAGES

Nos poços artesianos a água tem pressão suficiente para jorrar na superfície sem a necessidade de bombeamento. Poço artesiano na Austrália, em 2009.

Pista 1

Ao chover, se houver um ambiente propício no solo, a água pode se infiltrar e se armazenar nos aquíferos. Porém, se nesse mesmo local em que chove há plantações onde são aplicados agrotóxicos, por exemplo, a água que infiltra pode se tornar imprópria para o consumo. Como é possível solucionar esse problema?

Mais gente, menos água

O ciclo de chuvas ano após ano garantiria água suficiente para a maior parte das necessidades das pessoas. Mas as chuvas não se distribuem do mesmo modo por toda a superfície terrestre; ou seja, chove mais em algumas regiões e menos em outras. Além disso, a população humana está cada vez mais numerosa. Com isso, cresce o consumo de água.

Hoje, somos aproximadamente 7 bilhões de pessoas no mundo. Cerca de 0,5 bilhão de pessoas vive em países com constante falta de água, enquanto outros 2,4 bilhões moram em países onde a qualidade da água está ameaçada. A situação pode ficar mais complicada, na medida em que se prevê o aumento da população nos países que já têm pouca água.

Estudos mostram que daqui a cerca de 50 anos o mundo terá quase 9 bilhões de pessoas. Talvez, 4 bilhões dessas pessoas estarão vivendo em países quase sem água disponível. Por tudo isso, é importante fazermos a nossa parte e não desperdiçar nem poluir um recurso tão valioso.

Observe no mapa abaixo a distribuição dos países que mais sofrem com a falta de água no mundo.

DISPONIBILIDADE DE ÁGUA NO PLANETA

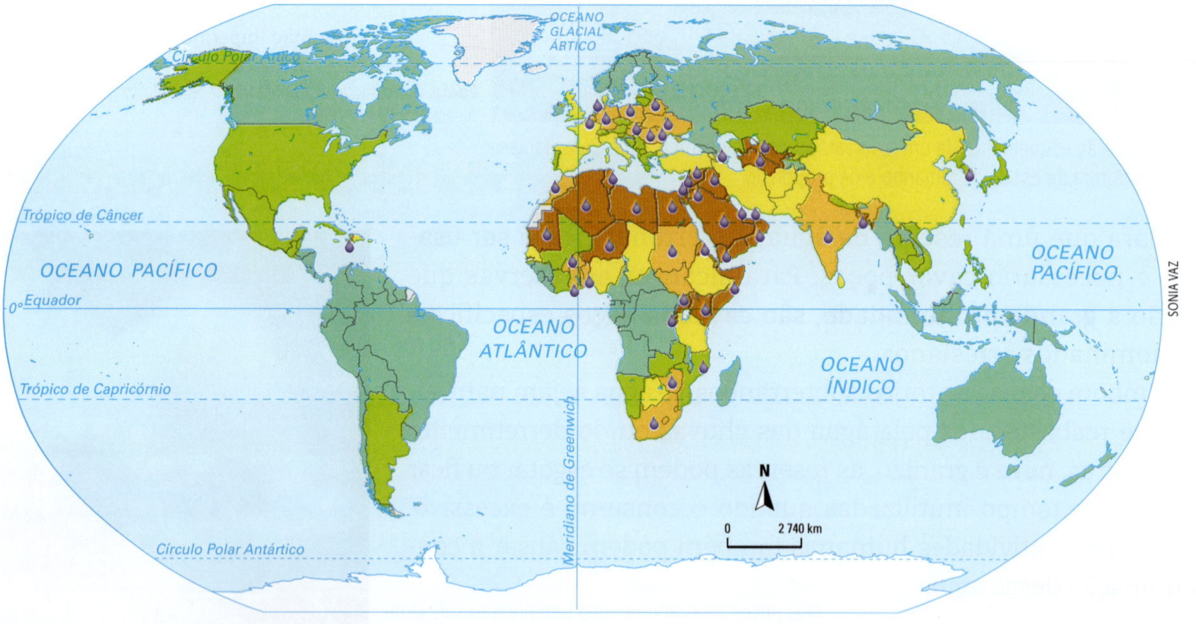

Quantidade de água por pessoa, por ano.

- Água escassa
- Água no limite
- Água insuficiente
- Suficiência relativa
- Abundância de água
- Dados não disponíveis

Projeção para 2050

- Países em que a expectativa é de carência crônica de água.

Fonte: CLARKE, R; KING, J. *O atlas da água*. São Paulo: Publifolha, 2005.

ÁGUA NO BRASIL

O Brasil é um país com grande quantidade de água doce quando comparado à maior parte dos países do mundo. Várias razões explicam esse fato, entre elas a de a maior parte do território brasileiro apresentar clima quente e úmido. O Brasil tem grande quantidade de chuvas ao longo do ano, embora a distribuição dessas chuvas seja desigual entre as regiões brasileiras. Além disso, a estrutura geológica, com grande quantidade de rochas permeáveis (principalmente rochas sedimentares), favorece a formação de aquíferos.

A água doce de superfície também está distribuída de forma desigual em nosso país: é abundante em algumas regiões, como no Pantanal e na Amazônia, e escassa em outras, como na Caatinga. Além disso, em geral, as regiões com maior população têm menor disponibilidade de água potável.

DISTRIBUIÇÃO DOS RECURSOS HÍDRICOS NO BRASIL

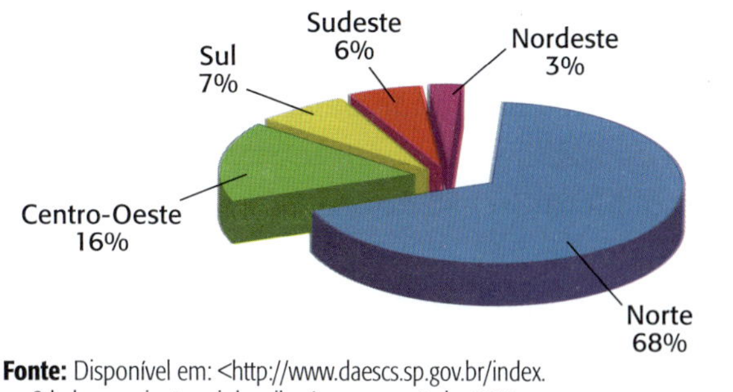

Fonte: Disponível em: <http://www.daescs.sp.gov.br/index.asp?dados=ensina&ensi=brasil>. Acesso em: 2 abr. 2015.

MARIO FRIEDLANDER/PULSAR IMAGENS

Vista aérea do rio Paraguai, Corumbá (MS), em 2014. A Região Centro-Oeste apresenta 16% da água do Brasil.

ANDRE DIB/PULSAR IMAGENS

Cachoeira da Farofa, no Parque Nacional da Serra do Cipó (MG), em 2015. A Região Sudeste apresenta 6% da água disponível no Brasil.

ZIG KOCH/OPÇÃO BRASIL IMAGENS

Caatinga no período da seca em Juazeiro (BA), em 2012. A Região Nordeste é a que apresenta menor disponibilidade de água: apenas 3% do total brasileiro.

FIQUE DE OLHO

- Procure em um atlas geográfico a região onde você mora. Observe no atlas a quantidade de rios dessa região. Compare com as demais regiões do país.

NÃO DEIXE DE ACESSAR

- **Elma Carneiro. Cerrado – a caixa-d'água do Brasil.** <http://www.caliandradocerrado.com.br/2014/09/cerrado-caixa-dagua-do-brasil_30.html>.
- **Yana Marull. Rios que voam.** <http://riosvoadores.com.br/wp-content/uploads/sites/5/2013/05/Rios-que-voam-site.pdf>. Acessos em: 1 abr. 2015.

O aquífero Guarani

O aquífero Guarani é um enorme reservatório de água doce subterrânea, situado em grande parte na Região Centro-Leste da América do Sul. Cerca de 70% dele está em território brasileiro nos estados de Goiás, Mato Grosso, Mato Grosso do Sul, Minas Gerais, São Paulo, Paraná, Santa Catarina e Rio Grande do Sul. Nele, há grande quantidade de água adequada para o consumo humano.

Pesquisadores de várias universidades do Brasil, da Argentina, do Paraguai e do Uruguai propuseram o nome "aquífero Guarani" em homenagem à nação indígena Guarani, que habitava grande parte do território ocupado por esse corpo d'água. Foi também uma forma de unificar a nomenclatura de um sistema aquífero comum a todos eles.

O aquífero é composto de uma camada de rochas fragmentadas que se formou ao longo de milhares de anos. Essa camada de rochas armazena água e permite o movimento dela por seus poros e por suas fraturas.

Na região do território brasileiro onde está o aquífero Guarani, há muitas plantações devido à presença de um solo muito fértil, de cor avermelhada, formado do desgaste de rochas de basalto. Os imigrantes espanhóis chamaram esse tipo de solo de *tierra roja* (vermelha), que em português ficou conhecido como terra roxa.

Fonte: Disponível em: <http://www.ana.gov.br/bibliotecavirtual/arquivos/20100223172711_PEA_GUARANI_Port_Esp.pdf>. Acesso em: 2 abr. 2015.

ESTRUTURA DO AQUÍFERO GUARANI

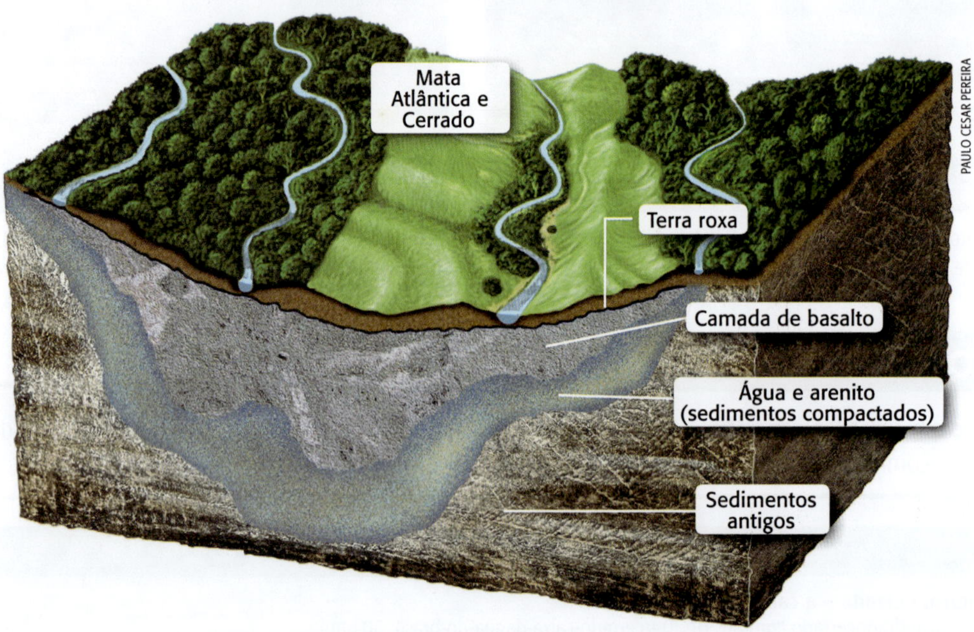

Representação esquemática da estrutura do aquífero Guarani. Movimentos tectônicos criaram uma área de baixada, onde se acumularam sedimentos. Quando o basalto vulcânico cobriu essa área, a água ficou confinada. Em alguns locais, o aquífero pode estar a mil metros abaixo do solo. Elementos fora de escala de tamanho e de proporção. Cores fantasia.

Fonte: *National Geographic Brasil*. Edição Especial. Água: o mundo tem sede. Abril, 2010.

O papel da água para a germinação de sementes

Para pensar

A água é importante para todos os seres vivos. Qual a importância da água para as plantas? Por que, por exemplo, a chuva é tão importante para uma boa colheita? Será que a água influencia na germinação de sementes?

Objetivos

- Analisar e investigar o papel da água na germinação de sementes.

Materiais

- 12 grãos de feijão
- 6 copos plásticos descartáveis
- água
- algodão
- caneta hidrocor

Procedimentos

1. Coloque um chumaço de algodão no fundo de cada um dos copos descartáveis e acrescente dois grãos de feijão em cada um deles.
2. Com uma caneta, identifique três copos que receberão água e três copos que permanecerão sem água. Umedeça o algodão dos três copos marcados para receber água.
3. Coloque todos os copos em local iluminado e protegido da chuva.
4. Regue diariamente os copos que deverão permanecer úmidos. Tome cuidado para não encharcar demais o algodão.
5. Observe o aspecto dos grãos de feijão em cada copo durante 10 dias. Registre suas observações. Você pode desenhar as mudanças percebidas ao longo do tempo.

RODVAL MATIAS

Modelo da montagem do experimento. Cores fantasia.

Resultados

1. Que mudanças você observou nos feijões colocados nos copos que receberam água?
2. Que mudanças você observou nos feijões colocados nos copos que não receberam água?
3. As sementes germinaram em quantos copos? Explique como você chegou a essa conclusão.

Conclusões

1. Com base no que você observou neste experimento, você acha que a seca em uma região pode prejudicar o desenvolvimento das plantas? Por quê?
2. Você acha que as plantas continuam precisando de água mesmo depois de germinar?

IMPORTÂNCIA DA ÁGUA PARA OS SERES VIVOS

Como vimos anteriormente, a ocorrência de vida na Terra, da forma como a conhecemos, não seria possível sem água líquida. Foi apenas com o resfriamento da superfície da Terra e o acúmulo da água das chuvas que se criou um ambiente propício à vida. Uma das principais teorias sobre o surgimento dos primeiros organismos vivos sugere inclusive que eles se desenvolveram na água.

Os seres vivos contêm água

As plantas, os animais e outros seres vivos contêm água em sua estrutura. A quantidade de água em um ser vivo depende de diversos fatores, como a idade do indivíduo e a espécie a que ele pertence.

Porém, em praticamente todos os seres vivos, a água desempenha algumas funções em comum:

- age como solvente de substâncias;
- facilita o transporte de compostos para todas as partes do corpo;
- atua na regulação da temperatura do corpo, auxiliando na perda ou absorção de calor do ambiente. Uma das estratégias usadas para a perda de calor é eliminar a água do corpo pela transpiração.

Solvente: substância que tem a propriedade de dissolver outras substâncias.

O ser humano adulto tem cerca de 70% de água distribuída no corpo. Os músculos podem ser constituídos de 83% de água, muito mais que os cerca de 40% contidos nos ossos. Já as águas-vivas chegam a ter 95% de água em seu corpo. Veja nas imagens abaixo a quantidade de água presente em alguns outros organismos.

QUANTIDADE APROXIMADA DE ÁGUA EM ALGUNS SERES VIVOS

FABIO COLOMBINI

Sapo – 78% de água no corpo.

FABIO COLOMBINI

Peixe – 67% de água no corpo.

THOMAZ VITA NETO/PULSAR IMAGENS

Ipê-amarelo – 50% de água.

Pista 2

A água é recurso muito abundante no planeta Terra; porém, 97% dela está nos oceanos, junto a sais e outros minerais. Já existem técnicas para usar essa água em um processo chamado dessalinização, no qual o excesso de sais é retirado da água do mar. Por que essas técnicas não são amplamente usadas atualmente? Como a ciência pode ajudar? Pesquise e responda.

Os animais e a água

As rãs e os sapos são anfíbios: vivem dentro da água enquanto são larvas (girinos) e fora da água quando adultos. Ainda assim, só sobrevivem em ambientes com muita umidade, próximos a lagoas e rios. Sua pele fina facilita a perda de água, fato que pode provocar a desidratação rápida do animal em ambiente seco. A reprodução ocorre na água, e seus filhotes se desenvolvem nesse meio.

Desidratação: perda excessiva de água pelos seres vivos que pode levá-los à morte, caso não seja reposta rapidamente.

FABIO COLOMBINI

Rã-touro (*Lithobates catesbeianus*). Vive na terra e se reproduz na água, onde os ovos são colocados. Mede 20 cm de comprimento.

FABIO COLOMBINI

Girino da rã-touro. Nessa fase chega a 10 cm. Ele vive na água até desenvolver as quatro pernas e os pulmões.

Os animais perdem água pela urina, pelas fezes, pela transpiração e pela expiração (no vapor-d'água misturado ao ar expirado). Os animais bebem e ingerem alimentos com água para repor a água perdida.

Há espécies de animais que sobrevivem em ambientes com pouca água. A catita, pequeno mamífero que vive na Caatinga, só sai à noite para se alimentar, evitando o dia quente, quando a transpiração é maior. O animal também elimina pouca água na urina e nas fezes. Durante o dia, fica na toca feita no solo úmido, onde transpira pouco.

O ser humano precisa ingerir, em média, de 1,5 a 2 litros de água por dia, quantidade bebida ou ingerida com os alimentos. Os camelos, por sua vez, podem passar várias semanas sem beber água; no entanto, quando vão matar a sede, bebem dezenas de litros de uma só vez.

FABIO COLOMBINI

Catita ou cuíca (*Micoureus travassosi*). Tem 17 cm de comprimento, sem contar o rabo. Parque Nacional da Serra da Capivara, no Piauí.

As plantas e a água

As plantas transpiram e repõem a água que perdem absorvendo-a do solo.

Há plantas, como os cactos, que sobrevivem nas regiões mais quentes e secas do planeta, como nos desertos e na Caatinga. Os cactos geralmente têm espinhos no lugar de folhas, que protegem a planta do ataque de animais e a fazem perder muito menos água pela transpiração, processo que ocorre por meio da folha. Além disso, esse tipo de planta também armazena água nos caules.

Nas matas e florestas tropicais, por outro lado, a água é um recurso abundante tanto no solo como no ar. Nessas condições, as folhas largas observadas na maior parte das plantas que compõem esse ambiente são uma condição vantajosa, já que apresentam uma boa área de superfície para captação da luz solar. A luz solar, por sua vez, é fator essencial para o processo de produção de compostos necessários à sobrevivência do vegetal.

JOÃO PRUDENTE/PULSAR IMAGENS

Cacto xique-xique (*Pilosocereus gounellei*) pode chegar a até 1,5 m de comprimento. Chapada do Apodi, RN.

Pegada hídrica

Você sabia?

Que para produzir um quilograma de açúcar são necessários 1 500 litros de água?
Que para produzir um litro de leite são necessários 1 000 litros de água?
E que um quilo de carne de vaca gasta 15 500 litros para ser produzido?

O que é Pegada Hídrica?

O pesquisador holandês Arjen Hoekstra criou o conceito de Pegada Hídrica, em 2002, baseado na ideia de que os impactos humanos nos sistemas de água doce de todo o mundo são significativamente influenciados pelas práticas de consumo. Sendo assim, os problemas ambientais poderiam ser mais bem compreendidos se considerássemos os meios de produção e consumo como um todo, nas avaliações de uso da água como um recurso natural.

A Pegada Hídrica constitui, assim, um indicador que expressa tanto o consumo de água envolvido na produção dos bens e serviços quanto a consumida diretamente pelas pessoas em seu cotidiano. O conceito é cada vez mais tomado como um importante indicador do uso e consumo de água aplicado na tentativa de minimizar os impactos ambientais envolvendo esse recurso.

PEGADA HÍDRICA MUNDIAL

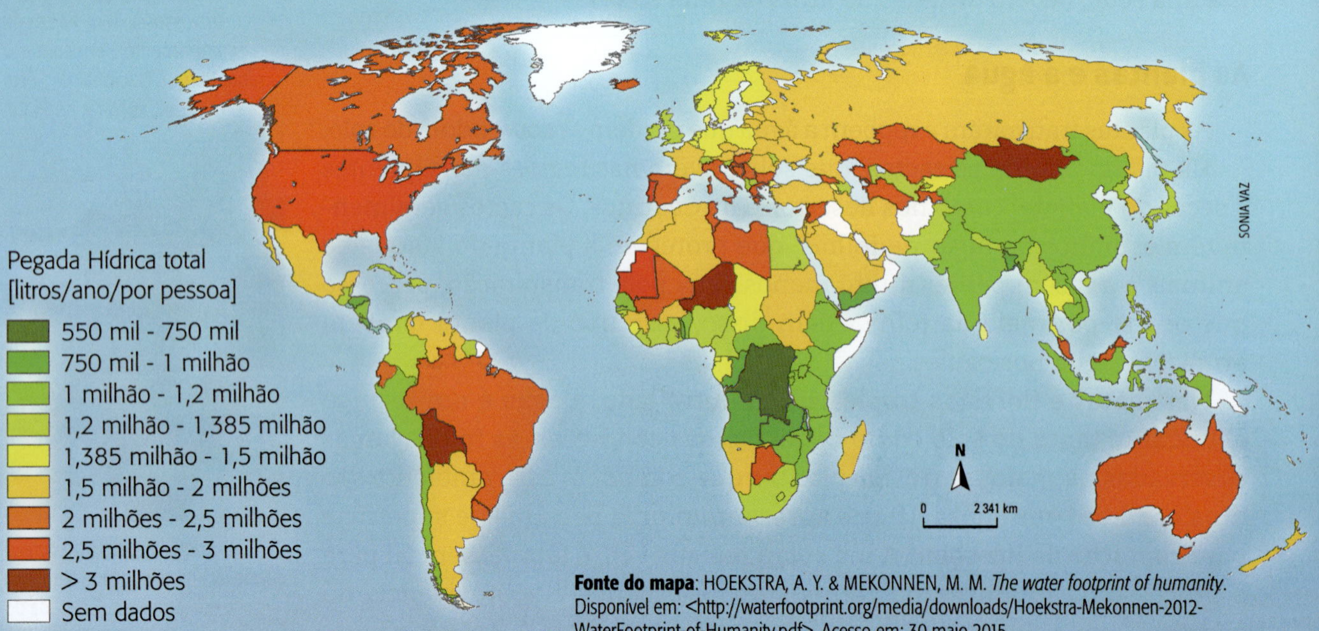

Fonte do mapa: HOEKSTRA, A. Y. & MEKONNEN, M. M. *The water footprint of humanity*. Disponível em: <http://waterfootprint.org/media/downloads/Hoekstra-Mekonnen-2012-WaterFootprint-of-Humanity.pdf>. Acesso em: 30 maio 2015.

O uso responsável da água

A Pegada Hídrica de um consumidor brasileiro, segundo os cálculos do professor Hoekstra, é de 3 780 litros por dia, dos quais apenas 5% são consumidos dentro de casa em atividades cotidianas como higiene, limpeza e alimentação. Os outros 95% correspondem à chamada "pegada invisível", presente em produtos industriais e agrícolas.

Os governos, consumidores, empresas e sociedade devem todos desempenhar o seu papel na obtenção de uma melhor gestão dos recursos hídricos. A humanidade vivencia períodos de crise no uso de recursos, ligada ao seu crescimento populacional e a práticas cada vez mais agressivas de produção e consumo. Portanto, essa reflexão se faz extremamente necessária.

THINKSTOCK/GETTY IMAGES

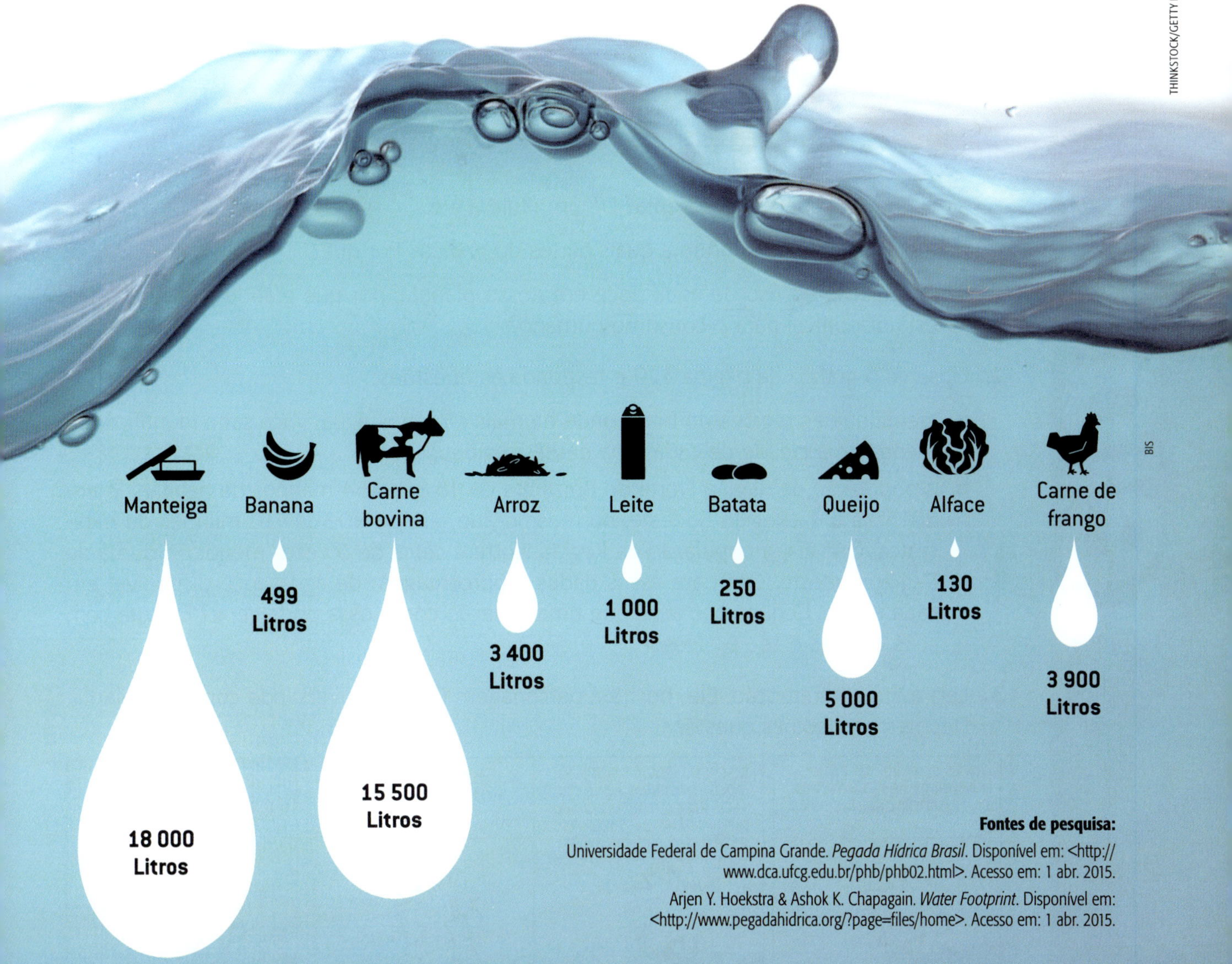

BIS

Fontes de pesquisa:

Universidade Federal de Campina Grande. *Pegada Hídrica Brasil*. Disponível em: <http://www.dca.ufcg.edu.br/phb/phb02.html>. Acesso em: 1 abr. 2015.

Arjen Y. Hoekstra & Ashok K. Chapagain. *Water Footprint*. Disponível em: <http://www.pegadahidrica.org/?page=files/home>. Acesso em: 1 abr. 2015.

Atividades

1. De acordo com os dados do esquema acima, responda: Por que a produção de alimentos de origem animal tem maior Pegada Hídrica que a produção de origem vegetal?
2. Observe no mapa os países que têm as maiores e menores Pegadas Hídricas e elabore uma hipótese que explique esse cenário.

1. Analise o esquema e responda às questões.

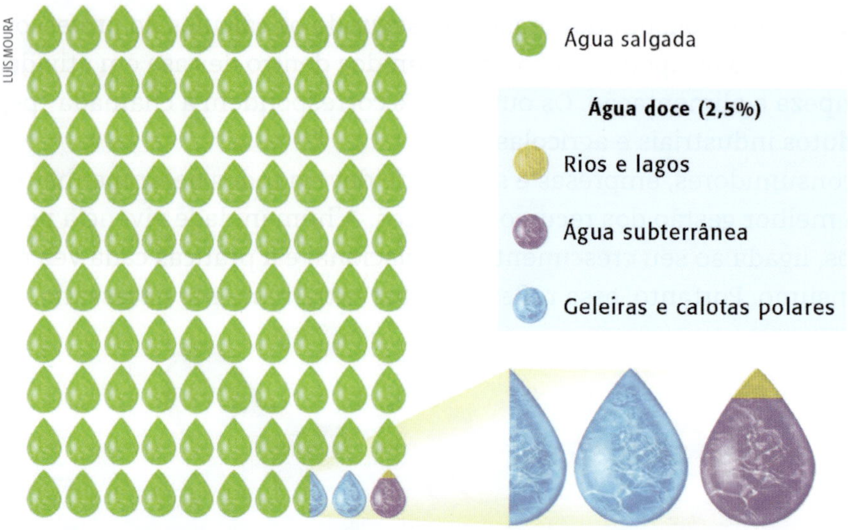

a. O que o esquema representa? Dê um título a ele.

b. A hidrosfera corresponde a quais partes do gráfico? Por quê?

c. Em relação ao uso de água doce em nosso planeta, por que grande parte dela não está disponível para o consumo humano?

2. Observe o gráfico da página 129 e responda às questões:

a. Identifique as regiões do Brasil onde há mais e menos água. Você sabe identificar ao menos uma cidade de cada uma dessas regiões?

b. A população da Região Norte do Brasil era de 15 864 454 milhões de habitantes em 2015. Já a da Região Sudeste, no mesmo ano, era de 80 364 410 milhões de habitantes. Ou seja, a população da Região Norte é cerca de 5 vezes menor do que a da Região Sudeste. Compare esses dados à porcentagem de água doce disponível em cada região. O que você acha que uma situação como essa pode gerar? Discuta com seus colegas e seu professor.

3. Leia a tira com atenção. Ela mostra a personagem Calvin conversando com uma planta. Depois, responda às questões.

Tirinha de Bill Watterson.

a. Qual o significado da fala dita por Calvin às flores: "**Sem mim vocês estão mortas!**"

b. Além do uso direto pelos seres vivos, qual a importância das chuvas em termos da disponibilidade de água doce no planeta?

4. A informação contida na frase seguinte está correta do ponto de vista científico: "*Icebergs* são constituídos por água doce, não salgada"? Explique.

5. Observe o diagrama abaixo e responda às questões:

R2 EDITORIAL

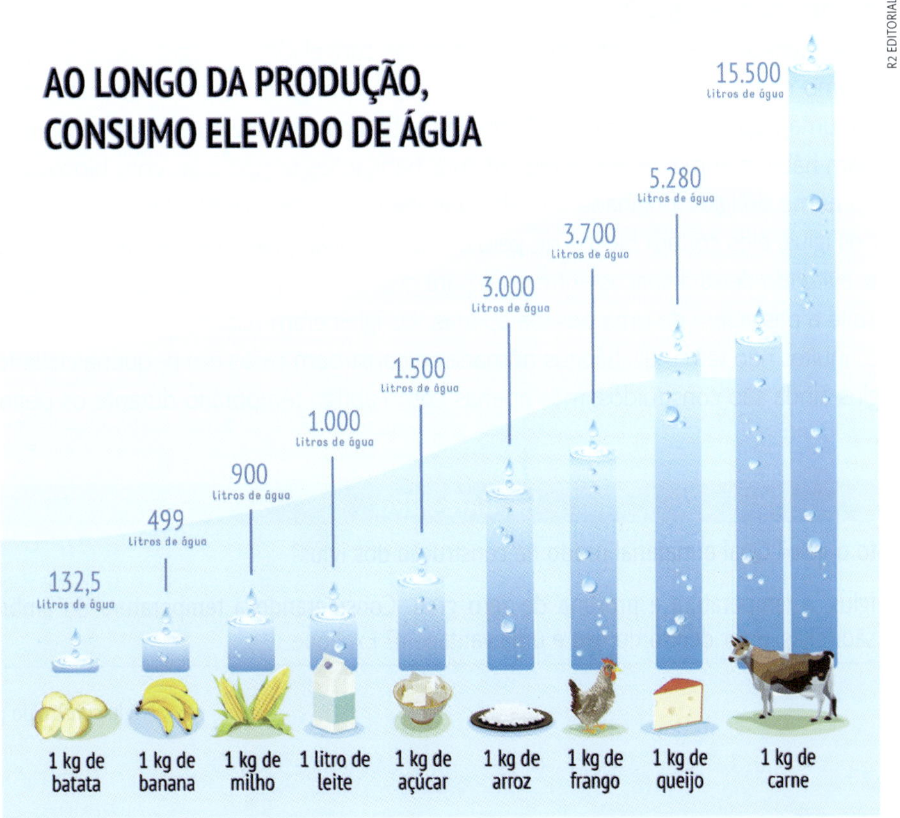

Fonte: ONG Water Footprint Network.

a. O que esse diagrama representa?

b. Como você acha que o consumo de alimentos sem desperdício poderia ajudar em uma situação de escassez de água? Explique.

6. Observe as fotografias e responda à questão.

FABIO COLOMBINI; DAN SUZIO/PHOTO RESEARCHERS/LATINSTOCK; JOE MCDONALD/CORBIS/LATINSTOCK

Diferentes etapas do desenvolvimento da rã-touro. Imagens fora de escala de proporção.

- Que fatores relacionados ao desenvolvimento e à vida adulta das rãs e de outros anfíbios os tornam dependentes da água?

10 A água circula no ambiente

Como são construídos os iglus?

A região norte do Canadá é repleta de geleiras, rios, lagos congelados. A vegetação é formada por pinheiros e plantas rasteiras, como os musgos. A temperatura nessa região chega a 50 graus Celsius abaixo de zero. É uma região habitada por uma população tradicional chamada inuíte, antigamente conhecida como esquimó.

Os inuítes tinham hábitos nômades e construíam suas habitações temporárias com blocos de gelo. Essas construções recebem o nome de iglus, originado da palavra inuíte *idglu*, que significa casa.

Para construir os iglus, eles cortam blocos de gelo em forma retangular, que servirão como tijolos. Então, encaixam esses blocos, evitando deixar espaços entre eles, para que o vento gelado não entre. Há apenas uma pequena entrada, que permite a passagem de uma pessoa apenas. Os iglus eram usados para dormir e guardar alimentos.

Atualmente, os inuítes não têm mais hábitos nômades e constroem casas em pequenas cidades da região norte do Canadá. Os iglus ainda são construídos, mas apenas como abrigo temporário durante os períodos em que eles saem para caçar.

BATE-PAPO

1. Do que é feito o gelo? Qual o material usado na construção dos iglus?
2. Dentro dos iglus, a temperatura é próxima de zero grau. Considerando a temperatura do ambiente onde essas construções são feitas, estar dentro do iglu é uma vantagem? Explique.

Iglu construído por inuíte, no Canadá.

MILES ERTMAN/RADIUS IMAGES/LATINSTOCK

OS ESTADOS FÍSICOS DA ÁGUA

A água é uma das substâncias mais comuns da natureza. De modo geral, ela pode ser encontrada no ambiente em três estados físicos diferentes.

Estado sólido

É a água na forma de gelo. Ao olharmos para geleiras e *icebergs*, observamos exemplos desse estado físico da água na natureza. Em muitos países de clima frio e em algumas regiões brasileiras, minúsculos cristais de gelo podem se formar na atmosfera em determinadas condições, originando a neve. No estado sólido a água tem forma e volume definidos independentemente do recipiente que ocupa ou local onde está.

THINKSTOCK/GETTY IMAGES

Filhote de foca sobre o gelo (água no estado sólido) no Canadá, nas proximidades do Ártico.

Estado gasoso

O vapor-d'água é a água no estado gasoso, presente principalmente na atmosfera. Apesar de invisível, pode ser encontrado em todos os ambientes da Terra. Por ser um gás, seu volume e sua forma dependem do recipiente que ocupa.

Estado líquido

É o estado físico da água encontrado nos rios, lagos, mares, oceanos, na água subterrânea e nas cavernas. Também é o estado da água da chuva. A água no estado líquido adquire a forma do recipiente que ocupa, mas o volume depende apenas da quantidade que é colocada nesse suposto recipiente.

ANDRÉ SEALE/PULSAR IMAGENS

Curimbatá em água (líquida) no Rio da Prata, Bonito (MS), em 2008.

Pista 3

A Floresta Amazônica, a Mata Atlântica, as matas ciliares e qualquer outro tipo de cobertura vegetal são de extrema importância para a conservação dos reservatórios de água. As plantas protegem não apenas reservas subterrâneas e as nascentes, como também o curso de rios e a permanência dos lagos. Pesquise como a preservação da vegetação está relacionada à conservação da água.

MUDANÇAS DE ESTADO FÍSICO

Para que a água mude de estado físico, a temperatura ou a pressão do ambiente em que ela se encontra devem variar. Vejamos as mudanças de estado que a água pode sofrer.

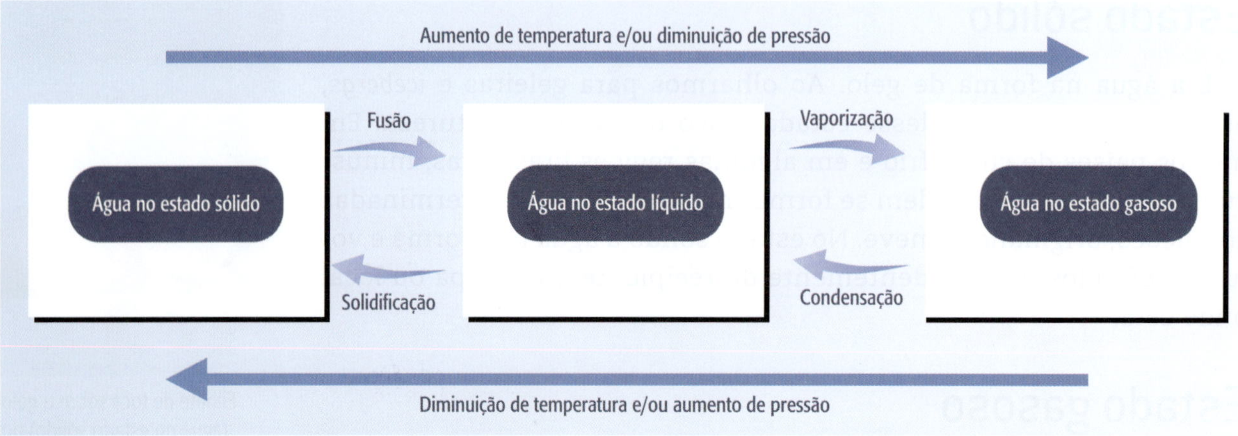

A água presente no ambiente pode ser encontrada na forma sólida, como nos *icebergs* e nas geleiras; na forma líquida, como em uma queda--d'água; ou na forma gasosa, na forma de vapor-d'água, presente na atmosfera.

Solidificação

Essa mudança de estado ocorre quando a água passa do estado líquido para o estado sólido. Nesse processo há perda de calor da água líquida, até que ela atinja temperaturas iguais ou menores que 0 °C. Na natureza, a água na forma de gelo está nas geleiras, nos *icebergs*, nas partes altas das montanhas, nos polos e também nas nuvens, como granizo. De forma artificial, é possível observar a solidificação da água líquida quando ela é colocada no congelador.

NELSON ANTOINE/FOTOARENA

O granizo se forma nas nuvens quando a temperatura baixa e a água líquida perde calor. Com isso, a água cai em forma de pedras de gelo e pode danificar plantações, casas e carros. Na fotografia, granizo acumulado em rua na cidade de São Paulo (SP), em 2014.

Fusão

Essa mudança de estado ocorre quando a água sólida recebe calor, derrete e transforma-se em água líquida. É o oposto da solidificação. É possível observar esse fenômeno ao se retirar o gelo da geladeira e deixá-lo à temperatura ambiente. Com o tempo, ele derrete e passa para o estado líquido.

Na natureza, esse fenômeno acontece em certos países de clima frio, quando chega a primavera e ocorre o degelo. A fusão começa quando a temperatura da água é superior a 0 °C.

PAUL SOUDERS/CORBIS/LATINSTOCK

Gelo derretendo na borda de uma geleira. Fiorde de gelo de Ilulissat, na Groenlândia, em 2006.

Vaporização

Essa mudança de estado ocorre quando há formação de vapor de maneira bem lenta, como quando a roupa é estendida no varal para secar. Também chamada de evaporação, ocorre inclusive à temperatura ambiente. Quando essa mudança é mais rápida, temos a **ebulição**, como a água que ferve em uma panela e passa para vapor, tornando-se invisível. A temperatura na qual ocorre a ebulição da água é 100 °C ao nível do mar.

JOÃO PRUDENTE/PULSAR IMAGENS

Nas salinas, a água do mar evapora e o sal fica nos tanques. Município de Grossos (RN), em 2011.

Condensação

Também chamado de **liquefação**, é a mudança de estado da água na forma de vapor para a água líquida. A condensação do vapor-d'água em gotículas de água na atmosfera forma as nuvens.

EDUARDO SANTALIESTRA

A fumaça que sai do bico de uma chaleira de água em ebulição é formada por gotículas de água, ou seja, água líquida. O vapor-d'água que sai da chaleira entra em contato com o ar, mais frio do que o ambiente interno da chaleira, perde calor e condensa.

Sublimação

É a mudança que ocorre quando a água passa do estado sólido diretamente para o vapor, sem passar pelo estado líquido. A sublimação ocorre, por exemplo, no processo de liofilização, uma técnica de preservação dos alimentos. Na liofilização, o alimento é primeiramente congelado. Em seguida, a água nele contida é passada do estado sólido diretamente para vapor, e perde-se totalmente para o ambiente. Dessa maneira, o alimento fica desidratado (sem água em sua estrutura), o que impede o desenvolvimento de microrganismos.

Cristalização

É a mudança do estado gasoso diretamente para o estado sólido, sem passar pelo líquido. Essa mudança de estado físico ocorre na formação das geadas.

GERSON GERLOFF/PULSAR IMAGENS

Bezerros pastando capim coberto com orvalho congelado, formado por geada que ocorreu durante a madrugada, em São Martinho da Serra (RS), em 2011.

CICLO DA ÁGUA

A água está constantemente circulando entre os ambientes: dos rios e oceanos, ela evapora, condensa-se e forma as nuvens na atmosfera. Então, volta para a superfície terrestre em forma de chuva (água líquida), neve ou granizo (água sólida).

Ainda na superfície, a água pode ser ingerida pelos animais ou absorvida pelas raízes das plantas. Os animais devolvem a água ao ambiente por meio da urina e das fezes, da respiração, da transpiração e da decomposição, ao final, na sua morte. As plantas perdem água pelas folhas durante a transpiração ou quando são decompostas.

A água pode se infiltrar no solo e passar pelos poros entre os fragmentos de rocha. Parte da água infiltrada é absorvida pelas raízes das plantas e por outros seres vivos, ou evapora e volta para a atmosfera. O restante da água acumula-se em zonas mais profundas, formando depósitos subterrâneos de água.

Esse movimento contínuo da água pelo planeta recebe o nome de **ciclo hidrológico** ou **ciclo da água**. Ele acontece sem cessar, pelas mudanças de estado físico da água: de líquido para vapor, de vapor para água líquida, de líquido para sólido. A energia que move o ciclo da água é a energia solar (ou o calor proveniente do sol).

Veja no esquema abaixo como o ciclo da água pode ser representado. As setas indicam a direção da água no ciclo.

NÃO DEIXE DE LER

- **Pelos caminhos da água.** Cristina Strazzacappa e Valdir Montanari. Editora Moderna, 2003.

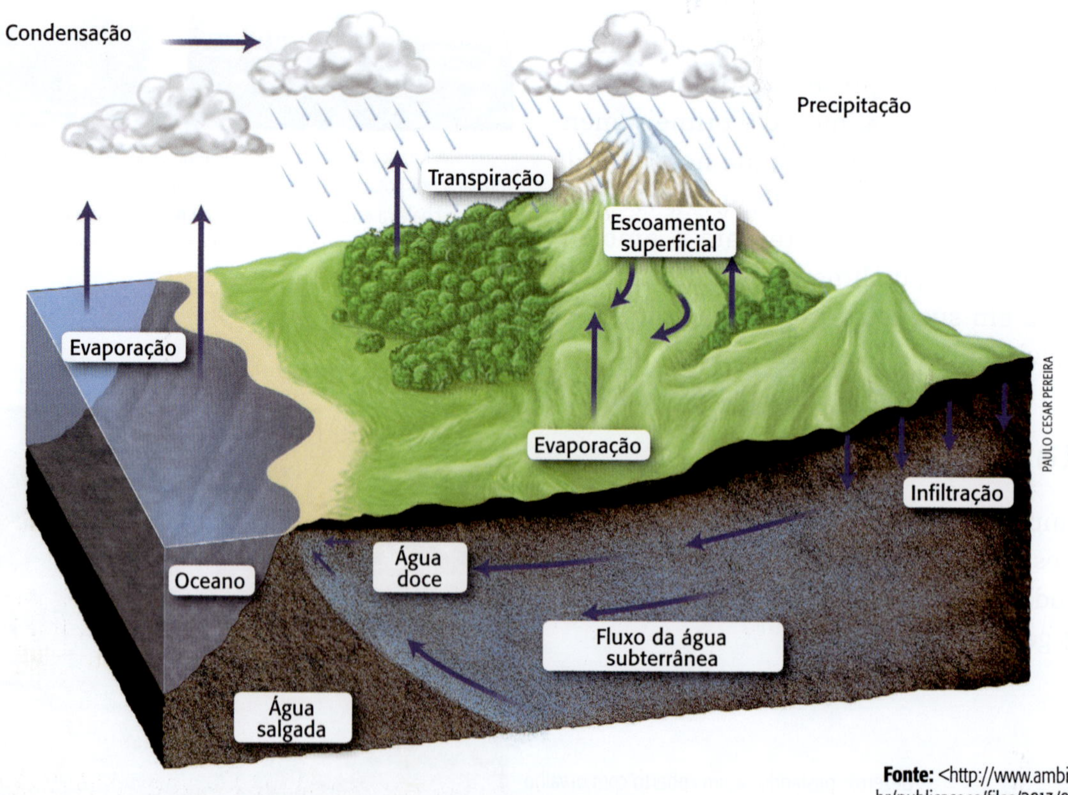

Representação esquemática das etapas do ciclo de água. Esse ciclo envolve três estados físicos dessa substância. Cores fantasia. Elementos fora de escala de tamanho e de proporção.

Fonte: <http://www.ambiente.sp.gov.br/publicacoes/files/2013/04/01-aguas-subterraneas-2012.pdf>. Acesso em: 8 jun. 2015.

Etapas do ciclo da água

1. Evaporação

O calor do Sol faz a água evaporar. Evaporam a água doce de rios e lagos, a água salgada do oceano e também a água do solo. O vapor-d'água fica em suspensão na atmosfera.

2. Transpiração

As plantas e os animais transpiram e a água evapora. O vapor sobe para a atmosfera.

3. Condensação e precipitação

Em certas regiões altas da atmosfera, a temperatura é menor. Nesses locais, o vapor-d'água muda de estado: passa de vapor para líquido. Formam-se, assim, gotículas de água que, juntas, dão forma às nuvens. Quando essas gotículas se juntam e formam gotas maiores, deixando as nuvens carregadas de gotas, ocorre a precipitação. Ou seja, a água pode cair no estado líquido, formando a chuva, ou no estado sólido, formando o granizo ou a neve.

4. Infiltração e escoamento

Ao atingir a superfície terrestre, a água proveniente da condensação e da precipitação pode penetrar no solo e formar as reservas subterrâneas, ou escorrer pela superfície para áreas mais baixas. Nesses locais, a água irá acumular-se ou juntar-se a represas, lagos, rios ou oceanos.

FIQUE DE OLHO

Muitas atividades humanas afetam o ciclo da água: a pavimentação por asfalto de ruas e estradas, a redução das áreas verdes, a canalização de rios e córregos.

1. Trabalhando com os colegas de grupo, faça uma pesquisa a respeito do impacto dessas modificações ambientais no ciclo da água.
2. Depois de terminar a pesquisa, proponham duas sugestões para minimizar esses problemas.
   O grupo deve produzir um texto com as conclusões. Esse texto elaborado pelo grupo será lido para os colegas da classe.

EDMAR BARROS/FUTURA PRESS

Água acumulada na rua durante cheia do rio Purus em Boca do Acre (AM), em março de 2015.

EXPERIMENTE FAZER

A água nas plantas

Para pensar

A água é de extrema importância para as plantas, mas elas não são capazes de ingeri-las como nós somos. A água das chuvas ou a que usamos em regadores e mangueiras geralmente infiltra primeiro na terra. É do solo, então, e pelas raízes, que a planta capta e usa a água para sua sobrevivência. Mas como isso é feito? Que caminhos a água percorre após passar pelas raízes?

Objetivos

- Investigar e observar o caminho da água captada e usada pelas plantas.

Materiais

- 1 vaso com uma planta que tenha vários galhos
- 1 saco plástico transparente
- barbante
- água

RODVAL MATIAS

Materiais necessários à montagem do experimento. Cores fantasia.

Procedimentos

1. Regue a planta do vaso sem encharcar o solo.
2. Escolha dois galhos que contenham várias folhas. Não arranque os galhos.
3. Coloque um dos galhos escolhidos dentro do saco plástico, tomando cuidado para não quebrá-lo nem danificar a planta.
4. Amarre a boca do saco plástico com o barbante, para evitar a entrada e a saída de ar.
5. Mantenha o vaso em local iluminado.
6. Observe o que acontece com os dois galhos durante três dias. Durante suas observações, não mude a planta de local nem abra o saco plástico. Essas interferências podem alterar os resultados do experimento.

RODVAL MATIAS

Modelo do experimento já montado. Cores fantasia.

Resultados

1. Em seu caderno, monte uma tabela como o modelo a seguir. Anote nela o que você observou durante os três dias do experimento.

Observações	Primeiro dia	Segundo dia	Terceiro dia
Galho 1			
Galho 2			

2. Você observou alguma mudança no saco plástico. Se sim, o que ocorreu?

Conclusões

1. Leia as frases a seguir e reescreva no caderno aquela que julgar correta.
   - A água que apareceu no saquinho é proveniente do vapor-d'água presente no ar que estava dentro da embalagem depois de se condensar.
   - A água que apareceu no saquinho é proveniente do vapor-d'água liberado pela transpiração das folhas da planta, provando que a água compõe o corpo do vegetal.
   - A água que apareceu no saquinho é proveniente do vapor-d'água presente no ar do lado externo da embalagem, que se condensou ao penetrar pelos poros do saquinho, ficando aprisionado no seu interior.
2. Onde está a água que estaria no galho que não está coberto com o saco plástico?
3. A investigação faz parte do método científico. Pesquisadores realizam experimentos para testar suas hipóteses. Pensando nisso, qual seria o objetivo do experimento realizado com o vaso de plantas?
4. Com os colegas e com a ajuda do professor, pensem em uma explicação que provaria a origem da água que apareceu dentro do plástico.
5. Como as plantas participam do ciclo da água?

Para ir além

1. Será que existem fatores que alteram a transpiração das plantas? Repita o experimento agora em situações diferentes, como:
   - deixe a planta em um local que o Sol ilumine em grande parte do dia;
   - deixe a planta em um local escuro;
   - não regue a planta antes do experimento.

   Esses fatores alteram a transpiração da planta? Faça em seu caderno outra tabela como o modelo mostrado acima e anote seus novos resultados.
2. Imagine que você é um pesquisador e tenha recebido a tarefa de provar que os seres humanos também perdem água pela transpiração. Converse com os colegas e, juntos, proponham um experimento para provar esse fato.

SAIBA MAIS

Rios voadores

“Os rios voadores são ‘cursos de água atmosféricos’, [invisíveis] [...] [que] passam em cima das nossas cabeças carregando umidade da Bacia Amazônica para o Centro-Oeste, Sudeste e Sul do Brasil.

[...]

A floresta amazônica funciona como uma bomba d’água. Ela puxa para dentro do continente a umidade evaporada pelo oceano Atlântico e carregada pelos ventos alíseos [...] [que, ao] seguir terra adentro, [...] cai como chuva sobre a floresta. Pela ação da evapotranspiração, [...] a floresta devolve a água da chuva para a atmosfera na forma de vapor de água [...] [que volta a] cair novamente como chuva mais adiante.

Evapotranspiração: é a forma pela qual a água da superfície terrestre passa para a atmosfera no estado de vapor, tanto por transpiração dos seres vivos como por evaporação da água do ambiente.

FORMAÇÃO E DESLOCAMENTO DOS RIOS VOADORES

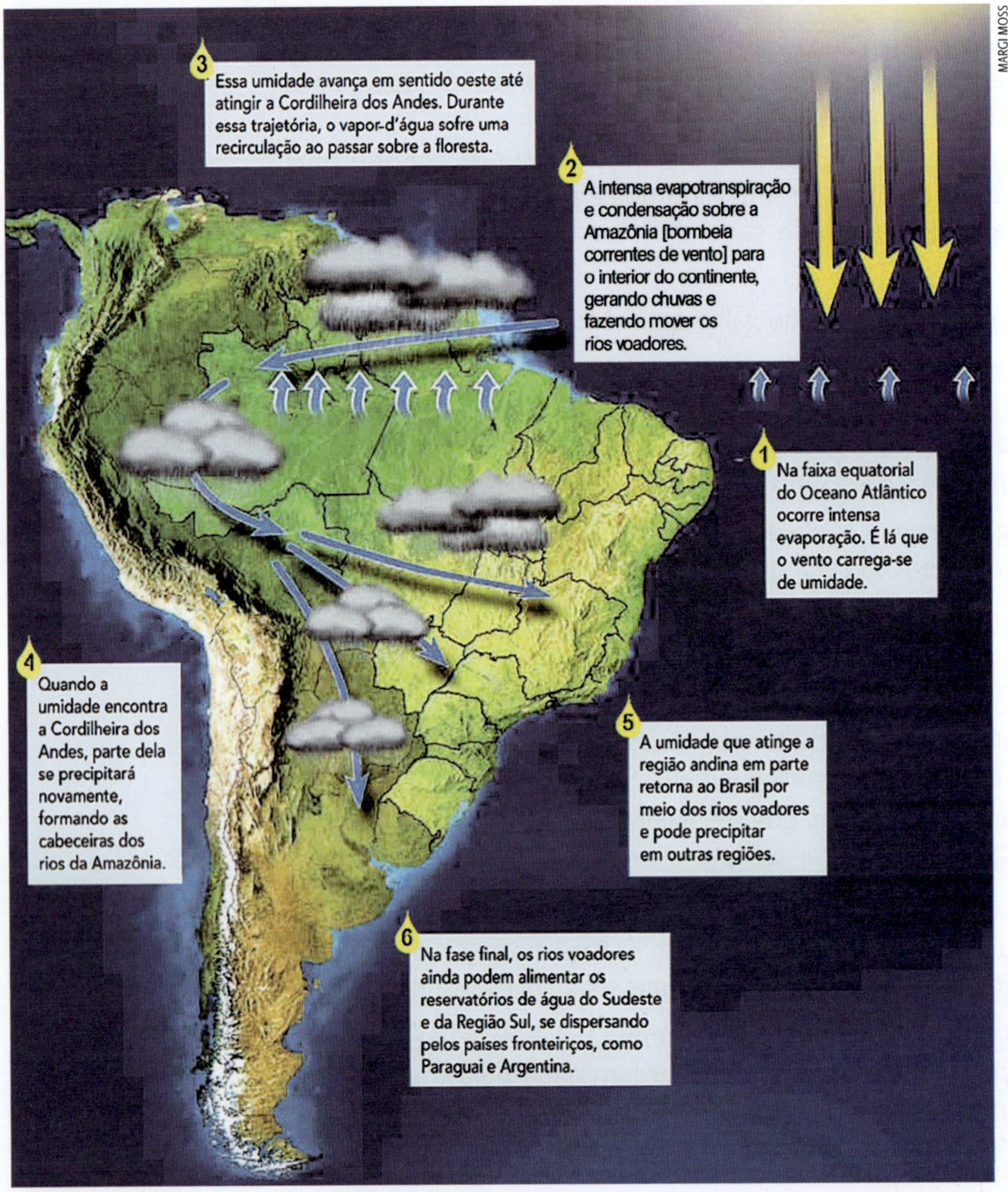

Representação esquemática da formação e deslocamento de rios voadores no Brasil. Elementos fora de escala de tamanho e de proporção.

Fonte: Fenômeno dos rios voadores. <http://riosvoadores.com.br/o-projeto/fenomeno-dos-rios-voadores/#prettyphoto[post-65]/0/>. Acesso em: 24 mar. 2015.

Propelidos em direção ao oeste, os rios voadores (massas de ar) recarregados de umidade – boa parte dela proveniente da evapotranspiração da floresta – encontram a barreira natural formada pela Cordilheira dos Andes. Eles se precipitam parcialmente nas encostas leste da cadeia de montanhas, formando as cabeceiras dos rios amazônicos. Porém, barrados pelo paredão de 4 000 metros de altura, os rios voadores, ainda transportando vapor de água, fazem a curva e partem em direção ao sul, rumo às regiões do Centro-Oeste, Sudeste e Sul do Brasil e aos países vizinhos.

[...]

A chuva, claro, é de suma importância para nossa vida, nosso bem-estar e para a economia do país. Ela irriga as lavouras, enche os rios terrestres e as represas que fornecem nossa energia.

Propelidos: arremessados, lançados.

[...]

Por incrível que pareça, a quantidade de vapor de água evaporada pelas árvores da floresta amazônica pode ter a mesma ordem de grandeza, ou mais, que a vazão do rio Amazonas (200 000 m³/s), tudo isso graças aos serviços prestados pela floresta.

Estudos promovidos pelo INPA já mostraram que uma árvore com copa de 10 metros de diâmetro é capaz de bombear para a atmosfera mais de 300 litros de água, em forma de vapor, em um único dia – ou seja, mais que o dobro da água que um brasileiro usa diariamente![...] »

Projeto Rios Voadores. Disponível em: <http://riosvoadores.com.br/o-projeto/fenomeno-dos-rios-voadores/#prettyphoto[post-65]/0/>. Acesso em: 27 mai. 2015.

NÃO DEIXE DE ACESSAR

- **Para mais detalhes a respeito da dinâmica dos rios voadores, acesse o *site* a seguir e assista à animação.** <http://planetasustentavel.abril.com.br/inforiosvoadores/>. Acesso em: 3 mar. 2015.

Para pensar

1. Qual a importância dos rios voadores para as regiões Centro-Oeste, Sul e Sudeste do Brasil?
2. O que pode acontecer com a quantidade e a distribuição de chuvas se a Floresta Amazônica continuar a ser desmatada?

Após a passagem da nuvem de chuva, é possível observar a umidade retornando para a atmosfera, por meio de evapotranspiração na Floresta Amazônica.

teia do saber

1. O esquema abaixo representa uma sequência de transformações da água, e as letras A, B e C são os estados físicos resultantes de cada etapa. Sobre o esquema, responda:

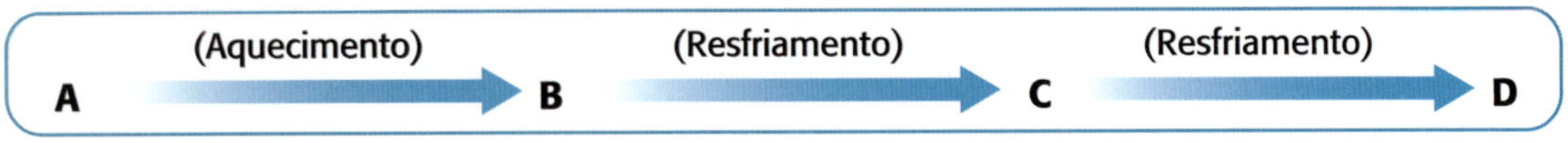

a. Quais os estados físicos da água representados pelas letras A, B e C?

b. Nomeie as 3 mudanças de estado presentes nessa sequência de transformações, da esquerda para a direita.

c. Uma sequência de transformações como essa poderia acontecer naturalmente na natureza? Tente descrever um exemplo.

2. Observe a fotografia ao lado.

a. Quais estados físicos da água você pode ver? Identifique-os.

b. Qual é o estado físico da água que não podemos ver, mas que está presente no ambiente mostrado nessa fotografia?

IRA BLOCK/NATIONAL GEOGRAPHIC SOCIETY/CORBIS/LATINSTOCK

Iceberg na Antártica, em 2011.

3. Identifique qual(is) mudança(s) de estado físico da água ocorre(m) em cada uma das situações abaixo.

a. As primeiras gotas da chuva tocam o asfalto muito quente em um dia de verão.

b. As geleiras derretem e se transformam em gotas de água líquida, que formam lagos e rios.

c. O vapor-d'água congela, formando as geadas.

d. A água que colocamos na fôrma se transforma em gelo dentro do congelador.

4. Leia as instruções, faça o que é pedido e responda às questões em seguida.

- Coloque um copo plástico transparente sobre a boca, conforme a figura ao lado.
- Em seguida, respire forte, inspirando o ar pelo nariz e soltando-o pela boca.
- Repita o procedimento anterior por pelo menos 6 vezes, até que o copo fique embaçado.
- Analise o aspecto da parte interna do copo.

RODVAL MATIAS

Atenção: cubra somente a boca!

a. Qual o aspecto do copo depois de realizados os procedimentos de 1 a 3? Você consegue notar o que se formou na parede interna do recipiente?

b. Qual é a origem da água que se formou no copo?

c. Por que essa água se depositou no copo? Em qual estado ela está?

5. Observe as fotografias e responda às questões.

FABIO COLOMBINI

Água fervendo.

THINKSTOCK/GETTY IMAGES

Roupas secando no varal.

a. Que mudança de estado da água está ocorrendo em cada situação?

b. Como essa mudança de estado é chamada em cada um dos casos?

c. O que diferencia cada caso?

d. Como a passagem do estado líquido para o estado de vapor pode ser acelerada durante a fervura?

6. A garrafa de água da fotografia foi retirada da geladeira há alguns minutos. Sobre essa imagem, responda.

FABIO COLOMBINI

Garrafa com água gelada.

a. Que mudança de estado ocorreu na superfície da garrafa?

b. Baseando-se no exemplo da garrafa de água, explique por que a parede do banheiro fica molhada quando tomamos banho quente, especialmente no inverno.

7. No frio intenso, em vez de chover, há formação de neve. Quando neva, as plantas, as ruas e as casas são cobertas por cristais de gelo microscópicos. Sobre esse fenômeno, responda:

GARY HINCKS/SPL/LATINSTOCK

Representação esquemática de cristais de gelo microscópicos. Cores fantasia.

a. Em qual estado físico está a água que forma os flocos de neve?

b. Onde os cristais de neve se formam?

c. Qual é a outra forma de precipitação sólida que existe?

8. Leia a tira, na qual a personagem Calvin tenta preparar um chá gelado.

CALVIN & HOBBES, BILL WATTERSON © 1987

Tirinha de Bill Watterson.

a. Por que Calvin não conseguiu fazer o chá gelado?

b. Como ele poderia ter feito?

9. Segundo a Organização Mundial da Saúde (OMS), o ideal seria que cada pessoa pudesse dispor, pelo menos, de 12 m^2 de área verde.

Em cidades como Curitiba, há cerca de 55 m^2 de área verde por habitante. Observe a imagem abaixo, que mostra uma vista aérea do parque Barigui, em Curitiba, e responda às questões:

RUBENS CHAVES/PULSAR IMAGENS

Vista do parque Barigui, em Curitiba (PR), em 2014. Esta cidade apresenta muitas áreas verdes em relação à quantidade de habitantes.

a. Explique como as plantas das áreas verdes participam do ciclo da água em uma região.

b. Quais seriam os possíveis destinos da água da chuva não usada pelas plantas em um ciclo da água ocorrendo no cenário representado pela foto?

c. O que ocorre com a água das chuvas que cai sobre o asfalto?

d. Quais as vantagens de uma cidade com uma quantidade de área verde como a presente em Curitiba?

10. Leia e responda.

Cerrado: tipo de vegetação presente principalmente nas regiões central e sudeste do Brasil.

[...] Duas estações bem marcadas caracterizam o cerrado: inverno seco e verão chuvoso. Neste ambiente vivem muitas espécies da fauna, inclusive bichos ameaçados de extinção. [...]

Lembra da aparência seca das plantas? Pois é, as árvores e os arbustos têm que driblar o período mais seco no cerrado. E como fazem isso? Bem, a maior parte dessas plantas de troncos e galhos retorcidos possui mecanismos de adaptação a este ambiente árido. É comum, por exemplo, árvores com raízes profundas, as quais permitem atingir mais facilmente o lençol freático, reservatório subterrâneo de água. [...]

Denise Moraes. *Bioma Cerrado*. Disponível em: <http://www.invivo.fiocruz.br/cgi/cgilua.exe/sys/start.htm?infoid=961&sid=2>. Acesso em: 24 mar. 2015.

- Sabemos que certas plantas do Cerrado conseguem água mesmo na estação seca. Onde fica armazenada a água de que precisam? Explique uma maneira possível para que a água chegue até esse reservatório.

11. Observe o gráfico abaixo. Ele mostra a temperatura de ebulição da água em cidades localizadas em diferentes altitudes.

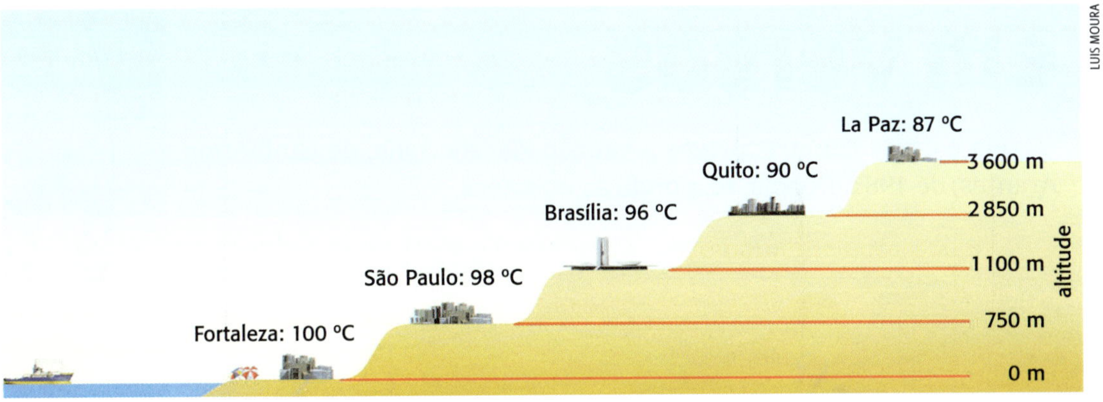

a. Onde a água demora mais para ferver?

b. Onde ela ferve mais depressa?

c. De acordo com o gráfico, o que você pode deduzir a respeito da relação entre temperatura de ebulição da água e altitude?

12. Observe novamente o esquema do ciclo da água da página 142, e faça o que se pede.

a. Refaça o diagrama em seu caderno, de maneira simplificada, incluindo algum animal. Como esse ser vivo participa do ciclo?

b. Imagine que houvesse uma grande plantação no cenário desse diagrama. Como ela poderia interferir no ciclo da água? Pense em um campo de agricultura orgânica e em outro em que são usados fertilizantes e defensivos químicos.

c. A água que evapora dos oceanos é doce ou salgada? Explique.

Desfecho

Sabemos agora que há ações coletivas que podem nos ajudar a conservar a água. E o que nós podemos fazer individualmente, em nossas atividades diárias, para conservar esse recurso? Converse com os colegas.

Encerrando a unidade

1. Nesta unidade você estudou vários temas. Escreva um pequeno resumo de cada um deles.
   - A distribuição de água na Terra
   - A água nos seres vivos e suas funções
   - Os estados físicos da água
   - As mudanças de estado físico da água
2. Monte um caderno de resumos e troque-o com os colegas. Veja o que cada um considerou importante nesta unidade.

A água em versos

Leia e cante com os colegas a canção *Planeta Água*, de Guilherme Arantes, de 1981. Depois, responda às questões.

FABIO COLOMBINI

Planeta Água

Água que nasce na fonte
Serena do mundo
E que abre um profundo grotão
Água que faz inocente riacho
E deságua na corrente do ribeirão...
Águas escuras dos rios
Que levam a fertilidade ao sertão
Águas que banham aldeias
E matam a sede da população...
Águas que caem das pedras
No véu das cascatas
Ronco de trovão
E depois dormem tranquilas
No leito dos lagos
No leito dos lagos...

Água dos igarapés
Onde Iara, a mãe-d'água
É misteriosa canção
Água que o Sol evapora
Pro céu vai embora
Virar nuvens de algodão...
Gotas de água da chuva
Alegre arco-íris
Sobre a plantação
Gotas de água da chuva
Tão tristes, são lágrimas
Na inundação...
Águas que movem moinhos
São as mesmas águas
Que encharcam o chão
E sempre voltam humildes
Pro fundo da terra
Pro fundo da terra...

Terra! Planeta Água
Terra! Planeta Água
Terra! Planeta Água... (2x)

Planeta Água. Guilherme Arantes. © SM PUBLISHING (BRASIL) EDIÇÕES MUSICAIS LTDA/Sony Music

THINKSTOCK/GETTY IMAGES

RUBENS CHAVES/PULSAR IMAGENS

Praia de Ponta Verde, Maceió (AL), em 2015.

CADU ROLIM/FOTOARENA

Praia do Cacupé, Florianópolis (SC), em 2014.

AIRTON SOARES/FOLHAPRESS

Cachoeira Santo Isidro, Parque Nacional da Serra da Bocaina, São José do Barreiro (SP), em 2013.

ANDRE DIB/PULSAR IMAGENS

Rio Araguaia, Barra do Garças (MT), em 2013.

Para explorar

1. Leia a letra da canção com os colegas. Procurem no dicionário o significado das palavras que vocês não conhecem.

2. Busque na letra da canção duas finalidades da água. Reescreva no caderno os trechos que contenham a sua resposta.

3. Pesquise quem é Iara, citada na canção.

4. Releia o trecho grifado no texto.

a. Que fenômeno natural está descrito no trecho?

b. Que transformação está envolvida nos versos "Água que o Sol evapora / Pro céu vai embora / Virar nuvens de algodão..."?

5. A canção mostra um problema causado pelo excesso de chuva, principalmente em áreas urbanas ou naquelas próximas aos leitos dos rios. Que problema é esse?

6. Explique de maneira breve por que razão a canção diz "Terra! Planeta Água".

7. O compositor usou uma canção para falar de temas relacionados a ciências. Escreva um pequeno texto explicando a importância de divulgar de forma escrita os resultados de experimentos e os conhecimentos científicos.

8. Que outras formas você pode usar para divulgar conhecimentos sobre ciências?

UNIDADE

6 A qualidade da água

Mais de 1 bilhão de pessoas no mundo sofrem com a falta de água apropriada para beber.

Atualmente, milhares de crianças morrem a cada dia por causa de doenças transmitidas pela água.

O dispositivo utilizado pelo garoto da fotografia é um tipo de filtro portátil que garante a pureza da água de qualquer fonte (com exceção da água salgada do mar). Ele deve ser utilizado como se fosse um canudo, bastando sugar a água diretamente de um rio, lago ou nascente. O dispositivo, que pode ser usado por cerca de dois anos, foi criado por uma empresa suíça em 2005 e é considerado por muitos uma das maiores invenções do século.

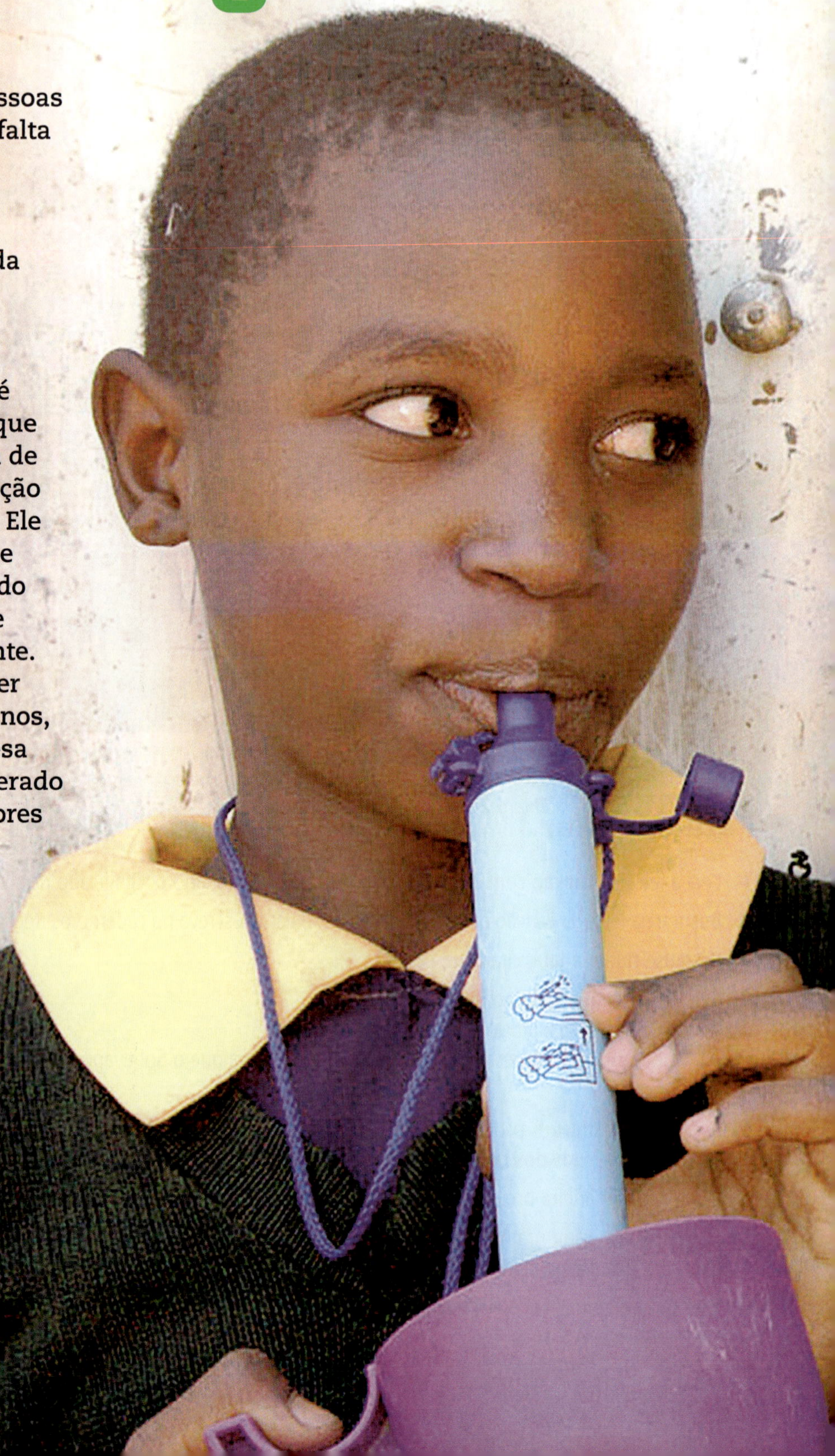

Nesta unidade, você vai saber mais sobre:

- Os agentes de poluição da água
- O tratamento da água e do esgoto
- Seres microscópicos que podem contaminar a água

VESTERGAARD FRANDSEN

Criança africana ingerindo água pelo filtro portátil. Em alguns lugares da África, a disponibilidade de água potável é pequena.

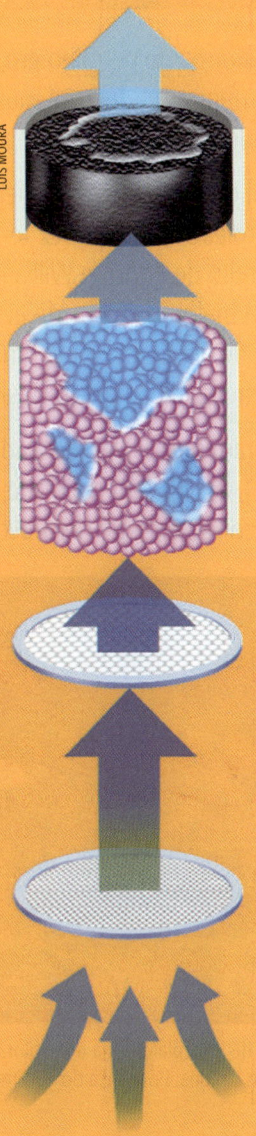

Fonte de pesquisa: Disponível em: <http://www.lifestraw.org.uk>. Acesso em: 2 abr. 2015.

Representação esquemática de filtro portátil usado para purificar a água. O fluxo de água acontece de baixo para cima.

TROCANDO IDEIAS

1. Você acha que o filtro portátil merece o título de "invenção do século"? Argumente e ouça a opinião dos seus colegas.
2. Você sabe o que é água poluída?
3. Com seus colegas, tentem imaginar em que situações um filtro portátil, como o mostrado na imagem, poderia ser útil.
4. De onde vem a água que você usa em sua casa? Para onde ela vai depois que é usada?

11 Poluição e tratamento da água

A explosão de uma plataforma de petróleo em 2010, próxima à costa dos Estados Unidos, foi notícia nos meios de comunicação durante muitos meses. O poço vazava sem parar e uma grande área do oceano mudou de cor, tornando-se preta.

No entanto, esse não foi o pior desastre ambiental causado por derramamento de petróleo no oceano. Em 1989, o petroleiro *Exxon Valdez* teve um vazamento, que despejou 41 milhões de litros de petróleo no estreito de Príncipe William, no Alasca. O vazamento contaminou uma área de 2 000 quilômetros e matou milhares de aves marinhas, lontras e focas, além de águias e orcas. Em 1979, um poço de petróleo explodiu na baía de Campeche, no México, espalhando 500 milhões de litros de petróleo antes que o vazamento fosse controlado.

No Brasil, as praias já foram muitas vezes invadidas por petróleo. Um dos casos mais recentes aconteceu em 2011, em Campo do Frade, na Baía de Campos, Rio de Janeiro. Cerca de 588 300 mil litros de petróleo vazaram de um poço da petroleira americana Chevron.

DANIEL BELTRA/REUTERS/LATINSTOCK

Vista aérea do petróleo que vazou de uma plataforma de exploração no Oceano Atlântico, em maio de 2010, na costa dos Estados Unidos. Por causa do vazamento, muitos animais marinhos foram mortos.

JOEL SARTORE/NATIONAL GEOGRAPHIC SOCIETY/CORBIS/LATINSTOCK

Pelicano coberto pelo óleo espalhado durante um derramamento. O óleo não permite ao animal voar e buscar alimento.

BATE-PAPO

1. Você já leu ou ouviu notícias a respeito de vazamento de petróleo no oceano? Conte para os colegas o que mais chamou sua atenção nessas notícias.
2. Será que é simples despoluir o oceano depois de um vazamento de petróleo? Como você imagina que isso pode ser feito?

Desafio

Como vimos na unidade anterior, a água é abundante em nosso planeta, com reservas nos rios, lagos e mares e no subsolo, além do vapor-d'água da atmosfera. Mas será que a água desses reservatórios é a mesma que sai pela torneira ou chuveiro da sua casa e da sua escola? Vamos descobrir a seguir de onde vem a água que usamos no nosso dia a dia, e como ela chega até nós.

O QUE É POLUIÇÃO

Poluição é a existência, ou a liberação, no ambiente, de algum fator que prejudique a vida e/ou a relação entre os seres vivos, cause danos à saúde humana ou altere determinado recurso tornando-o impróprio para o uso (ou consumo) pessoal ou em atividades econômicas da comunidade.

O poluente pode significar não só a emissão de uma substância no ambiente, mas também alterações como o aquecimento antinatural de um rio. Indústrias podem, por exemplo, despejar grandes quantidades de água quente (usadas para resfriamento em algum processo) em rios próximos. Esse despejo pode elevar a temperatura da água do rio e torná-la inadequada aos seres que ali vivem.

Poluentes podem ainda, de maneira indireta, aumentar ou estimular a proliferação de organismos que causam doenças.

A poluição do ambiente pode ocorrer naturalmente, como é o caso de cinzas e gases que saem dos vulcões nas erupções e se acumulam no ambiente. Entretanto, ela cada vez mais é decorrente de atividades humanas, como a emissão de poluentes usados nas plantações, nas indústrias, na extração de recursos naturais ou na produção de energia.

LUCIANA WHITAKER/PULSAR IMAGENS

Nesse rio, é jogado diariamente esgoto residencial e de fábricas. Duque de Caxias (RJ), em 2014.

O que diz a lei?

Ainda não existe uma legislação federal no Brasil específica para situações que envolvam a poluição das águas. No entanto, há a Lei nº 9.605, de 12 de fevereiro de 1998, que trata de crimes ambientais. Na seção III, artigo 54, há previsão de pena de reclusão de um a cinco anos se o crime:

> III - causar poluição hídrica que torne necessária a interrupção do abastecimento público de água de uma comunidade;
>
> [...]
>
> V - ocorrer por lançamento de resíduos sólidos, líquidos ou gasosos, ou detritos, óleos ou substâncias oleosas, em desacordo com as exigências estabelecidas em leis ou regulamentos.
>
> BRASIL. Ministério do Meio Ambiente. *Sanções penais e administrativas derivadas de condutas e atividades lesivas ao meio ambiente, e dá outras providências*. Brasília, 1998.

NÃO DEIXE DE ACESSAR

- **Para mais detalhes sobre as leis ambientais, acesse o *site* do Ibama e leia a cartilha de leis e crimes ambientais:** <http://www.ibama.gov.br/documentos/cartilha-leis-de-crimes-ambientais>. Acesso em: 2 abr. 2015.

Poluição da água

ANA CAROLINA FERNANDES/FOLHAPRESS

Piscina de tratamento de chorume no aterro sanitário de Nova Iguaçu (RJ).

Poluição por chorume

Chorume é o líquido escuro produzido na decomposição dos restos de comida e de matéria orgânica dos lixões e aterros sanitários. Ao infiltrar no solo, o chorume polui as águas subterrâneas. Levado pela chuva, polui rios e represas.

O chorume pode ser tratado, tornando-se água de reúso. Ou seja, um tipo de água que não pode ser consumida, mas pode ser usada, por exemplo, para lavar ruas e praças e gerar energia.

Poluição por agrotóxicos

Os **agrotóxicos** (ou defensivos agrícolas) são usados pelos agricultores para matar principalmente animais e fungos que atacam as plantações, e também plantas daninhas que competem com os cultivares.

Quando chove, esses agrotóxicos são carregados pela água, e podem se infiltrar no solo (e poluir as águas subterrâneas), ou chegar até rios e represas próximas.

Poluição por metais pesados

Como vimos anteriormente, os metais pesados podem causar sérios danos à saúde. O mercúrio, usado no garimpo para separar o ouro de outras substâncias, pode ser inalado pelo garimpeiro ou chegar aos rios, contaminando os seres vivos ali presentes. Em altas concentrações no corpo, o mercúrio pode afetar o sistema nervoso e locomotor. O chumbo liberado por fábricas e fundições provoca nos seres humanos uma doença conhecida como saturnismo, que afeta o sistema nervoso, os rins e o sangue (causando anemia).

Chuva ácida

Os gases lançados pelas chaminés das indústrias e pelos veículos na atmosfera se dissolvem nas gotículas de água da chuva e formam ácidos. O ácido formado pode ser mais ou menos nocivo dependendo da quantidade, da concentração e do tipo do gás poluente. Quando ocorre a precipitação dessa água com alta concentração de ácidos poluentes, tem-se o fenômeno da chuva ácida.

A chuva ácida provoca corrosão nos monumentos, grades e portões; nos campos e florestas, afeta a vegetação e a vida de muitos animais, principalmente os que têm a pele fina como sapos, rãs e pererecas.

Erosão, poluição e eutrofização

Rios e lagos podem sofrer um processo conhecido como **eutrofização**, que tem como principal causa o aumento repentino da quantidade de nutrientes em um determinado ecossistema aquático.

O aumento da quantidade de nutrientes em rios e lagos geralmente tem origem na erosão do solo ou na liberação de poluentes no ambiente. No primeiro caso, grandes quantidades de minerais são carregados do solo para o corpo-d'água. No segundo caso, os nutrientes vêm de fertilizantes químicos usados na agricultura, do esgoto vindo das casas, de restos de processos industriais e de fezes e rações de animais criados na agropecuária.

A alta concentração de nutrientes na água faz com que as bactérias decompositoras e as algas ali presentes se multipliquem em grande quantidade. Para sobreviver, esses organismos consomem oxigênio dissolvido na água, que acaba por diminuir em quantidade. Além disso, o aumento das algas deixa a água turva, o que impede a passagem de luz até o fundo do rio ou lago. Assim, as plantas que ali vivem não conseguem realizar o processo de fotossíntese, que depende de luz para acontecer. Com a morte dessas plantas, há um aumento ainda maior de nutrientes disponíveis para as bactérias decompositoras, que continuam a se multiplicar. A competição pelo oxigênio e pelos nutrientes disponíveis, associada à falta de luz, causa a morte das algas, que liberam toxinas malcheirosas. Por fim, a falta de oxigênio e o ambiente tóxico mata grande parte dos peixes desse ambiente aquático alterado.

Um rio ou lago eutrofizado, portanto, é turvo, em geral tem uma coloração verde, é malcheiroso e tem uma baixa diversidade de seres vivos. Mesmo nessa situação, esse ambiente pode ser recuperado se não receber mais esgoto ou sedimentos vindos da erosão. Sem o excesso de nutrientes, a quantidade de decompositores e de gás oxigênio dissolvido na água voltam ao normal.

FABIO COLOMBINI

O Rio Tietê é um dos mais poluídos do país. Atualmente, há tentativas de despoluição da água com a construção de estações de tratamento de esgoto. Cidade de São Paulo (SP), em 2015.

FABIO COLOMBINI

Lagoa eutrofizada em Maragojipe (BA), em 2013. As algas verdes se multiplicaram excessivamente nesta lagoa.

FIQUE DE OLHO

1. Converse com as pessoas de sua casa e de sua comunidade para descobrir se há algum rio ou córrego poluído próximo de sua região. Em caso afirmativo, pesquise para saber se há alguma ação para despoluir a água e quais são as principais causas dessa situação.

2. Faça um cartaz com os resultados da pesquisa e divulgue-o no local indicado pelo professor.

SAIBA MAIS

Declaração dos direitos da água

“ A declaração abaixo foi escrita na mesma data em que foi criado o Dia Mundial da Água, em 22 de março de 1992, pela Organização das Nações Unidas (ONU).

1 – A água faz parte do patrimônio do planeta. Cada continente, cada povo, cada nação, cada região, cada cidade, cada cidadão é plenamente responsável aos olhos de todos.

2 – A água é a seiva de nosso planeta. Ela é condição essencial de vida de todo vegetal, animal ou ser humano. Sem ela não poderíamos conceber como são a atmosfera, o clima, a vegetação, a cultura ou a agricultura.

3 – Os recursos naturais de transformação da água em água potável são lentos, frágeis e muito limitados. Assim sendo, a água deve ser manipulada com racionalidade, precaução e parcimônia.

4 – O equilíbrio e o futuro de nosso planeta dependem da preservação da água e de seus ciclos. Estes devem permanecer intactos e funcionando normalmente para garantir a continuidade da vida sobre a Terra.

5 – A água não é somente herança de nossos predecessores; ela é, sobretudo, um empréstimo aos nossos sucessores. Sua proteção constitui uma necessidade vital, assim como a obrigação moral do homem para com as gerações presentes e futuras.

ISMAR INGBER/PULSAR IMAGENS

Lixo na orla do Aterro do Flamengo, cidade do Rio de Janeiro (RJ), em 2013.

6 – A água não é uma doação gratuita da natureza; ela tem um valor econômico: precisa-se saber que ela é, algumas vezes, rara e dispendiosa e que pode muito bem escassear em qualquer região do mundo.

7 – A água não deve ser desperdiçada nem poluída nem envenenada. De maneira geral, sua utilização deve ser feita com consciência e discernimento para que não se chegue a uma situação de esgotamento ou de deterioração da qualidade das reservas atualmente disponíveis.

ALE RUARO/PULSAR IMAGENS

Jogar lixo em rios afeta os seres vivos que vivem nesses ambientes. Rio Xingu (PA), em 2011.

Patrimônio: conjunto de bens; conjunto de objetos e imóveis que pertencem a alguém.

Parcimônia: economia.

Intacto: sem alteração.

Predecessores: antepassados, os que viveram antes de nós.

Discernimento: avaliar com clareza e julgar o que é certo e o que é errado.

ERNESTO REGHRAN/PULSAR IMAGENS

Pantaneiro durante a seca do Rio Paraguai (MS), em 2010. A água é fundamental para a irrigação da agricultura e para matar a sede dos animais.

8 – A utilização da água implica em respeito à lei. Sua proteção constitui uma obrigação jurídica para todo homem ou grupo social que a utiliza. Esta questão não deve ser ignorada nem pelo homem nem pelo Estado.

9 – A gestão da água impõe um equilíbrio entre os imperativos de sua proteção e as necessidades de ordem econômica, sanitária e social.

10 – O planejamento da gestão da água deve levar em conta a solidariedade e o consenso em razão de sua distribuição desigual sobre a Terra. »

Declaração dos Direitos da Água. *Site* da CETESB. Disponível em: <http://www.cetesb.sp.gov.br/agua/aguas-superficiais/40-Declaracao-Universal-dos-Direitos--da-%C3%81gua.> Acesso em: 25 mar. 2015.

EDUARDO SANTALIESTRA

O filtro de barro retém as impurezas da água, que pode então ser usada para consumo.

Para pensar

Leia os direitos da água com seus colegas de grupo. Conversem a respeito do significado de cada um deles e, em seguida, responda:

1. Observe com atenção as fotografias escolhidas para ilustrar o texto. Elas mostram esses direitos sendo respeitados? Se sim, quais? Explique.
2. Reúna-se com um colega e escolham dois direitos da água. Façam desenhos mostrando atitudes positivas em relação a eles. Exponham os trabalhos no local indicado pelo professor.

TRATAMENTO DA ÁGUA

Vamos estudar agora como a água chega às nossas casas.

Represas, rios, córregos e nascentes são as fontes mais frequentemente usadas para o abastecimento de água dos centros urbanos. Essas fontes ficam expostas à poluição e à contaminação e, por isso, é necessário tratar a água antes de distribuí-la à população.

Veja, a seguir, o que é feito nas estações de tratamento com a água captada dos ambientes aquáticos.

PAULO CESAR PEREIRA

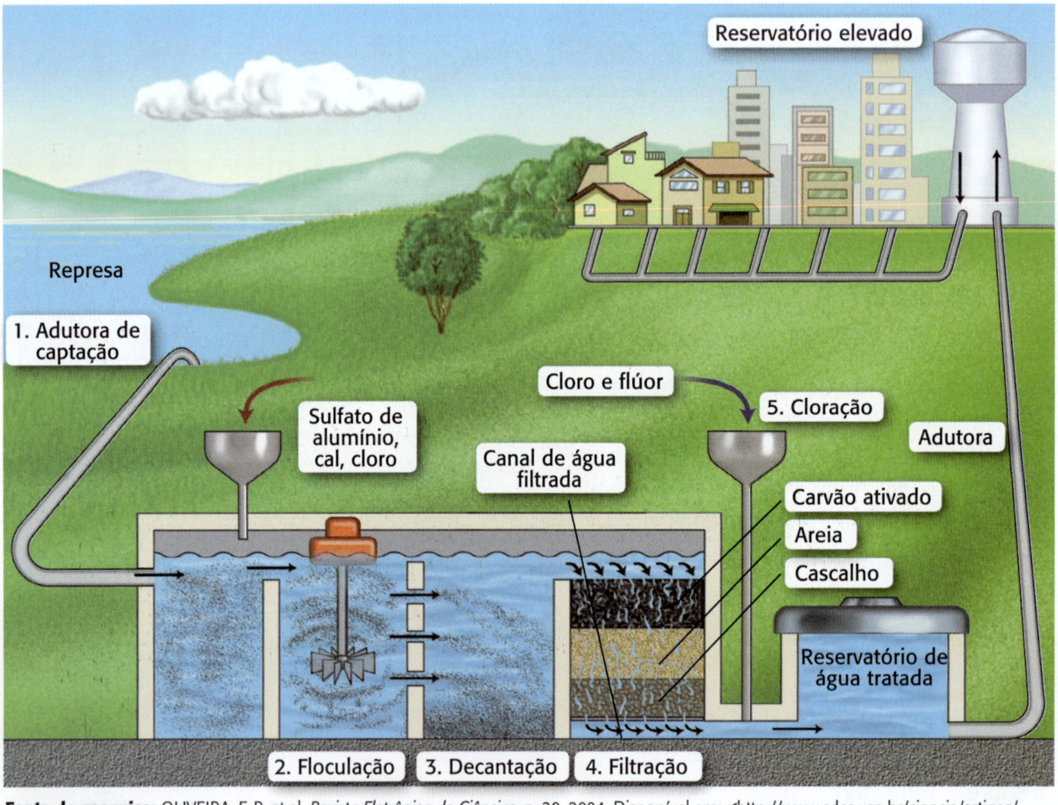

Representação esquemática de uma estação de tratamento de água (ETA). Esquema fora de escala de distância, de proporção e de tamanho. Cores fantasia.

Fonte de pesquisa: OLIVEIRA, F. R. et al. *Revista Eletrônica de Ciências*. n. 28, 2004. Disponível em: <http://www.cdcc.usp.br/ciencia/artigos/art_28/agua2.html>. Acesso em: 25 mar. 2015.

1. A água captada é transportada por tubulações até a estação de tratamento.
2. **Floculação**. A primeira etapa consiste em adicionar substâncias à água que se aglutinam (juntam) ao redor das partículas de sujeira, formando flocos de tamanho maior.
3. **Decantação**. Do tanque de floculação, a água passa para um segundo tanque, no qual os flocos mais pesados decantam, isto é, depositam-se no fundo.
4. **Filtração**. Na terceira etapa, a água passa por um filtro formado por camadas de carvão ativado, cascalho e areia. Nesse tanque são retidas as impurezas menores que não foram decantadas no tanque anterior.
5. **Cloração**. Na quarta e última etapa, a água recebe cloro, que mata os microrganismos causadores de doenças.

Após o tratamento, a água vai para os reservatórios, de onde será distribuída.

NÃO DEIXE DE ACESSAR

- **Visite a página *De olho nos mananciais*,** na qual você vai descobrir muitas informações sobre as fontes de água para a cidade de São Paulo: <http: www.mananciais.org.br> Acesso em: 25 mar. 2015.
- **Visite também a página *Alô Escola*,** da TV Cultura, que traz mais informações sobre o assunto: <http: www2.tvcultura.com.br/aloescola/ciencias/agua-desafio/index.htm> Acesso em: 25 mar. 2015.

Outras fontes de captação de água

Ao estudar o ciclo da água, vimos que parte desse recurso se precipita como chuva, enquanto outra parte se infiltra e se acumula no subsolo, formando reservatórios subterrâneos. Para usar a água dos reservatórios subterrâneos, é necessário perfurar poços e bombear a água para a superfície.

Durante o processo de infiltração, a água passa entre as rochas, o que faz com que seja filtrada lentamente (as impurezas ficam retidas nas rachaduras e poros). Somente um especialista pode avaliar, no entanto, se a água subterrânea retirada para o consumo é potável.

Além dos poços, há outras maneiras de obter água. Uma delas é a cisterna, instalação simples que faz a coleta da água da chuva. Antes de ser consumida, essa água deve ser filtrada ou fervida.

DELFIM MARTINS/PULSAR IMAGENS

A cisterna armazena água da chuva. Nessa casa, a água da chuva cai no telhado e é captada por canos. Esse tipo de captação de água é comum em locais com pouca chuva. Aldeia Batinga, indígenas da etnia Kapinawá, em Buíque (PE), em 2013.

FIQUE DE OLHO

A água não tratada (mesmo a captada de poços ou cisternas, por exemplo) precisa ser filtrada, fervida e, em alguns casos, receber cloro antes de ser considerada própria para consumo. Em algumas cidades, adiciona-se também flúor à água tratada.

- Converse com seus colegas, pesquisem e expliquem qual é a finalidade de cada um desses processos: filtração, aquecimento e a adição de cloro e flúor.

Pista 1

No seu município a água é tratada? Descubra qual o nome da empresa que faz a captação, o tratamento e a distribuição de água em sua cidade ou região. Como essa empresa se organiza e é administrada?

EXPERIMENTE **FAZER**

Construção de um filtro caseiro

Para pensar

Converse com seus familiares sobre o que tem sido feito para garantir a qualidade da água que todos bebem em casa e escreva alguns desses procedimentos no caderno. A água que você consome em casa é filtrada? Em que consiste o processo de filtração? Quais os benefícios que a filtração pode trazer para a água que bebemos?

Objetivo

- Construir um filtro de água com materiais simples para simular parte do processo de tratamento da água.

Materiais

- garrafa plástica de 2 L transparente
- algodão (ou um filtro de café)
- areia limpa
- pedras pequenas
- 2 pedras de carvão
- 1 pedaço de pano
- 1 batedor de carne
- 1 tesoura de pontas arredondadas
- 1 copo com água
- 2 colheres de terra de jardim
- 1 punhado de folhas secas
- luvas, para manusear a terra

Procedimentos

1. Com cuidado, corte a garrafa plástica um pouco acima da sua metade: a parte do bico da garrafa formará uma espécie de funil e a outra será o suporte.
2. No funil, coloque uma camada de algodão (ou o filtro de café).
3. Com o auxílio de um adulto, coloque o carvão dentro do pedaço de pano e quebre-o em pedaços bem pequenos, utilizando o batedor de carne.
4. Coloque as luvas e pegue os pedaços do carvão; depois coloque sobre a camada de algodão dentro do funil. Coloque uma camada de areia e por fim cubra com as pedras.
5. Coloque o funil dentro da outra parte da garrafa, encaixando uma dentro da outra.

6 Misture a água com a terra e as folhas secas.

7 Despeje a água suja no funil e observe o aspecto da água que ficará acumulada no suporte.

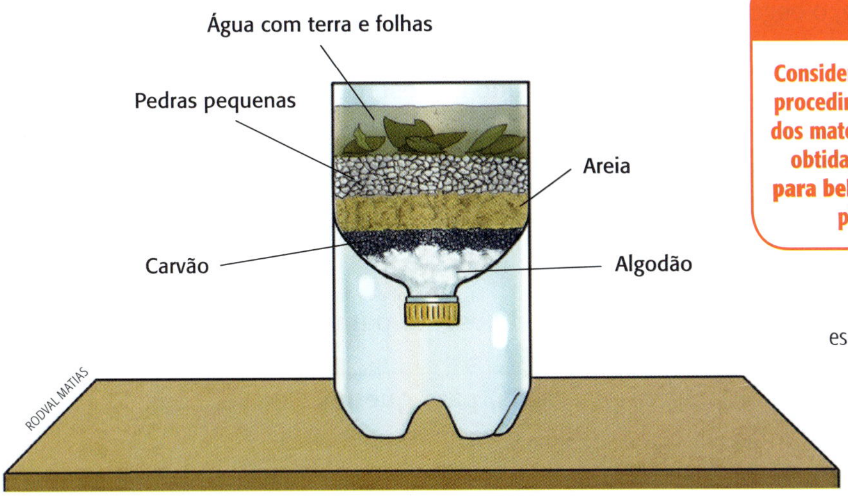

CUIDADO !

Considerando que não foram feitos procedimentos de rigorosa limpeza dos materiais e desinfecção da água obtida, ela não pode ser usada para beber! Aproveite-a para regar plantas, por exemplo.

Representação esquemática do experimento. Elementos fora de escala de tamanho e de proporção. Cores fantasia.

Experimento elaborado com base no artigo *Um filtro só seu*. Disponível em: <http://chc.cienciahoje.uol.com.br/um-filtro-so-seu/>. Acesso em: 9 jun. 2015.

Resultados

1. Qual é o aspecto da água que ficou acumulada no suporte? Compare o que foi observado nos dois momentos – antes da filtração e depois.
2. O que aconteceu com as partículas de sujeira que estavam na água?

Conclusões

1. Esse experimento pode ser comparado a qual etapa do tratamento da água?
2. Cada camada do filtro é responsável por retirar um dos elementos que estão poluindo a água:
   - As pedras e a areia servem de barreira física às partículas de terra misturadas na água e aos pequenos objetos – como as folhas secas.
   - O carvão filtra os poluentes químicos – invisíveis a olho nu –, como metais dissolvidos na água, pesticidas e outros.

   Responda: Para que serve o algodão? Antes de responder a essa questão, desmonte seu filtro e verifique o que ficou retido no algodão.
3. A água que ficou acumulada no suporte, embora possa parecer limpa, não deve ser usada para consumo. Sabendo disso, responda:
   - Por que não se deve consumir essa água, mesmo depois de passar pelo filtro?
   - Que etapa do tratamento da água permite que ela se torne própria para o consumo?
   - O que é preciso fazer caso a água usada para consumo não seja proveniente de uma estação de tratamento?

TRATAMENTO DE ESGOTO

O esgoto gerado pelas residências, comércios e indústrias, quando lançado sem tratamento no ambiente, pode contaminar e poluir as águas. Além de prejudicar o ambiente, o esgoto não tratado pode afetar a saúde das pessoas. Diversas doenças podem ser transmitidas pela falta de saneamento básico. Por isso, o esgoto deve ser coletado e tratado nas estações de tratamento de efluentes (ETE).

Efluente: esgoto. Resíduo originado nas residências, comércios e indústrias.

Segundo dados do Sistema Nacional de Informações sobre Saneamento (SNIS) obtidos em 2013, 48,6% da população brasileira tem sistema de coleta de esgoto e apenas 39% deste é tratado em ETEs.

O tratamento de esgoto é dividido em três etapas:

- **tratamento primário**: sedimentação (decantação) do esgoto para a remoção de resíduos sólidos.
- **tratamento secundário**: adição de oxigênio (aeração) para que microrganismos possam decompor a matéria orgânica em compostos não prejudiciais ao ambiente.
- **tratamento terciário**: remoção de poluentes tóxicos que não foram eliminados nas etapas anteriores.

Depois, por um processo físico de sedimentação, os microrganismos são separados do esgoto tratado.

DELFIM MARTINS/PULSAR IMAGENS

Estação de tratamento de esgoto em Barueri, no estado de São Paulo, em 2013. Os tanques retangulares são de aeração e os redondos são da etapa final de decantação. Veja a água tratada sendo despejada no rio Tietê.

Produtos do tratamento de esgoto

A água resultante do esgoto tratado não pode ser consumida, mas tem baixa quantidade de nutrientes e pode ser lançada nos rios, lagos e oceanos. Também pode ser reutilizada para fins que não exigem água potável, tais como: irrigação de jardins, lavagem de pisos e ruas, descarga dos vasos sanitários e em processos industriais de resfriamento.

O material restante do tratamento do esgoto (lodo) passa por outro processo que reduz a quantidade de organismos que podem causar doenças. Depois, esse lodo pode ser usado como condicionador de solos agrícolas e adubo orgânico para a recuperação de solos empobrecidos.

Os resíduos gerados após o tratamento de esgoto industrial dificilmente servem como adubo, pois podem apresentar metais pesados e outros compostos prejudiciais para o ambiente.

Condicionador de solo: produto que melhora a capacidade de retenção de água e de nutrientes, tornando o solo ideal para a plantação de vegetais e plantas ornamentais (flores).

Bioindicadores

A água é um recurso natural essencial. A preservação dos ambientes aquáticos e de sua biodiversidade permite o acesso e o uso da água pelas populações humanas em geral. Por isso, o monitoramento da qualidade da água é muito importante.

Vários métodos são aplicados para acompanhamento e avaliação da qualidade da água, sendo os que envolvem **bioindicadores** cada vez mais empregados.

Bioindicadores são seres vivos que, em razão de sua presença e/ou abundância, servem como indicadores biológicos da qualidade ambiental. Algumas espécies, por exemplo, são muito sensíveis a determinados poluentes. De modo simplificado, podemos dizer que, se os pesquisadores não encontram essas espécies em um determinado ambiente, isso pode indicar que o local está poluído por um determinado composto. Ao contrário, se a espécie está presente, é um sinal de que não há poluição por um determinado agente.

ANDERSON ARAUJO

Os anfíbios, como a rã *Thoropa miliaris*, são muito sensíveis aos poluentes do ar, que afetam a pele desses animais, provocando a sua morte. Esse animal, que vive em regiões tropicais, e mede cerca de 5 cm, é considerado, portanto, um bom indicador da qualidade do ar.

Pista 2

A água que a empresa de tratamento e distribuição fornece para as pessoas chega a nossa casa de uma maneira que não é evidente para nós no nosso dia a dia. Descubra como é que funciona a estrutura que permite que tenhamos água em nossa torneira, desde a estação de tratamento até a torneira da pia. Você sabe como é que funciona o encanamento de sua casa?

1. Defina "poluição" com suas palavras e cite o exemplo de um poluente da água.

2. Observe a fotografia de um curso de água com acúmulo de resíduos. Em seguida, responda à questão.

MAURICIO SIMONETTI/TYBA

Rio Camurujipe, Salvador (BA), em 2011.

- De onde vêm, provavelmente, os resíduos que contaminam esse curso de água?

3. Leia o texto e responda às questões:

Uma equipe de cientistas e ambientalistas parte [...] em busca do que alguns chamam de "A Ilha do Lixo" – um redemoinho de lixo no Oceano Pacífico formado por mais de seis milhões de toneladas de plástico. A "ilha" [...] flutua à deriva entre a Califórnia, nos Estados Unidos, e o Japão. O redemoinho foi descoberto em 1997 pelo oceanógrafo Charles Moore [...]. Durante a viagem, o oceanógrafo encontrou pedaços de garrafas, sacos plásticos, seringas e uma variedade enorme de outros objetos de plástico em vários estados de conservação [...]. Os ventos e as correntes empurram o plástico até o redemoinho no Pacífico Norte. [O] tamanho é duas vezes maior que a superfície do Estado americano do Texas, ou seja, quase impossível de ser localizada com radares ou tecnologia de satélite [...]. Os peixes pequenos [...] confundem as partículas plásticas com alimentos. Muitos morrem depois de ingerir estes fragmentos, que também agem como esponjas, absorvendo substâncias tóxicas e metais pesados.

Laura Plitt. *BBC Mundo*. Expedição parte em busca de 'ilha de lixo' maior que o Texas no Pacífico. Disponível em: <http://www.bbc.co.uk/portuguese/noticias/2009/07/090730_ilhalixoexpedicaofn.shtml>. Acesso em: 25 mar. 2015.

a. Que medidas devem ser adotadas para se evitar o acúmulo de lixo na praia ou no mar?

b. Comente a afirmação feita por Charles Moore, navegador que pela primeira vez avistou a ilha de lixo no Pacífico:

"Gostaria que o mundo inteiro percebesse que o tipo de vida que estamos levando, isso de jogar tudo fora, usar tantos produtos descartáveis, está nos matando. Temos que mudar, se quisermos sobreviver."

4. Uma das maneiras de avaliar a qualidade da água de um rio é coletar amostras e contar a quantidade de bactérias do tipo coliformes fecais. Essas bactérias são as mais comuns no intestino humano. Quando a contaminação da água por esgoto é alta, o número dessas bactérias também é alto.
Observe a ilustração. Ela mostra dois locais de coleta de água: no local **a**, perto de um cano de lançamento de esgoto, e no local **b**, 10 km rio abaixo.

Representação esquemática de esgoto sendo despejado em rio. Cores fantasia. Elementos fora de escala de tamanho e de proporção.

a. Onde, provavelmente, foi encontrado o maior número de bactérias presentes nas fezes humanas?

b. O que você acha que acontece com o esgoto à medida que ele corre rio abaixo?

c. Que medida deveria ter sido tomada antes que o esgoto fosse despejado nesse rio? Explique.

5. Leia o texto e responda às questões.

> [...] Se a ausência de insetos dentro de casa representa limpeza, nos rios e córregos essa ausência pode, justamente, indicar poluição. Pesquisas [...] da Universidade Federal de São Carlos (UFSCar), Universidade Federal de Minas Gerais (UFMG) e Universidade Estadual Paulista (Unesp) têm demonstrado a eficácia do uso de macroinvertebrados como bioindicadores para avaliar a qualidade da água.
>
> [...] Devido à diferença na sensibilidade das espécies de macroinvertebrados, por exemplo, os efeitos de diferentes poluentes podem ser medidos de maneira integrada verificando a diminuição de determinadas espécies. Fazem parte dos macroinvertebrados grupos como crustáceos (ex. caranguejos e tatuzinhos de jardim), moluscos (ex. ostras e caramujos), anelídeos (ex. minhocas e vermes) e insetos (ex. libélulas e larvas), sendo este último grupo o mais diversificado e abundante.
>
> Marcos Callisto, do Laboratório de Ecologia de Bentos da UFMG, explica que formas imaturas de muitas espécies de *Ephemeroptera*, *Plecoptera* e *Trichoptera* — insetos encontrados no sedimento ou substrato de ambientes aquáticos – podem ser simplesmente excluídas do ambiente em virtude da poluição. "Quanto mais intensa for a poluição, mais pronunciadas serão as respostas ecológicas dos organismos aquáticos bioindicadores de qualidade de água."
>
> [...]
>
> *Insetos de Qualidade*. Disponível em: <http://www.clickciencia.ufscar.br/portal/edicao17/materia5_detalhe.php>. Acesso em: 2 abr. 2015.

a. De que forma os insetos podem ser usados para indicar a poluição dos ambientes aquáticos?

b. Qual a importância de estudos como o apresentado no texto?

c. Faça uma pesquisa sobre outros bioindicadores.

12 Água e saúde humana

Petrolina e Juazeiro são municípios da Região Nordeste, localizados em uma área de clima semiárido.

Atualmente, esses municípios são beneficiados por vários polos de irrigação. São 100 mil hectares irrigados pelo rio São Francisco, com mais de 30 espécies de hortaliças e frutas cultivadas.

Trata-se de um importante polo agrícola do país, contribuindo para o desenvolvimento social e econômico da região.

LOCALIZAÇÃO DE PETROLINA E DE JUAZEIRO

SONIA VAZ

Fonte de pesquisa: *Atlas geográfico escolar*. Rio de Janeiro: IBGE, 2012.

2012 GEOEYE (C)2012GOOGLE

Imagem de satélite mostrando parcialmente os municípios de Juazeiro, na Bahia, e de Petrolina, em Pernambuco, separados pelo rio São Francisco. No mapa acima, a localização dessas cidades está indicada com uma estrela.

BATE-PAPO

1. Qual é a importância do rio São Francisco para a agricultura da Região Nordeste?
2. O que pode acontecer com a população da região se a água do São Francisco, usada na irrigação, for contaminada por microrganismos patogênicos?
3. Há, em sua cidade, um rio importante para a população local? Ele é um rio limpo?

A ÁGUA E O BEM-ESTAR

Segundo a Organização Mundial da Saúde (OMS), podemos definir **saúde** como um completo bem-estar físico, mental e social, e não apenas como a ausência de doenças.

Trata-se de um processo ativo na busca por melhores condições de vida individual e coletiva. Isso quer dizer que, quando nos sentimos bem, física e emocionalmente, no lugar onde vivemos e com as pessoas com as quais nos relacionamos, estamos saudáveis.

Dependendo de sua qualidade, a água pode interferir na saúde e, consequentemente, no bem-estar dos seres humanos que a ingerem ou têm contato com ela. A maioria dos organismos que pode contaminar a água é microscópica e pode causar problemas intestinais como diarreia, vômito e desidratação.

Desidratação: perda excessiva de água.

As doenças podem ser transmitidas pela água contaminada quando:

- bebemos a água;
- comemos animais que vivem nessa água;
- comemos vegetais irrigados com essa água;
- nadamos nessa água.

As principais formas de prevenir doenças transmitidas por água contaminada são simples:

- lavar sempre as mãos após usar o banheiro;
- beber somente água potável, isto é, tratada ou de fontes seguras;
- lavar bem os vegetais antes de consumi-los;
- defecar no vaso sanitário; se isso não for possível, enterrar as fezes longe das fontes de água.

RODVAL MATIAS

Representação esquemática de procedimentos simples para evitar a contaminação por doenças transmitidas pela água. Cores fantasia. Elementos representados fora de escala de tamanho e de proporção.

FIQUE DE OLHO

Soro caseiro

A desidratação pode ser muito perigosa, principalmente em crianças e idosos.

No entanto, se recomendado por um médico, o tratamento é simples e pode ser feito se tivermos a **colher-medida**, distribuída nos postos de saúde. Fazer o soro caseiro é fácil: coloque duas medidas de açúcar e uma de sal em um copo com água potável (200 mL). Dê o soro ao doente seguindo as recomendações médicas.

Atenção: uma receita diferente pode fazer o doente piorar!

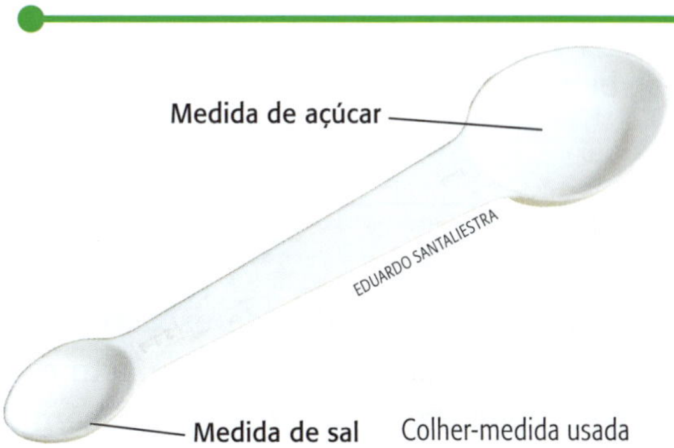

EDUARDO SANTALIESTRA

Colher-medida usada para fazer o soro caseiro.

DOENÇAS TRANSMITIDAS PELA ÁGUA CONTAMINADA

Leptospirose

A leptospirose é uma doença causada por bactérias do tipo *Leptospira*, presentes principalmente na urina de ratos.

Muitas cidades brasileiras sofrem com as enchentes. Nessas situações, há transbordamento dos rios, que inundam ruas e casas. Nesse tipo de contexto, o número de doentes de leptospirose aumenta, porque as pessoas entram em contato com água contaminada por urina dos ratos.

As bactérias podem penetrar no organismo pela pele e pela boca. Os sintomas da leptospirose são: febre alta, dor de cabeça e no corpo, vômitos e diarreia. Se esses sintomas se agravarem, a leptospirose pode levar à morte.

Para prevenir essa doença é necessário:

- evitar o contato com a água das enchentes;
- combater os ratos, transmissores da bactéria causadora dessa doença;
- impedir que o lixo se acumule nas cidades.

WIM KLOMP/ NIS/MINDEN PICTURES/LATINSTOCK

Rato-marrom ou ratazana, que chega a 30 cm de comprimento da cauda ao focinho. Se o animal estiver contaminado com a *Leptospira* sp., sua urina contamina a água e os alimentos que entrarem em contato com ela.

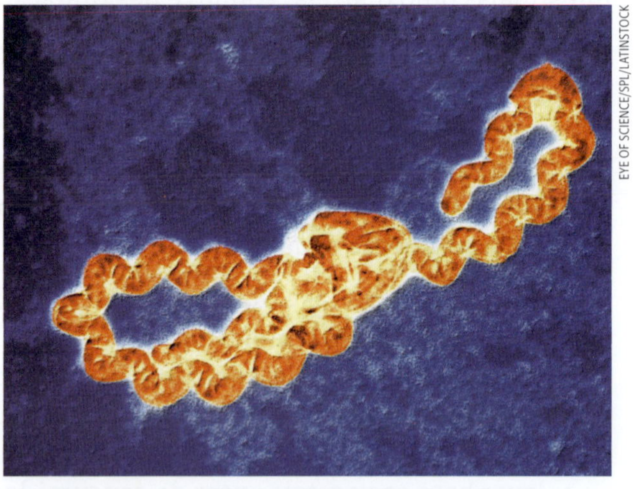

EYE OF SCIENCE/SPL/LATINSTOCK

Leptospira sp., microrganismo patogênico visto ao microscópio eletrônico. Cores artificiais. Aumento de 3,7 mil vezes.

Parasitoses

Há doenças que são causadas por **parasitas**, seres vivos que vivem em associação com outros, prejudicando-os.

Alguns parasitas são popularmente conhecidos como vermes e podem estar em águas contaminadas.

As pessoas com vermes podem apresentar sintomas diversos, como aumento exagerado de apetite (ou falta de), emagrecimento, fraqueza e indisposição causados pela carência de nutrientes (retirados pelos vermes), bem como agitação e insônia.

Pista 3

Em períodos de escassez de água para abastecimento, alguns municípios fazem racionamentos de água, isto é, ocorre a interrupção do fornecimento de água para a população. Por que acontecem os racionamentos? Há alternativas ao racionamento? Pesquise e responda.

Esquistossomose

A **esquistossomose** é um tipo de parasitose causada por vermes chamados esquistossomos. A fêmea é mais comprida do que o macho, que tem aproximadamente um centímetro de comprimento. Nos seres humanos, vivem nos vasos sanguíneos que ficam ao redor do intestino, do fígado e do baço.

Um dos nomes populares da esquistossomose é barriga-d'água, porque as pessoas contaminadas há muito tempo por esse parasita apresentam inchaço na região do abdômen, devido ao acúmulo de líquido nessa região.

Em geral, a esquistossomose ocorre em áreas nas quais indivíduos contaminados defecam no solo ou próximo de um corpo-d'água onde vivem os caramujos hospedeiros.

Entre os sintomas da esquistossomose estão coceiras, febre, tosse, diarreia (que em alguns momentos pode alternar-se com prisão de ventre), enjoos, vômitos e emagrecimento. O tempo muito prolongado com a doença pode gerar, entre outros, aumento do fígado e cirrose, hemorragias e inchaço no abdômen.

CICLO DE VIDA DO ESQUISTOSSOMO

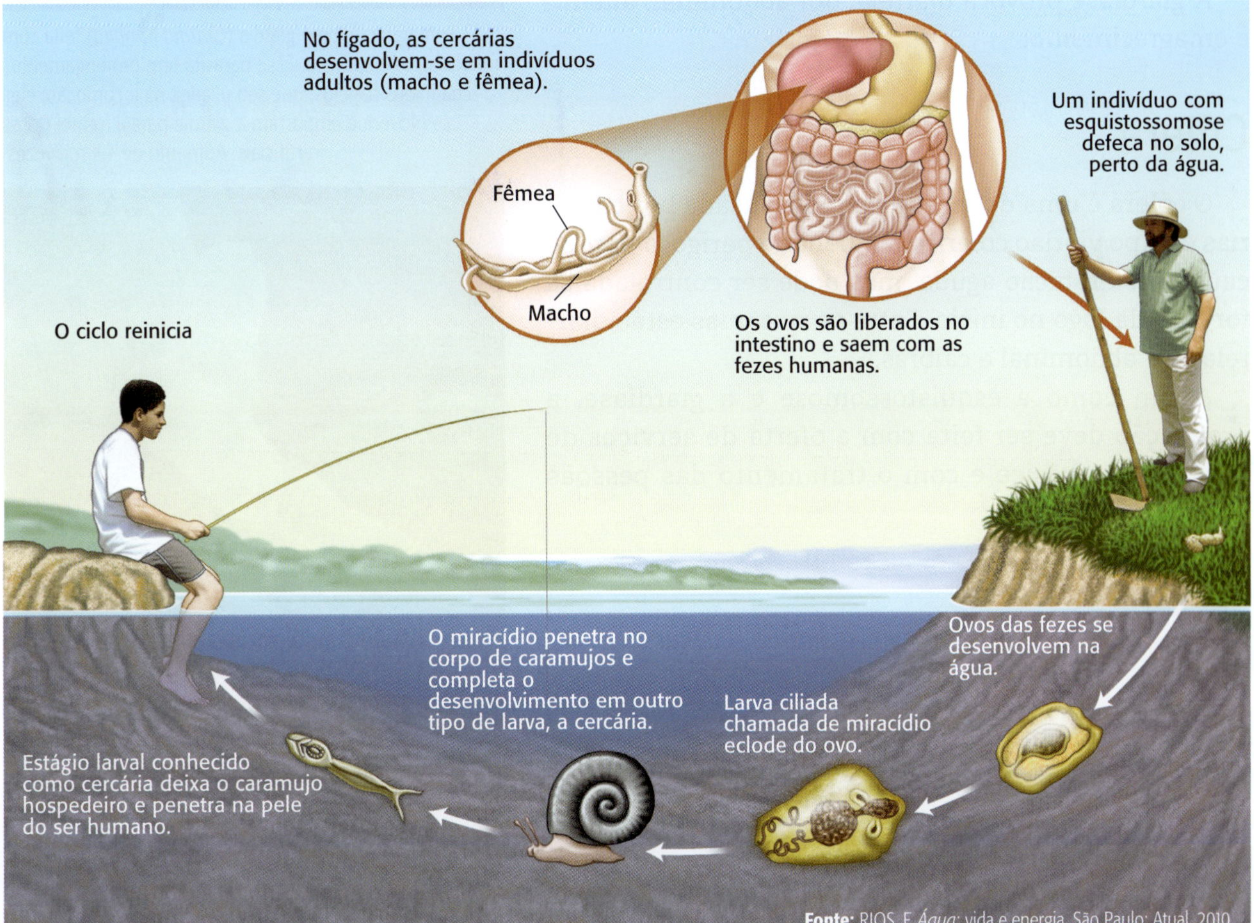

Fonte: RIOS, F. *Água*: vida e energia. São Paulo: Atual, 2010.

Representação esquemática do ciclo de vida do esquistossomo (*Schistosoma mansoni*). Cores fantasia. Elementos fora de escala de tamanho e de proporção. O miracídio tem tamanho médio de 0,15 mm. O caramujo hospedeiro mede de 10 a 40 mm. A cercária mede 0,3 mm de comprimento. O macho adulto do esquistossomo mede de 6 a 13 mm de comprimento e a fêmea mede de 10 a 20 mm de comprimento.

Prevenção da esquistossomose

A prevenção desse tipo de doença depende, principalmente, da existência de saneamento básico na região. É importante também tratar as pessoas doentes, que, dessa maneira, deixam de expelir os ovos do esquistossomo pelas fezes. Outra medida é eliminar o caramujo que atua como hospedeiro do verme. É necessário também evitar o contato com ambientes aquáticos contaminados. Caso isso não seja possível, usar luvas e botas impermeáveis.

Saneamento básico: série de medidas que tornam uma área sadia, limpa, habitável, oferecendo condições adequadas de vida para uma população.

Giardíase

A giardíase é causada por um microrganismo chamado giárdia. Pessoas com giardíase podem contaminar a água com suas fezes. Essa água, por sua vez, se usada na irrigação agrícola, pode acabar contaminando vegetais que serão consumidos como alimento. Portanto, para se prevenir essa doença, é necessário que exista saneamento básico e que os doentes sejam tratados, evitando nova contaminação do ambiente.

A giardíase provoca diarreia, dor abdominal, anemia e emagrecimento.

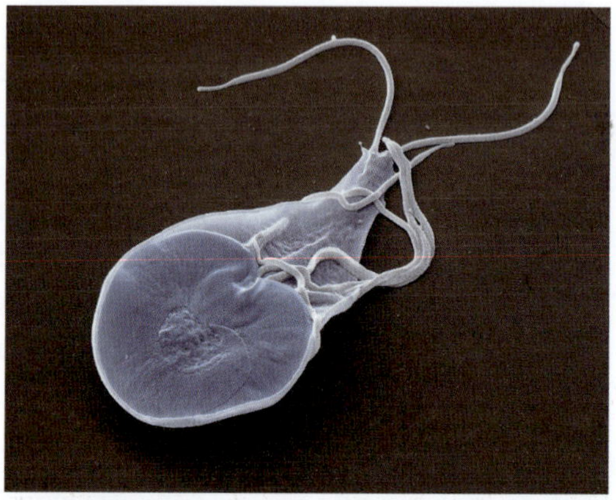

EYE OF SCIENCE/SPL/LATINSTOCK

Fotografia de uma giárdia (*Giardia lamblia*) feita com microscópio eletrônico. Esse parasita tem prolongamentos chamados flagelos, que são usados na locomoção: eles se movem e empurram a giárdia para a frente. Cores artificiais. Aumento de 4,4 mil vezes.

Cólera

O cólera é uma doença intestinal causada por bactérias do tipo vibrião colérico. A doença é perigosa porque causa desidratação aguda, mas pode ser controlada se for tratada logo no início. Entre os sintomas estão diarreia, dor abdominal e cãibras.

Assim como a esquistossomose e a giardíase, a prevenção deve ser feita com a oferta de serviços de saneamento básico e com o tratamento das pessoas doentes.

JUERGEN BERGER/SPL/LATINSTOCK

Bactéria causadora do cólera (*Vibrio cholerae*) fotografada no microscópio eletrônico. Ela tem um único flagelo. Cores artificiais. Aumento de 10 mil vezes.

FIQUE DE OLHO

- Com seus colegas, façam uma lista enumerando os principais serviços que a prefeitura precisa instalar em um município para que ele tenha saneamento básico.

Dengue

Transmissão

A dengue é uma doença relacionada à água porque os mosquitos que transmitem o vírus causador da doença precisam dessa substância para completar seu ciclo de vida.

O mosquito da espécie *Aedes aegypti* coloca seus ovos em recipientes com água relativamente limpa e parada. Nesses locais, eles eclodem dando origem às larvas. Caso o recipiente seque, os ovos podem durar até um ano.

O vírus da dengue é transmitido da pessoa doente para a sadia por meio da picada de fêmeas do *Aedes aegypti*, que carrega sangue contaminado com o agente da doença.

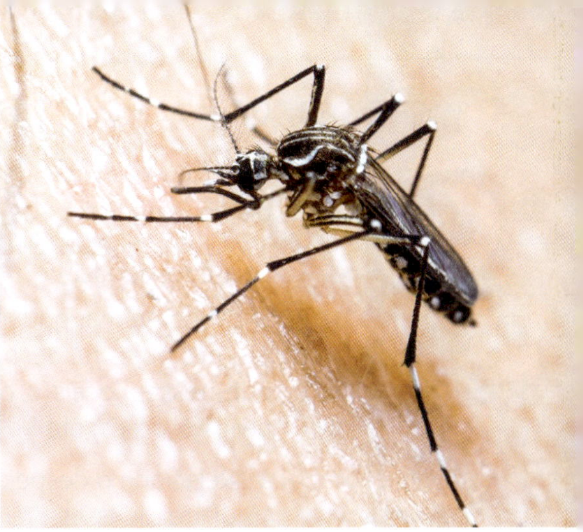

THINKSTOCK/GETTY IMAGES

Mosquito da dengue (*Aedes aegypti*). Mede 1 cm de comprimento. Somente a fêmea pica os humanos.

Sintomas

Os principais sintomas da **dengue clássica** são: febre, mal-estar, moleza, dores musculares, dor de cabeça, falta de apetite e vermelhidão pelo corpo. Esses sintomas em geral desaparecem em uma semana.

Há também a **dengue hemorrágica**, que geralmente se desenvolve em quem já teve dengue ao menos uma vez. Nesse tipo da doença estão presentes episódios de hemorragia, como sangramento nasal, gengival, além da formação de hematomas.

NÃO DEIXE DE LER

- **Água, vida e energia.** Eloci Peres Rios. São Paulo: Atual, 2004.

Prevenção da dengue

Uma das estratégias de prevenção da dengue é eliminar os criadouros de larvas. Por isso, frequentemente são feitas campanhas com inspetores que visitam as casas à procura de vasos, pratos, plantas, pneus, caixas-d'água e outros objetos que acumulam água.

L. ADOLFO/ESTADÃO CONTEÚDO/AE

Todos podem agir para prevenir a dengue, principalmente eliminando de suas casas os focos de criação das larvas. Na fotografia observamos força-tarefa do governo de Minas Gerais para eliminar os focos da dengue, em 2011.

teia do saber

1. O que é saúde? Como ela pode estar relacionada à água?

2. Cite duas maneiras de evitar doenças transmitidas pela água contaminada. Em seu dia a dia você pratica essas formas de evitar essas doenças?

3. Leia e responda.

   O banho de mar pode tornar-se um grande perigo para a saúde em certas praias brasileiras, nas quais há despejo de esgoto sem tratamento. As autoridades sanitárias afirmam que nesses locais o número de casos de diarreia é bem maior do que onde não há despejo de esgoto.

   a. Relacione o despejo do esgoto com o aumento do número de casos de pessoas com diarreia nessas praias.

NIVALDO LIMA/FUTURA PRESS

Na fotografia, a bandeira vermelha indica praia imprópria para o banho. Praia no litoral sul de São Paulo, em 2014.

   b. Observe a imagem acima. Ela mostra uma praia que não está própria para banho, ou seja, que apresenta grandes quantidades de bactérias (especialmente coliformes fecais) seguindo medições realizadas por órgãos de controle. Praias impróprias para banho devem apresentar uma sinalização, como a bandeira mostrada na fotografia. Qual é a importância desse aviso? As pessoas estão respeitando o aviso?

4. Leia, converse com seus colegas e responda.

   Em uma determinada região, havia muitos doentes com esquistossomose. Os agentes de saúde, então, colocaram peixes, patos e marrecos nos lagos da região, na intenção de que eles se alimentassem dos caramujos hospedeiros das larvas do parasita. Sobre isso, responda:

   a. Supondo que a ideia dos agentes de saúde tenha dado certo, deve ter havido redução da incidência de esquistossomose na região? Justifique sua resposta.

   b. O Brasil dispõe de tratamento para as pessoas doentes com esquistossomose. Na maioria dos casos, uma única dose do medicamento é capaz de matar o parasita, livrando a pessoa da doença. Se todos os habitantes locais fizerem esse tratamento, a doença acabará sumindo da região? Por quê?

   c. Cite modos de prevenção da esquistossomose que possam ser orientados às populações.

NIBSC/SPL/LATINSTOCK

Larva do esquistossomo, que penetra no corpo pela pele das pessoas. Fotografia em microscópio de varredura, cores artificiais. Aumento de 50 vezes.

5. A leptospirose é uma doença causada por bactérias que infectam roedores e outros animais; o ser humano pode ser infectado ao entrar em contato com a urina dos ratos.
Copie as frases que estão diretamente relacionadas a esse problema de saúde pública.

- Após uma enchente, o lixo dos aterros sanitários favorece a contaminação da água com a urina de ratos.
- O acúmulo de lixo permite a proliferação de ratos.
- O lixo acumulado nos terrenos baldios e nas margens de rios entope os bueiros e compromete o escoamento das águas em dias de chuva.
- As pessoas que vivem em regiões assoladas por enchentes têm maior chance de contrair a leptospirose entrando em contato com a água contaminada.

6. Uma família irá morar em uma cidade atingida por uma epidemia de dengue. Por conta disso, essa família tomou algumas providências na nova casa para preservar a saúde:

I. Instalou telas em todas as janelas.
II. Desinfectou todos os vasos sanitários.
III. Removeu vasos de bromélias do quintal.
IV. Colocou areia nos pratos dos vasos que ficaram.
V. Colocou cloro nos reservatórios de água.
VI. Removeu recipientes que pudessem armazenar água da chuva: latas, pneus, garrafas.

a. Quais providências foram eficazes para a prevenção especificamente da dengue? Justifique.

b. Se somente essa família tomar medidas preventivas, elas serão eficazes para diminuir os casos da doença na cidade? Explique.

c. Como o vírus da dengue passa de uma pessoa infectada para uma sadia?

d. De que forma a dengue está relacionada à água?

RITA BARRETO

Colocar areia nos pratinhos embaixo do vaso de plantas impede a deposição de ovos do mosquito da dengue.

7. Uma pesquisa feita em uma região metropolitana com grande número de casos de pessoas com dengue mapeou os tipos de reservatório onde o mosquito transmissor dessa doença era encontrado. A partir disso, construiu-se uma tabela com os dados coletados na pesquisa.

Tipos de reservatórios	População de larvas de *Aedes aegypti*		
	2000	2001	2002
Pneu	895	1 658	974
Tambor/tanque/depósito de barro	6 855	46 444	32 787
Vaso de planta	456	3 191	1 399
Material de construção/peça de carro	271	436	276
Garrafa/lata/plástico	675	2 100	1 059
Poço	44	428	275
Caixa-d'água	248	1 689	1 014
Recipiente natural/armadilha/piscina	615	2 658	1 178
Total	10 059	58 604	38 962

Fonte: Adaptado de *Cadernos de Saúde Pública*, Rio de Janeiro, v. 20, n. 5, out. 2004.

- Analisando a tabela, responda:

  a. De acordo com essa pesquisa, qual seria o alvo inicial para a redução mais rápida dos focos do mosquito? Por quê?

  b. Em qual ano, possivelmente, foi realizada uma campanha de combate ao mosquito transmissor da dengue? Como você chegou a essa conclusão?

  c. Analise os reservatórios listados na tabela. Você já observou, em sua casa ou escola, reservatórios em que os mosquitos da dengue poderiam botar ovos? Em caso afirmativo, que atitudes poderia tomar para evitar a reprodução do inseto?

8. Analise o gráfico e responda.

- Considerando somente o que o gráfico aponta, em que região brasileira se espera que o número de doenças transmitidas pela água seja maior? Por quê?

NÚMERO DE PESSOAS SEM ACESSO À REDE COLETORA DE ESGOTO

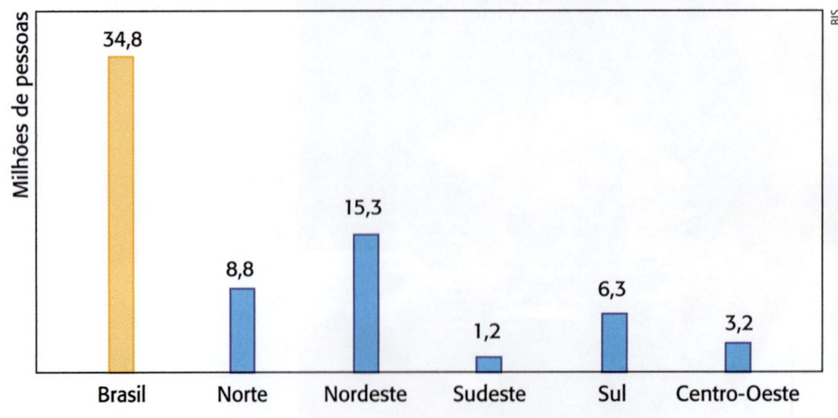

Representação gráfica do número de brasileiros, em milhões, sem acesso à rede coletora de esgoto.

Fonte: IBGE. Diretoria de Pesquisas, Coordenação de População e Indicadores Sociais. *Pesquisa Nacional de Saneamento Básico* – 2008.

9. Leia o texto, analise a figura e responda com a ajuda de seus colegas.

> A principal solução alternativa adotada para suprir a inexistência desse serviço foi a construção de fossas sépticas, que apresentou aumento em relação ao levantamento realizado em 2000. Esse tipo de solução, ainda que longe do desejável, [...] ameniza os impactos ambientais decorrentes da falta de rede coletora de esgoto.
>
> BRASIL. Ministério do Planejamento, Orçamento e Gestão. *Pesquisa Nacional do Saneamento Básico*. Brasil, 2008.

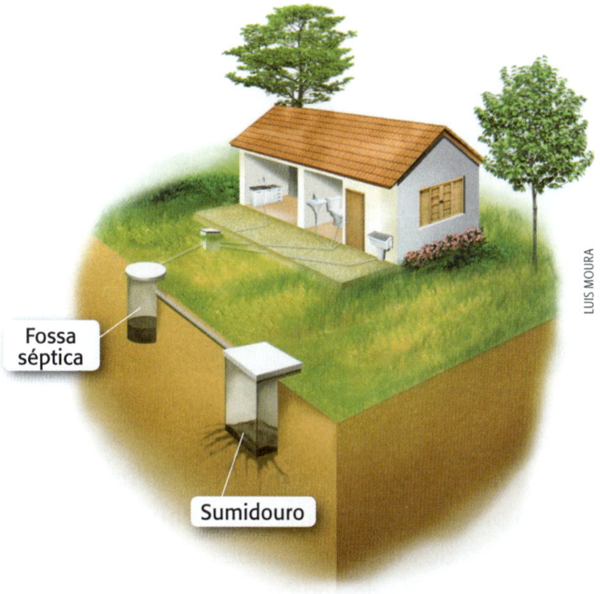

Representação esquemática de fossa séptica com sumidouro. Cores fantasia. Elementos fora de escala de tamanho e de proporção.

a. Cite ao menos uma vantagem e uma desvantagem da implantação das fossas sépticas.

b. O texto menciona a "inexistência desse serviço". Pela leitura, é possível deduzir que serviço é esse?

c. Escreva um texto argumentando por que as fossas sépticas são melhores do que o lançamento do esgoto a céu aberto. Use o que aprendeu sobre poluição.

Fossa séptica: tanque enterrado para receber o esgoto residencial (dejetos e águas). Nela, a parte sólida se decompõe no fundo do tanque e a água restante segue por um cano para o chamado sumidouro. Do sumidouro, a água penetra no solo.

Desfecho

Junte todas as informações que você aprendeu nesta unidade e monte um cartaz explicando como a água chega a nossas casas. Faça uma ligação entre a disponibilidade de água nas cidades e a preservação dos corpos-d'água, tema visto na unidade anterior.

Encerrando a unidade

1. Nesta unidade você estudou vários temas. Escreva uma frase sobre cada um deles e leia as frases de seus colegas de grupo.

- **Os agentes de poluição da água**
- **O tratamento da água e do esgoto**
- **Alguns seres microscópicos que podem contaminar a água**

2. Para cada um dos temas, o grupo deve montar um mural com as frases elaboradas. Não se esqueçam de colocar o nome do autor de cada frase. Se acharem necessário, podem ilustrar o mural.

EM AÇÃO

Consumo e qualidade da água

Em junho de 2012, ocorreu a Rio+20, uma conferência organizada pela ONU (Organização das Nações Unidas) sobre desenvolvimento sustentável, no município do Rio de Janeiro. Esse evento buscou assegurar o comprometimento político para o desenvolvimento sustentável. O evento abordou sete questões-chave, que envolvem emprego, energia, cidades, alimentação, desastres, água e oceanos. Veja a seguir como a ONU descreve a importância da questão da água.

ÁGUA

Água limpa e acessível a todos é uma parte essencial do mundo em que queremos viver. Há água doce suficiente no planeta para realizar este sonho. Mas, devido à crise econômica ou a infraestrutura deficiente, todos os anos milhões de pessoas, a maioria delas crianças, morrem de doenças associadas à falta de água e de higiene e esgotamento sanitário. Escassez de água, má qualidade da água e saneamento inadequado impactam negativamente a segurança alimentar, as escolhas de subsistência e as oportunidades educacionais para as famílias pobres em todo o mundo. A seca atinge alguns dos países mais pobres do mundo, agravando a fome e a desnutrição. Até 2050 pelo menos uma em cada quatro pessoas provavelmente viverá em um país afetado por escassez crônica ou recorrente de água potável.

Programa das Nações Unidas para o Desenvolvimento (PNUD). *Escassez de água, uma crise silenciosa*. Disponível em <http://www.pnud.org.br/Noticia.aspx?id=3509>. Acesso em: 26 mar. 2015.

Relatórios da Organização das Nações Unidas (ONU) informam que:

- Cerca de 1,7 bilhão de pessoas não têm acesso à rede de água encanada e tratada nem à rede de esgoto. A água causa doenças pela contaminação com fezes e urina.
- Estimativas indicam que muita água que sai de um reservatório, passa pela estação de tratamento e segue seu caminho para os domicílios não chega ao seu destino: escoa por encanamentos malconservados.
- Estudos indicam que em 2025 cerca de 5,5 bilhões de pessoas poderão não ter acesso à água limpa e de boa qualidade. Pesquisadores e ambientalistas ainda indicam que em 2050 apenas um quarto da população mundial terá esse recurso natural para suas necessidades básicas.
- Estudos indicam que a crise da água se deve ao crescimento populacional, às mudanças climáticas e ao desequilíbrio da distribuição desse recurso natural.

O desperdício e o consumo exagerado são apenas dois dos problemas que podem provocar a falta de água.

Veja o infográfico a seguir, comparando o consumo de água em diferentes países do mundo.

CONTEÚDO EXPRESSO/ABRIL IMAGENS

QUANTO SE GASTA DE ÁGUA POR DIA

50 litros por dia é a quantidade ideal de água potável para o bem-estar e a higiene de uma pessoa, mas consumimos mais

1,1 BILHÃO DE PESSOAS VIVEM SEM ÁGUA POTÁVEL

CONSUMO HUMANO DE ÁGUA NO MUNDO

(média consumida diariamente)

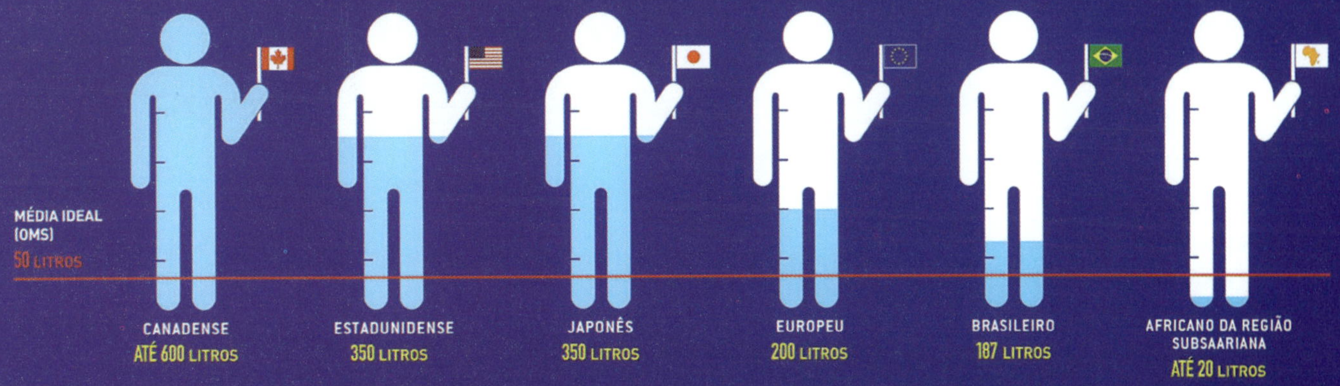

Um canadense chega a gastar até 600 litros de água por dia, enquanto um africano dispõe de menos de 20 litros para beber, cozinhar, fazer a higiene, limpar a casa, irrigar a plantação e sustentar os rebanhos. Em algumas localidades, cada pessoa sobrevive com 10 litros de água por dia – o volume que escorre pelo esgoto a cada vez que usamos a descarga.

Fonte: Planeta Sustentável. Disponível em: <http://planetasustentavel.abril.com.br/infograficos/popup.shtml?file=/download/stand2-painel5-agua-por-pessoa2.pdf>. Acesso em: 26 mar. 2015.

Para explorar

1. Cada cidadão pode fazer sua parte para economizar água. Mas as autoridades locais também devem cuidar desse recurso tão precioso. Converse com os colegas sobre os dados apresentados. Depois, reflitam sobre a situação da água na região onde vocês moram.

- Há água tratada na maioria dos bairros ou a população sofre com falta de água?
- Há rede de esgoto por toda a cidade ou ainda há bairros em que o esgoto escoa a céu aberto?
- As tubulações que levam água tratada e esgoto estão bem conservadas ou é possível observar vazamentos pelas ruas, praças e parques?
- Água poluída e lixo são despejados sem tratamento em rios e lagos?
- Os lagos públicos e fontes, caso existam, são conservados e tratados?

2. Em um dia determinado pelo professor, visitem os locais onde há evidências da má qualidade da água. Tirem fotografias e conversem com os moradores locais.

3. De volta à escola, elaborem um relatório com uma lista de reivindicações suas e dos moradores, anexando as fotografias e os depoimentos das pessoas. Não se esqueçam de incluir sugestões de ações que poderiam ser tomadas pelas autoridades da cidade onde vocês moram para melhorar a saúde da água.

4. O documento elaborado pela turma poderá ser entregue a um vereador da cidade pessoalmente, por carta ou por *e-mail*.

UNIDADE

7 O ar

O ar que envolve o planeta Terra é chamado de atmosfera.

Na atmosfera, estão os gases necessários para a respiração da maioria dos seres vivos. A atmosfera também ajuda a manter a temperatura da Terra adequada à vida como nós a conhecemos.

Nesta unidade, você vai saber mais sobre:

- A composição do ar
- As camadas da atmosfera
- A importância do ar que rodeia a Terra
- As propriedades do ar

Observe a fotografia feita por expedição da Estação Espacial Internacional, Nasa, em 2014. Repare que há uma fina camada azul que parece separar a Terra do espaço: é a atmosfera.

NASA IMAGES

TROCANDO IDEIAS

1. Você diria que é possível ver o ar?
2. Você pode perceber o ar de alguma maneira? Como?
3. Em que atividades do seu dia a dia você usa o ar?
4. Explique como os seres vivos usam o ar para sobreviver.

13 O ar que nos cerca

ARTUR KEUNECKE/PULSAR IMAGENS

Savacu sobrevoando a região de Poconé (MT). A musculatura peitoral e as penas aerodinâmicas facilitam o voo.

THINKSTOCK/GETTY IMAGES

Criança sopra bolhas de sabão.

ADRI FELDEN/ARGOSFOTO

Folhas de palmeira balançam ao vento na Praia do Pintangui (RN).

ALEX UCHÔA/OPÇÃO BRASIL IMAGENS

Pessoas praticando *windsurf* na praia de Jericoacoara (CE).

As fotografias mostram situações em que podemos perceber a existência do ar. Ele é formado principalmente por variados tipos de gases e vapor-d'água, fundamentais para a sobrevivência da maioria dos seres vivos.

A maior porção de ar está ao redor da Terra, formando a atmosfera. Mas ele preenche também espaços entre as partículas do solo, pode estar aprisionado em blocos de gelo, está dissolvido na água e participa do processo de respiração da maioria dos seres vivos.

BATE-PAPO

1. Observe as fotografias com atenção. Em todas elas há pistas que mostram a existência do ar. Que pistas são essas?
2. Que experimento você poderia fazer em sua classe, com os materiais disponíveis no momento, para demonstrar a presença do ar?

Muito além da respiração...

O ar está sempre presente em nossas vidas e muitas vezes nem nos damos conta. Ele é essencial para respirarmos e produzirmos energia para as atividades do nosso corpo. Mas você sabia que ele vem sendo aproveitado há muito tempo para outros tipos de atividades, que geram produtos e facilidades para uma quantidade enorme de pessoas? Vamos descobrir mais sobre isso nesse desafio.

A COMPOSIÇÃO DO AR

O ar da atmosfera é formado por uma mistura de diversos gases, vapor-d'água e pequenas partículas sólidas. Ao analisar o ar seco e sem partículas sólidas, verifica-se que cerca de 78% da atmosfera é composta pelo gás nitrogênio. O segundo gás mais abundante é o oxigênio, que representa 21% da atmosfera.

O restante dos gases atmosféricos, como o gás carbônico, o vapor-d'água e o gás argônio, representam cerca de 1% do total.

COMPOSIÇÃO DO AR ATMOSFÉRICO

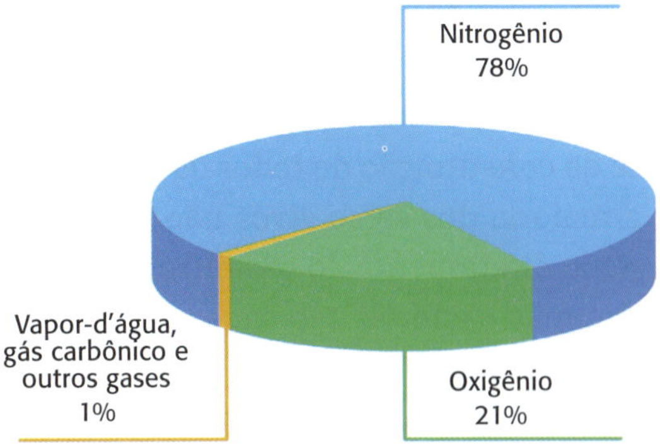

Fonte: Instituto de Química UNESP. Disponível em: <http://www.proenc.iq.unesp.br/index.php/ciencias/34-textos/315-compdoar>. Acesso em: 26 mar. 2015.

A composição do ar pode variar de uma região para outra. Junto à superfície terrestre, por exemplo, a quantidade de gases que compõem o ar pode variar por conta de fenômenos naturais, como os vulcões em atividade, que liberam, por exemplo, o dióxido de enxofre e o gás carbônico para a atmosfera.

Outra causa da variação da composição do ar atmosférico deve-se a algumas atividades humanas. A queima de combustíveis nos veículos e na produção industrial, por exemplo, libera quantidades expressivas de gases, como o gás carbônico.

A composição do ar varia também com a altitude. Quanto maior a altitude, menor a quantidade de gases em um determinado volume, ou seja, mais **rarefeito** é o ar.

SEBASTIAN ESCOBAR/AFP

Vulcão Vilarrica, Chile, em 2015. A atividade dos vulcões libera poluentes no ar atmosférico.

GERSON GERLOFF/PULSAR IMAGENS

Usina termelétrica Presidente Médici, em Candiota (RS), em 2011. A queima de carvão mineral, utilizada para a produção de calor, gera gases poluentes.

Atmosfera primitiva

A composição da atmosfera terrestre nem sempre foi como ela é hoje. As hipóteses atuais admitem que, há bilhões de anos, a atmosfera primitiva teria composição similar à mistura de gases liberados pelos vulcões. Outra hipótese é a de que não havia gás oxigênio na atmosfera. Esse gás só teria aparecido depois que os primeiros organismos que fazem fotossíntese surgiram na Terra.

Similar: parecido, semelhante.

Fotossíntese: processo realizado por alguns organismos (principalmente as plantas) por meio do qual eles produzem o próprio alimento, utilizando a luz como fonte de energia.

GASES QUE COMPÕEM O AR

Gás nitrogênio

O elemento químico **nitrogênio** é fundamental para a formação de proteínas, grandes moléculas que fazem parte da constituição de todos os seres vivos. Entretanto, a maioria dos seres vivos não consegue obter o nitrogênio diretamente do gás nitrogênio do ar.

Algumas bactérias são capazes de absorver o nitrogênio do ar em um processo conhecido como fixação do nitrogênio. Elas vivem em nódulos nas raízes de plantas leguminosas, como o feijão, a ervilha, o amendoim e a soja. O gás nitrogênio do ar é absorvido por essas bactérias e transformado em compostos chamados nitritos e nitratos, que podem ser assimilados pelas plantas e melhoram a fertilidade do solo. As plantas leguminosas, por sua vez, fornecem nutrientes e gás oxigênio para as bactérias.

Os animais carnívoros obtêm nitrogênio dos animais ou das plantas dos quais se alimentam. As plantas produzem suas proteínas usando os compostos de nitrogênio formados no processo de fixação, pelo processo de decomposição de seres vivos ou ainda pela adubação do solo.

EDU LYRA/PULSAR IMAGENS

As plantas leguminosas são as que produzem frutos do tipo vagem, como a soja, nesta fotografia.

FABIO COLOMBINI

Nódulos de bactérias responsáveis pela fixação do nitrogênio em raízes de feijoeiro, uma planta leguminosa.

Gás carbônico

O **gás carbônico** compõe apenas 0,03% do ar. Mas esse gás participa de vários processos importantes para a vida na Terra, mesmo que em pequena quantidade.

O gás carbônico é liberado no processo de respiração celular da maioria dos seres vivos, e também durante o processo de decomposição. Por outro lado, é absorvido pelas plantas e algas, e é usado na produção de açúcares durante a fotossíntese.

O gás carbônico é também o principal gás de efeito estufa da atmosfera, que leva esse nome porque retém calor próximo à superfície terrestre. O calor retido pelos gases de efeito estufa mantém a temperatura média da Terra estável.

Há extintores de incêndio que usam gás carbônico, pois ele impede que haja combustão. É usado também na indústria de bebidas, na produção, por exemplo, dos refrigerantes e da água gaseificada.

JUPITERIMAGES/THINKSTOCK/GETTY IMAGES

O gás que produz as pequenas bolhas nos refrigerantes e na água gaseificada é o gás carbônico.

Combustão: ato de queimar ou pegar fogo; fenômeno que consome gás oxigênio e libera gás carbônico.

Gás oxigênio

THOMAS NORTHCUT/ PHOTODISC/ THINKSTOCK/GETTY IMAGES

O vapor da parafina é o combustível que mantém a vela acesa.

O **gás oxigênio** do ar é necessário para a sobrevivência da maioria dos seres vivos. Sem ele, os organismos não poderiam obter energia dos nutrientes por meio do processo da respiração celular. O gás oxigênio é produzido por seres vivos que realizam fotossíntese, como as plantas.

Esse gás é também essencial para que ocorra a combustão.

Gases nobres

Os **gases nobres**, como o hélio e o neônio, são chamados de inertes, pois não se combinam com outros elementos químicos. Uma parte mínima do ar é formada por esses gases.

O uso dos gases nobres nas indústrias é voltado à produção de lâmpadas incandescentes e letreiros luminosos. Também podem ser usados para encher balões de festa, balões meteorológicos e dirigíveis, conhecidos como zepelins.

THINKSTOCK/GETTY IMAGES

Os balões dirigíveis, ou zepelins, utilizam o gás nobre hélio. No Brasil, esses dirigíveis são utilizados para propaganda de produtos e empresas e, às vezes, para fazer a cobertura jornalística de alguns eventos.

Vapor-d'água

O **vapor-d'água**, como é chamada a água no estado gasoso, contribui para a manutenção da temperatura média da Terra.

A quantidade de vapor-d'água na atmosfera pode variar. Em geral, há maiores quantidades dela no ar, em regiões que ficam mais próximas à superfície terrestre. Florestas também apresentam ar mais úmido em comparação a locais áridos, com pouca vegetação. Isso acontece principalmente por causa da evaporação de água dos vegetais, dos rios e dos lagos.

A quantidade de vapor-d'água no ar é chamada de **umidade absoluta** do ar, e varia com a temperatura. A relação entre a umidade absoluta do ar, a temperatura e alguns outros fatores pode ser expressa em porcentagem, e é chamada de **umidade relativa do ar**.

ROGÉRIO REIS/PULSAR IMAGENS

Vista aérea de trecho da Floresta Amazônica (Parque Nacional Montanhas do Tucumaque), em 2012. Nessa floresta, a quantidade de vapor-d'água é muito elevada.

A IMPORTÂNCIA DA ATMOSFERA

Vamos estudar a seguir alguns dos principais fatores que fazem da atmosfera um componente essencial para a vida na Terra:

- **Manter a temperatura média do planeta**

A atmosfera, principalmente o gás carbônico e o gás metano, é responsável pelo fenômeno chamado **efeito estufa**, sem o qual a temperatura da Terra variaria muito ao longo de 24 horas: seria muito quente durante o dia e gelada à noite.

O efeito estufa funciona, em linhas gerais, da seguinte maneira: parte da energia que vem do Sol é refletida de volta para o espaço. A parte que atravessa a atmosfera aquece a superfície terrestre. Esta reflete parte desse calor, mas outra parte é absorvida, permitindo que a temperatura média não varie muito, mesmo durante a noite.

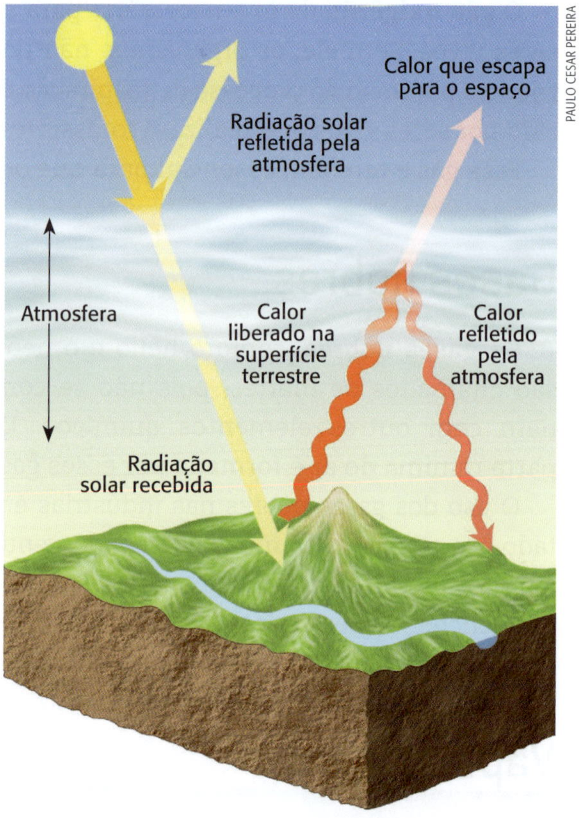

PAULO CESAR PEREIRA

Representação esquemática da atuação dos gases da atmosfera na reflexão e absorção dos raios ultravioleta do Sol. Cores fantasia. Elementos fora de escala de tamanho, de distância e de proporção.

Fonte: Stensmann, B. H. W. Propagação de calor. Disponível em: <http://www.if.ufrgs.br/mpef/mef008/mef008_02/Berenice/aula3.html>. Acesso em: 26 mar. 2015.

O efeito estufa é, portanto, fundamental para a manutenção da vida no planeta. No entanto, ele pode ser alterado caso a quantidade de gases de efeito estufa na atmosfera também aumente de maneira não natural. Isso pode acontecer por meio da liberação excessiva de gás carbônico por veículos e por indústrias, por exemplo. Nesse caso, a temperatura média da Terra teria a tendência de aumentar, causando o fenômeno conhecido como **aquecimento global**. O aquecimento global pode alterar muitos processos naturais do planeta, o que prejudicaria a vida de diversos seres vivos.

- **Manter a umidade do ar**

As correntes de ar na atmosfera distribuem o vapor-d'água das regiões com muita umidade para outras com pouca. Essas correntes de ar também dispersam os poluentes.

- **Servir como reservatório de gases importantes para a vida**

Os gases oxigênio, carbônico e nitrogênio, que compõem o ar, são essenciais para manter processos (como a respiração) e estruturas (como as proteínas) essenciais para a vida na Terra.

Pista 1

Existem movimentos na atmosfera que fazem o ar se movimentar a velocidades maiores ou menores. Esses movimentos podem gerar brisas, ventos e até tempestades. Descubra como acontecem esses ventos e como o movimento gerado por eles foi usado ao longo do tempo por diferentes civilizações. Dê ao menos 3 exemplos.

- **Proteger os seres vivos dos raios ultravioleta do Sol**

A parte da atmosfera rica em gás ozônio absorve boa parte dos raios ultravioleta emitidos pelo Sol. Em seres humanos, os raios ultravioleta promovem benefícios à saúde quando em quantidades adequadas, como o fortalecimento dos ossos. Em excesso, no entanto, podem provocar doenças, como o câncer de pele.

LUIS MOURA

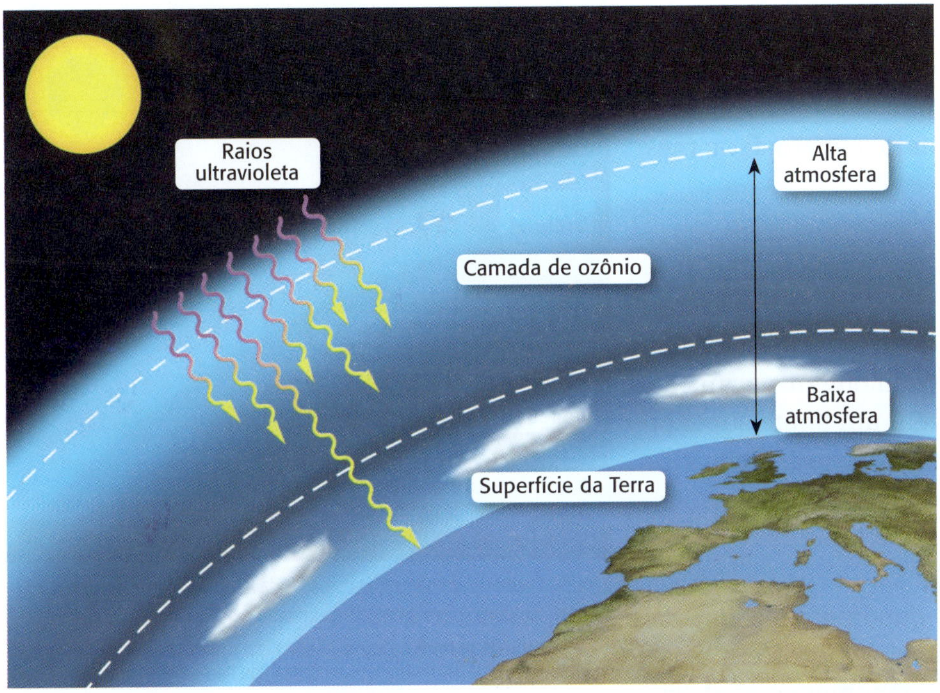

Representação esquemática da atuação da camada de gás ozônio na absorção dos raios ultravioleta vindos do Sol. Apenas parte desses raios atinge a superfície da Terra. Cores fantasia. Elementos fora de escala de tamanho, de distância e de proporção.

NÃO DEIXE DE LER

- **O efeito estufa.**
M. Bright. São Paulo: Editora Melhoramentos, 2003.

NÃO DEIXE DE ACESSAR

Na página do Centro de Previsão de Tempo e Estudos Climáticos, você pode descobrir qual é a umidade relativa do ar na sua cidade no dia de hoje.
Se não encontrar a informação para a sua cidade, busque para a capital do seu estado.

- <http://www.cptec.inpe.br/>. Acesso em: 26 mar. 2015.

- **Proteger o planeta da queda de corpos celestes**

Os meteoroides que chegam à Terra em alta velocidade sofrem atrito com a atmosfera e incendeiam. A maioria deles queima completamente antes de atingir o solo. Esses corpos celestes, com dimensões que podem variar desde alguns centímetros até quilômetros de diâmetro, poderiam causar grandes estragos ao atingir a superfície da Terra.

Atrito: força de contato entre dois corpos.

TONY HALLAS/SCIENCE FACTION/CORBIS/ LATINSTOCK

As estrelas cadentes são o resultado da colisão de meteoroides com a atmosfera.

AS CAMADAS DA ATMOSFERA

O estudo das variações de composição do ar (tipos de gases e suas proporções), de temperatura e eventos, como ventos, relâmpagos, nuvens, é facilitado quando se divide a atmosfera em camadas. Essa divisão não é exata, ou seja, existem áreas de transição. Mesmo assim é possível identificar cinco camadas, de acordo com algumas características que diferenciam uma da outra: exosfera, troposfera, estratosfera, mesosfera e termosfera.

CAMADAS DA ATMOSFERA TERRESTRE

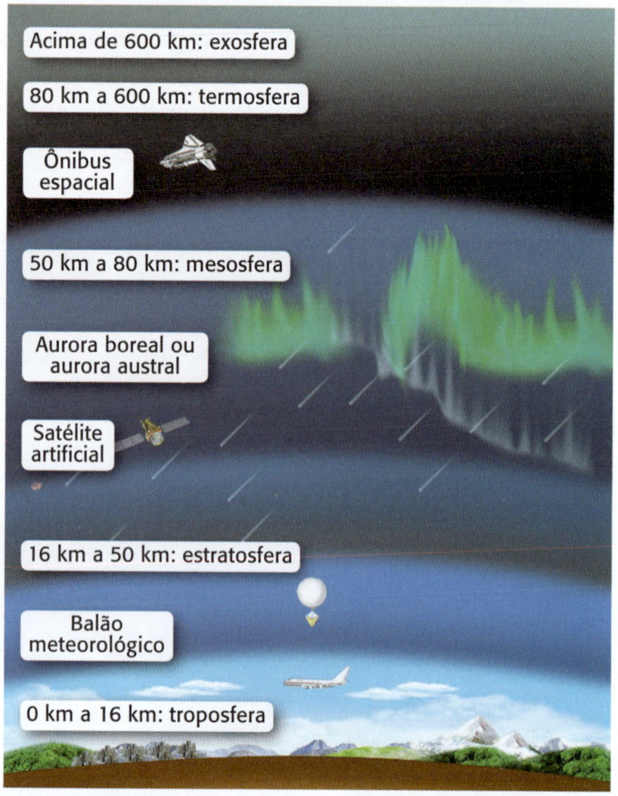

Representação esquemática das camadas da atmosfera terrestre. Cores fantasia. Elementos fora de escala de tamanho, de distância e de proporção.

Fonte de pesquisa: Disponível em: <http://www.nasa.gov/mission_pages/sunearth/multimedia/mos-upper-atmosphere_prt.htm>. Acesso em: 26 mar. 2015.

Exosfera

A exosfera é o limite entre a atmosfera e o espaço interplanetário, ou espaço sideral. Ela começa a aproximadamente 600 quilômetros acima da superfície terrestre e não tem um limite superior definido. A temperatura na exosfera é muito elevada durante o dia e muito baixa durante a noite.

Termosfera

A termosfera vai de 80 quilômetros acima da superfície terrestre até o início da exosfera. Nessa camada, formam-se os fenômenos conhecidos como aurora boreal ou aurora austral, causados pelo choque entre partículas elétricas vindas do Sol e partículas presentes na atmosfera. Esse fenômeno provoca um efeito de luzes bastante diferente no céu.

As partículas elétricas presentes na atmosfera possibilitam as transmissões de rádio.

Mesosfera

A mesosfera localiza-se aproximadamente entre 50 e 80 quilômetros de altitude. A temperatura dessa camada está em torno de 50 °C negativos, com ar bastante rarefeito. Geralmente, é nessa camada que os meteoroides se incendeiam e produzem as "estrelas cadentes".

Estratosfera

Essa camada vai de 16 a 50 quilômetros de altitude, aproximadamente. Praticamente todo o ozônio da atmosfera está nessa camada, o que constitui a chamada "camada de ozônio". A temperatura da estratosfera é em torno de 3 °C negativos. Nela, o ar é bastante rarefeito e está livre de fenômenos como ventos e nuvens de chuva, possibilitando o voo de aviões a jato.

Troposfera

A troposfera é a camada mais próxima da superfície terrestre e chega a até 16 quilômetros de altitude. A maior parte dos gases da atmosfera está nela. Na troposfera se formam as nuvens, os ventos, os furacões, as chuvas, os raios etc., e também circulam aviões comerciais, planadores e asas-deltas. É nela também que encontramos os seres vivos. Quanto mais próximo à superfície, maior é a temperatura.

FIQUE DE OLHO

1. O conhecimento sobre os gases componentes do ar foi desenvolvido aos poucos. Diversos experimentos foram feitos, ao longo de muitos anos, até que se comprovasse, por exemplo, que o ar não é formado por um único gás, mas que é uma mistura de vários deles.
Na década de 1670, o inglês John Mayow conduziu o seguinte experimento: ele colocou uma vela dentro de um recipiente fechado e percebeu que, certo tempo depois, a vela se apagava.
Elabore hipóteses para responder às seguintes questões:

Representação esquemática do experimento de John Mayow. Cores fantasia. Elementos fora de escala de tamanho e de proporção.

a. O que o resultado do experimento pode revelar a respeito do ar?

b. Qual dos gases que compõem o ar deve estar relacionado com o fenômeno de combustão observado no experimento de John Mayow?

2. De forma simplificada, a umidade relativa do ar é calculada associando-se duas medidas: o quanto de água na forma de vapor existe na atmosfera em um dado momento; e qual o máximo de vapor-d'água que poderia existir em uma certa temperatura.
Quando a umidade relativa do ar está baixa, pode causar danos à saúde. Se ela estiver abaixo de 30%, por exemplo, os médicos recomendam que não se façam exercícios físicos ao ar livre.
Pesquise em jornais, revistas e na internet alguns dos problemas de saúde que podem ser causados pela baixa umidade do ar. Utilize o roteiro abaixo para guiar sua pesquisa:

a. Qual é o intervalo de umidade relativa do ar considerado adequado para a saúde humana segundo a Organização Mundial da Saúde (OMS)?

b. Quais problemas de saúde podem ser observados quando a umidade relativa do ar está muito baixa?

c. Cite pelo menos três recomendações dadas pelos especialistas para reduzir os efeitos da baixa umidade relativa do ar na saúde das pessoas.

Brasília é uma cidade que apresenta baixa umidade relativa do ar. Na fotografia, podemos observar a Esplanada dos Ministérios (DF), em 2011.

SAIBA MAIS

O céu está ficando menos azul

Desequilíbrio na atmosfera começa a alterar a luz que chega à Terra

[...] Segundo um novo estudo, que analisou 3 250 medições atmosféricas feitas em diversas partes da Terra [...] nas regiões mais críticas, o céu está 20% menos azul do que na década de 1970. O efeito é provocado pelo excesso de aerossóis na atmosfera – uma camada de sujeira flutuante que junta [...] poeira, fuligem e dióxido de enxofre produzidos por carros, indústrias e queimadas. Ou seja: a poluição já está modificando a luz que chega à Terra.

EMISSÃO DE GASES DE EFEITO ESTUFA

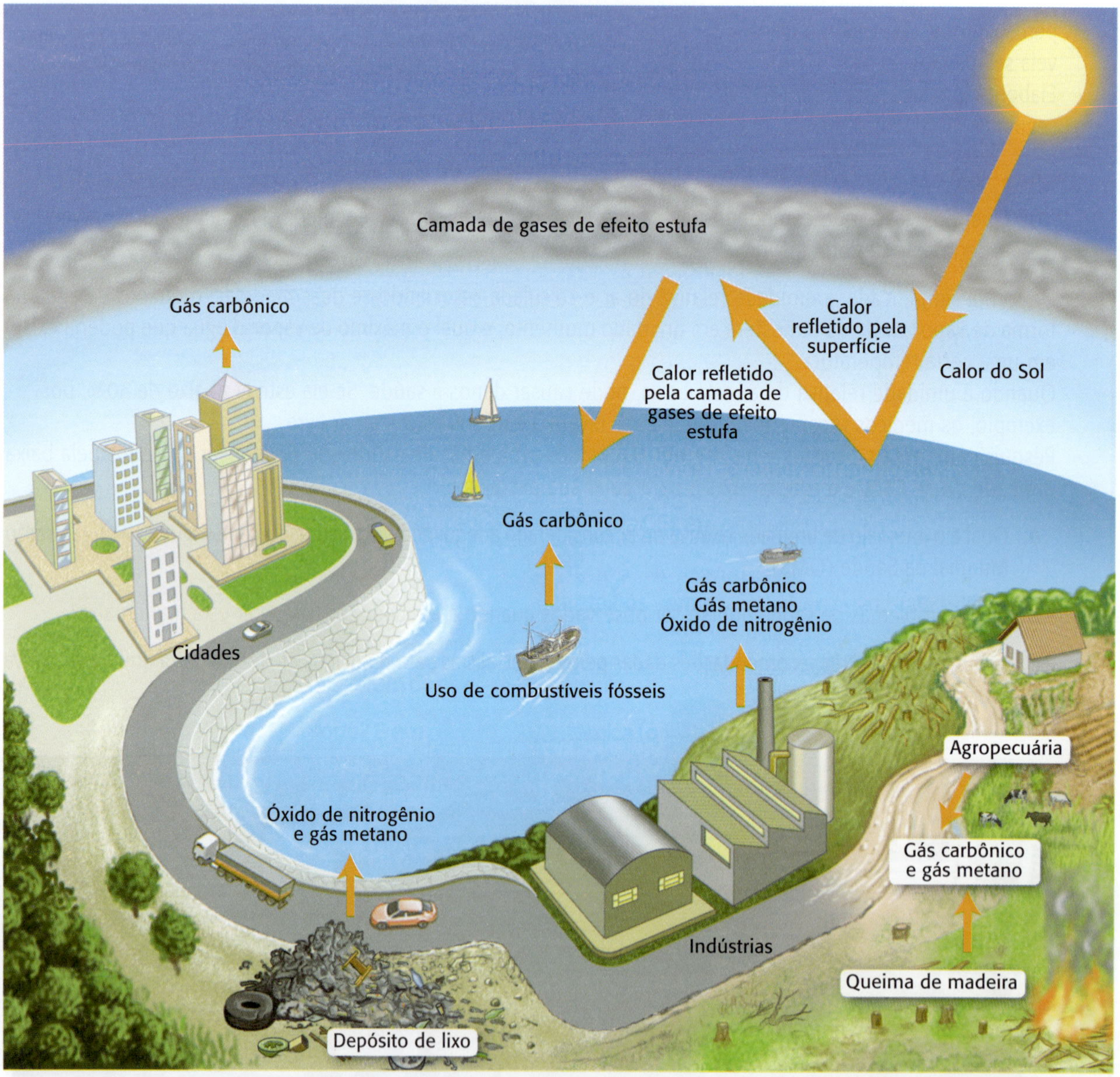

Representação esquemática de fontes de emissão de gases de efeito estufa e os principais gases produzidos por elas. O acúmulo desses gases na atmosfera altera a cor do céu tal como o enxergamos da superfície da Terra. Cores fantasia. Elementos fora de escala de tamanho e de proporção.

Fonte: MILLER, G. T. *Essentials of Ecology*. Kentucky: Cengage Learning, 2008.

Aerossóis: partículas sólidas ou líquidas muito finas em um meio gasoso.

A luz do Sol é branca. Mas, quando entra na atmosfera terrestre, ela esbarra nas partículas que estão suspensas no ar ([...] oxigênio, nitrogênio e água) e se decompõe em várias cores. É por isso que, quando você olha para cima, vê um Sol amarelo e um céu azul. O amarelo e o azul são subprodutos da luz branca [...]. Só que os aerossóis alteram essa divisão. "Eles são muito pequenos, e conseguem rebater os raios do Sol como nenhum outro poluente", explica o físico atmosférico Kaicun Wang, da Universidade de Maryland. Os aerossóis "seguram" os raios de luz azul lá em cima, impedindo que eles desçam e cheguem com plena força aos seus olhos. E aí o céu adquire um aspecto leitoso, menos azul.

A região mais afetada é o sul da Ásia, seguida por África, Oceania e América do Sul. Os pesquisadores também notaram um enfraquecimento no azul do céu dos EUA. A grande exceção é a Europa – onde desde a década de 1990 o céu está ficando mais azul (possivelmente porque os níveis de alguns poluentes tenham diminuído). Mas alguns cientistas especulam que os aerossóis possam ter também um efeito positivo. Como eles reduzem a quantidade de luz que chega à superfície terrestre, ajudariam a diminuir a temperatura global em até 1 grau. Um céu menos azul por uma Terra menos quente. »

Circe Bonatelli. O céu está ficando menos azul. *Revista Superinteressante*. ed. 270. São Paulo: Abril, out. 2009. Disponível em: <http://super.abril.com.br/ciencia/ceu-esta-ficando-menos-azul-622454.shtml>. Acesso em: 26 mar. 2015.

Subproduto: consequência, resultado, resultado secundário.

ROB PINNEY/ALAMY/LATINSTOCK

Daca, em Bangladesh, é uma das cidades mais poluídas do mundo. Fotografia de 2013.

Para pensar

1. Como a poluição está modificando a luz que chega à Terra?

2. Por que vemos o Sol com a cor amarela e o céu com a cor azul, se a luz do sol é branca?

3. Como você pode contribuir para diminuir a poluição e a emissão de aerossóis?

1. Cite uma atividade humana e um fenômeno da natureza que podem alterar a composição do ar de uma região.

2. Leia o texto a seguir e depois responda às questões.

O Monte Everest está localizado na cordilheira do Himalaia, entre o Nepal e o Tibete. Para escalá-lo, é necessário muita preparação e exercícios físicos. Além disso, para poder chegar ao topo da montanha, os alpinistas precisam usar um equipamento para auxiliar a respiração, chamado de cilindro de oxigênio.

ALAMY/EXTREME SPORTS PHOTO/DIOMEDIA

Alpinista utilizando cilindro de oxigênio, em montanha de grande altitude.

SUPERSTOCK/DIOMEDIA

Mergulhador utilizando cilindro de ar comprimido para respirar embaixo da água.

a. Por que os alpinistas precisam usar esse equipamento?

b. Os mergulhadores usam cilindros de ar comprimido para respirar. Você acha que a composição de gases que o cilindro carrega deve ser a mesma dos cilindros de alpinistas? Por quê?

c. Quais gases um cilindro de ar comprimido deve conter?

3. Por que os meteoros oferecem pouco risco aos seres humanos e a outros seres vivos na superfície terrestre?

4. Explique a razão pela qual os seres humanos não conseguiriam sobreviver na mesosfera.

5. Observe a imagem ao lado e responda:

a. Do que são formadas as nuvens?

b. Em que camada da atmosfera elas são encontradas?

THINKSTOCK/GETTY IMAGES

Nuvens no céu.

6. Leia o texto e, em seguida, faça uma pesquisa para responder às questões:

> Entre os dias 7 e 18 de dezembro de 2009 ocorreu em Copenhague, capital da Dinamarca, a 15ª Conferência da Organização das Nações Unidas (ONU) sobre Mudanças Climáticas (COP-15).
>
> Segundo as recomendações científicas do Painel Intergovernamental sobre Mudança Climática (IPCC), esperava-se que os países se comprometessem a cortar a emissão de gases de efeito estufa para evitar uma alta na temperatura da Terra superior a 2 °C neste século. Para atingir tal meta, seria preciso que todas as nações industrializadas diminuíssem suas emissões de gás carbônico. As nações mais industrializadas deveriam cortar a emissão de gás carbônico e as que estão em processo de industrialização deveriam criar medidas para controlar a emissão desse gás.

a. Quais são os dois países que mais liberam gases de efeito estufa na atmosfera?

b. Por que a meta das nações industrializadas foi estabelecida como corte de emissão de gás carbônico e a meta das nações não industrializadas foi a de adotar ações para controlar as emissões desse gás?

c. Qual foi a última Conferência da Organização das Nações Unidas sobre Mudanças Climáticas (COP)? Quais foram os acordos estabelecidos?

7. Mesmo com a atmosfera funcionando como uma espécie de filtro para a radiação ultravioleta, ainda é grande a quantidade desse tipo de radiação que chega à superfície terrestre. O excesso de exposição à radiação ultravioleta (UV) pode trazer riscos para a saúde dos seres vivos.
Pesquise em jornais, revistas e em *sites* a respeito dos tipos de riscos que essa radiação pode causar em seres humanos. Para auxiliar a sua pesquisa, siga o roteiro abaixo. Depois disso, produza um panfleto com dicas de como evitar a radiação ultravioleta.

Roteiro da pesquisa:

a. Algumas características da pele, dos cabelos e cor dos olhos podem estar associadas a maiores riscos de sofrer danos pela radiação UV. Que características são essas?

b. Quais problemas o excesso de exposição à radiação ultravioleta pode causar aos seres humanos?

c. Quais cuidados podem ser tomados para evitar o excesso de exposição a esse tipo de radiação?

d. Qual é o índice de radiação ultravioleta na região da sua cidade hoje? Busque essa informação em: <http://satelite.cptec.inpe.br/uv> (Acesso em: 26 mar. 2015).

e. Considerando o índice de radiação da região da sua cidade hoje, quais cuidados você deveria tomar?

Produção do panfleto:

Junte as informações sobre os cuidados que a população deve tomar para evitar a exposição excessiva aos raios ultravioleta do Sol. Faça desenhos que ilustrem os cuidados que você achar mais interessantes para a região onde você mora – considere o índice obtido na sua pesquisa.
Depois de apresentar o seu panfleto para o professor e para os colegas de classe, entregue-o para alguém que você quer que se previna contra os raios UV.

14 Propriedades do ar

Como vimos no tema anterior, o ar está em toda parte. Mas muitas vezes, não percebemos a presença dele à nossa volta. O ser humano, no entanto, usa o ar para muitas atividades e de várias formas.

Na fotografia, podemos observar um praticante de *kitesurf*, que é um esporte no qual a pessoa desliza sobre a água em cima de uma prancha que é puxada pelo *kite* (termo em inglês que significa "pipa", "pandorga") quando há vento. O *kite* é semelhante a um pequeno paraquedas.

GEORGE ROSE/GETTY IMAGES

Praticantes de *kitesurf* usam o vento para deslocar-se. A imagem mostra um praticante desse esporte em uma praia do Norte de Santa Bárbara, Califórnia, em 2015.

BATE-PAPO

1. Como o ar é utilizado na prática de *kitesurf*?
2. Como um praticante de *kitesurf* se desloca?
3. Que outras formas de aproveitar o ar você conhece?

Pista 2

Hoje em dia no Brasil, a grande maioria da energia que usamos é proveniente das usinas hidrelétricas. Porém a água tem sido um recurso cada vez mais escasso e acredita-se que não será suficiente para suprir nossa demanda de energia no futuro. Uma das alternativas para esse impasse é a produção de energia eólica. Descubra do que se trata e como é produzida a energia eólica.

CARACTERÍSTICAS DO AR

O ar apresenta algumas características que chamamos de propriedades. Estudaremos algumas delas a seguir.

O ar é matéria

O ar atmosférico é uma mistura de gases, vapor-d'água e outros componentes, como poeira, pólen e fuligem. Os gases são matéria, assim como os líquidos (como a água) e os sólidos (como as rochas).

Toda matéria apresenta algumas características, entre elas ter massa e ocupar um lugar no espaço. Mas como demonstrar que o ar é matéria?

O ar tem massa

É possível construir um dispositivo simples para demonstrar que o ar tem massa. Para isso, são necessários uma vareta ou palito de churrasco, dois balões de festa, três pedaços de barbante com cerca de 30 cm cada um e uma lapiseira com grafite fina.

Primeiro, é preciso encher os dois balões de festa com ar até que fiquem aproximadamente do mesmo tamanho. Os dois balões de festa devem ser, então, amarrados a um pedaço de barbante. Cada um dos balões é preso na vareta e o terceiro barbante é usado para suspender a vareta e equilibrar os balões.

Como os balões cheios de ar podem ter massas diferentes, o equilíbrio do dispositivo é feito deslocando-se o nó do terceiro barbante pela vareta. Depois de equilibrado, um dos balões deve ser estourado com a lapiseira. Cuidado para que nenhum pedaço do balão se perca.

O equilíbrio da vareta depois que um dos balões estourou se desfaz, e a vareta se inclina no sentido do balão cheio de ar. Com esse resultado, pode-se concluir que o balão cheio de ar tem mais massa que o balão vazio.

RODVAL MATIAS

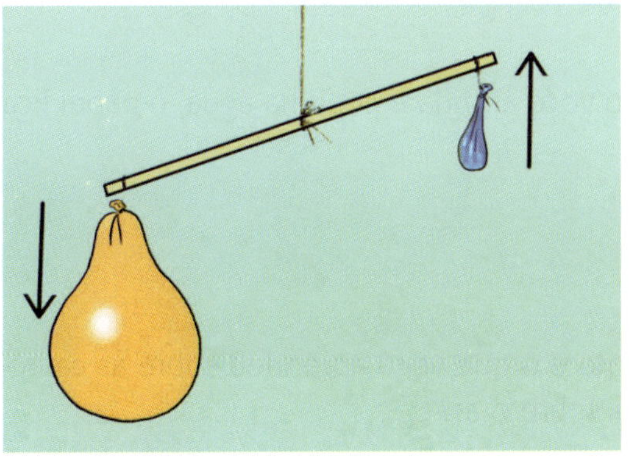

Representação esquemática demostrando que o ar tem massa. Cores fantasia. Elementos fora de escala de tamanho e de proporção.

FIQUE DE OLHO

Um experimento simples que pode ser realizado para testar se o ar tem massa utiliza uma balança. Ela irá pesar um mesmo balão de festa em duas situações: cheio de ar e vazio.

Observe fotografias desse experimento feito em um laboratório.

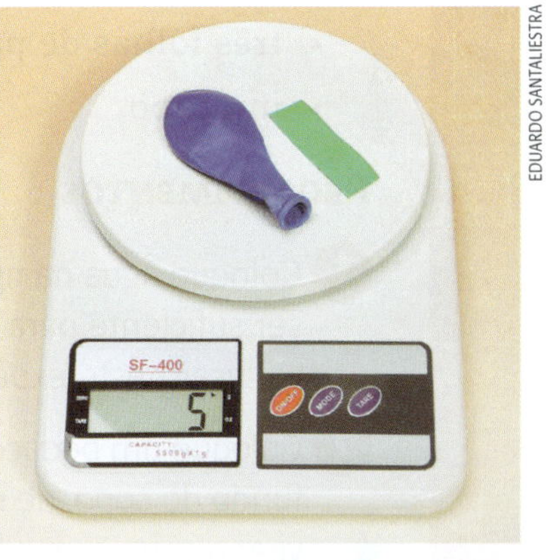

EDUARDO SANTALIESTRA

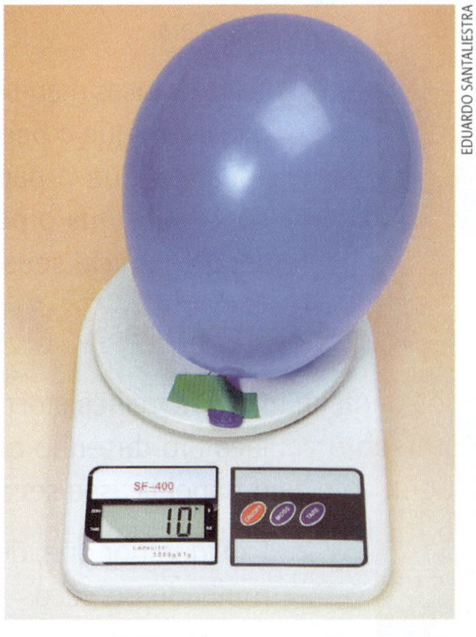

EDUARDO SANTALIESTRA

Nesse experimento é interessante usar um único balão. Isso porque, se você medir a massa de balões diferentes, provavelmente perceberá que a massa deles varia e isso pode interferir nas medições. Na fotografia observamos um mesmo balão com e sem ar sobre uma balança.

O ar ocupa lugar no espaço?

Para pensar

Não somos capazes de ver o ar, e podemos nos deslocar em espaços nos quais sabemos que ele está presente. Por outro lado, o ar é matéria, e tem massa. Mas será que tudo o que tem matéria e massa ocupa um lugar no espaço? Será que o ar ocupa lugar no espaço?

Objetivos

- Caracterizar as propriedades do ar
- Investigar se o ar ocupa espaço

Materiais

- tigela
- água
- três folhas de papel
- um copo

Procedimentos

1. Coloque água na tigela. A quantidade deve ser suficiente para cobrir o copo que você vai usar neste experimento.
2. Coloque um pedaço de papel amassado no fundo do copo, de modo que, quando você virar o copo com a boca para baixo, o papel não caia.
3. Teste diversas maneiras de afundar o copo na água sem que o papel amassado se molhe. Toda vez que o papel se molhar, seque o copo, substitua o pedaço de papel por um seco e reinicie seus testes.

R2 EDITORIAL

Copo com papel amassado dentro.

Resultados

1. De que maneira foi possível afundar o copo sem que o papel se molhasse? Em seu caderno, faça um desenho que ilustre a tigela com a água e o copo na posição que permitiu que o papel ficasse seco.
2. Explique por que, dependendo do modo como você afunda o copo na água, o papel fica molhado ou seco.
3. O que permite que o papel fique seco?

Conclusões

- Usando o que você observou neste experimento e o que você aprendeu sobre as características da matéria, o que é possível concluir sobre o ar?

O AR É COMPRESSÍVEL, EXPANDE-SE E TEM ELASTICIDADE

A **compressibilidade** é a propriedade que o ar tem, sob a ação de uma força, de ser comprimido e ter o seu volume diminuído.

A **expansibilidade** é a propriedade do ar de se expandir, isto é, ocupar os espaços disponíveis e aumentar o seu volume.

A **elasticidade** é a propriedade que o ar tem de voltar ao seu volume inicial, após ser comprimido.

A pressão atmosférica

Os gases da atmosfera ocupam todos os espaços e, como têm massa, exercem pressão sobre a superfície terrestre. Essa pressão é chamada **pressão atmosférica**.

Quanto maior a coluna de ar atmosférico sobre um corpo, mais partículas de gases estão sobre ele e, portanto, maior é a pressão que o ar exerce sobre esse corpo. Podemos concluir, então, que a pressão atmosférica é maior em pequenas altitudes (como ao nível do mar) e menor em grandes altitudes (como em uma montanha).

RODVAL MATIAS

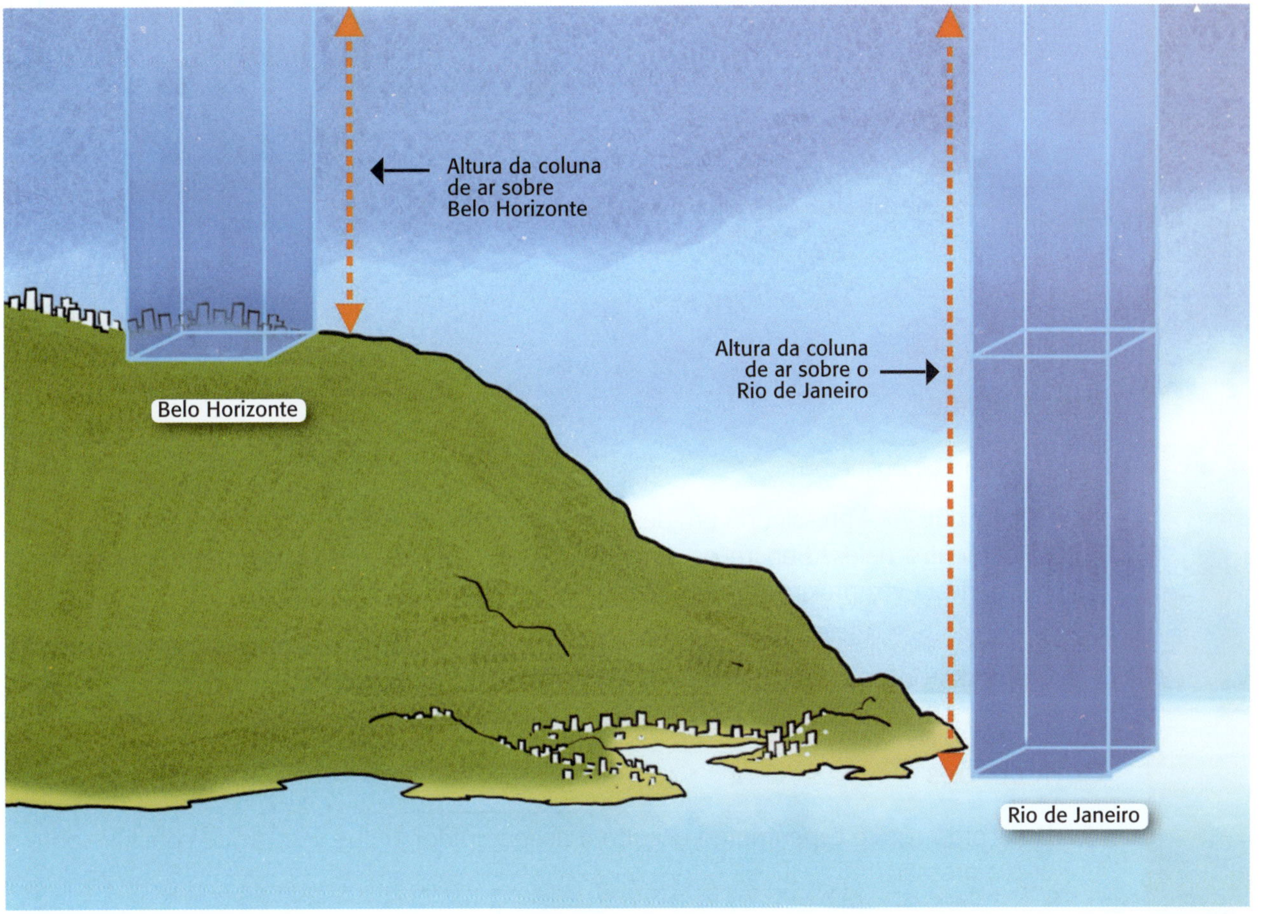

Representação esquemática da pressão atmosférica nas cidades de Belo Horizonte e do Rio de Janeiro. Cores fantasia. Elementos fora de escala de tamanho, de proporção e de distância.

EXPERIMENTE **FAZER**

O ar ocupa lugar no espaço?

Para pensar

Você já deve ter soprado uma bexiga enchendo-a de ar até ela estourar. O que faz a bexiga estourar?

Objetivos

- Caracterizar as propriedades do ar
- Investigar a relação entre o ar e a pressão

Materiais

- 2 desentupidores de pia
- água para molhar os desentupidores

Procedimentos

1. Molhe a borda dos desentupidores.
2. Faça força pressionando a borda de um desentupidor contra a borda do outro, conforme a ilustração.
3. Solte um deles.

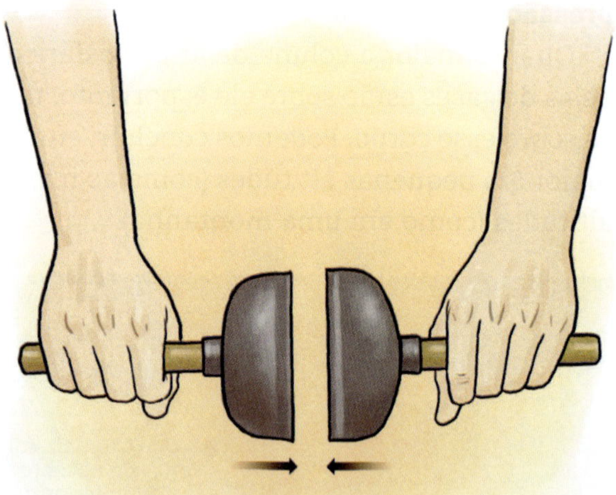
RODVAL MATIAS

Representação esquemática do experimento. Cores fantasia. Elementos fora de escala de tamanho e de proporção.

Resultados

1. O que você observou?
2. Depois que você pressionou um desentupidor contra o outro, o que aconteceu com o que havia dentro deles? Separe os desentupidores e pressione-os novamente um contra o outro, desta vez próximo ao seu rosto. Tente sentir o que acontece.
3. Quando você pressionou um desentupidor contra o outro, o espaço dentro dos desentupidores permaneceu o mesmo, mas a quantidade do que havia dentro deles não. Qual é, então, a diferença entre o que há dentro deles e o ar da atmosfera?

Conclusões

1. De acordo com o experimento usando o desentupidor, o que você pode concluir sobre o ar e a pressão?
2. Com base nesse experimento, você conseguiria explicar o que acontece com um balão de borracha que estoura ao enchermos ele de ar?

Elasticidade, compressibilidade e expansibilidade do ar

Para pensar

Examine uma seringa sem agulha. Veja que ela tem um corpo e um êmbolo que se desloca dentro dele. O que existe dentro da seringa? O que você acha que aconteceria se você empurrasse e puxasse o êmbolo da seringa? E se você empurrasse o êmbolo da seringa tampando a saída com o dedo?

Objetivos

- Compreender e relacionar as propriedades do ar: compressibilidade, expansibilidade e elasticidade.

Materiais

- 1 seringa graduada descartável, sem agulha

Procedimentos

1. Segure a seringa em uma das mãos e puxe o êmbolo o máximo que você puder, sem separá-lo do corpo da seringa.
2. Empurre o êmbolo e observe o que acontece.
3. Retorne o êmbolo para a posição inicial.
4. Feche a saída de ar da seringa com o dedo e repita o procedimento. Atente para a graduação da seringa.
5. Agora, encha novamente a seringa, feche a saída e empurre o êmbolo com força. Sem liberar a saída de ar, solte o êmbolo.

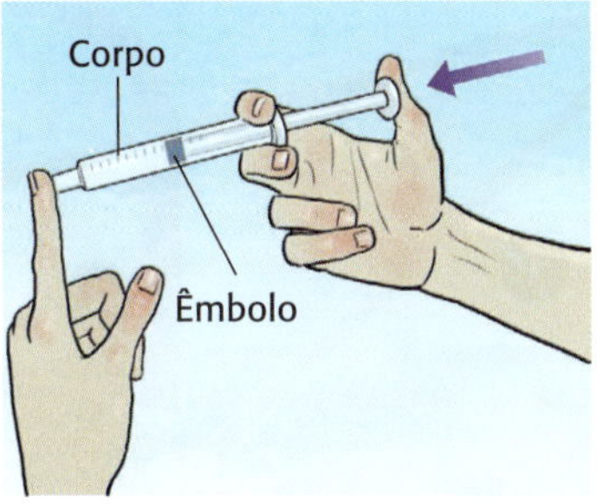

RODVAL MATIAS

Representação esquemática do experimento. Cores fantasia. Elementos fora de escala de tamanho e de proporção.

Resultados

1. O que havia dentro da seringa antes de você empurrar o êmbolo?
2. Quando a saída estava aberta, foi possível empurrar o êmbolo até o final da seringa? Como você explica o que aconteceu?
3. Quando a saída estava fechada, foi possível empurrar o êmbolo até o final da seringa? Como você explica isso?
4. No procedimento 5, em que posição o êmbolo ficou depois que você o empurrou? E depois que você parou de fazer força?

Conclusões

1. O que deve ter acontecido com o ar que ocupava o corpo da seringa enquanto você fazia força, no procedimento 4? De acordo com os resultados obtidos, o que você poderia comentar sobre a compressibilidade do ar?
2. Compare as posições do êmbolo no início e no fim do procedimento 5. Elas são as mesmas? O que deve ter acontecido com o ar que ocupava o corpo da seringa depois que você deixou de fazer força? Diante disso, o que você poderia comentar sobre a expansibilidade e a elasticidade do ar?

O AR SE MOVIMENTA

Outra característica do ar refere-se ao comportamento dos gases que o compõem a diferentes temperaturas. A energia solar é a causa da movimentação do ar na atmosfera. Quando o ar fica mais quente, ele fica "mais leve". De maneira inversa, quando o ar fica mais frio, torna-se "mais pesado".

NÃO DEIXE DE ACESSAR

- **Veja como funcionam as turbinas eólicas em um infográfico fácil de compreender acessando o *site* Planeta.** <http://planetasustentavel.abril.com.br/pops/energia-eolica2.shtml> Acesso em: 26 mar. 2015.

Correntes de ar ascendentes e descendentes

O ar quente, mais leve, tem a tendência de se movimentar para cima, enquanto o ar mais frio e pesado tende a se mover para baixo. Esse é o componente vertical do movimento do ar, que cria as **correntes ascendente** (para cima) e **descendente** (para baixo).

PAULO CESAR PEREIRA

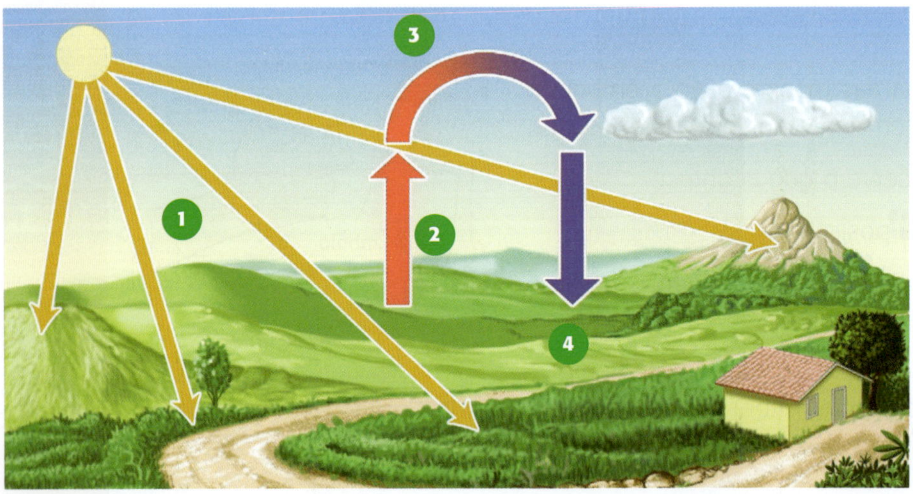

1. Os raios solares incidem na superfície da Terra e aquecem o solo e os corpos-d'água.
2. O solo aquecido transmite calor para o ar.
3. Quando o ar fica quente, as partículas que o compõem se afastam umas das outras. O ar se torna menos denso, mais leve e sobe. Conforme se afasta do solo, o ar esfria.
4. O ar frio tem partículas mais próximas umas das outras, ou seja, é mais denso e pesado. Dessa forma, ele desce para junto do solo, onde recebe calor e se aquece.

Representação esquemática das correntes de ar ascendente e descendente. Cores fantasia. Elementos representados fora de escala de tamanho e de proporção.

A movimentação vertical do ar da atmosfera é aproveitada por alguns pássaros e pilotos de asas-deltas. Uma vez em grande altitude, eles planam, perdendo altitude aos poucos.

Voo de asa-delta na praia de São Conrado, no Rio de Janeiro (RJ).

RICARDO AZOURY/PULSAR IMAGENS

Pista 3

Estima-se que o período de maior potencial de produção de energia eólica no Brasil seja entre os meses de junho e dezembro, pois o vento é mais intenso em grande parte das regiões. Esse período é coincidente com o período mais seco (menos chuva). Relacione essas informações com o que você aprendeu na Pista 2 deste Desafio, e explique por que isso coloca a energia eólica como uma excelente candidata para ser a fonte secundária de energia elétrica no país.

Brisas

A movimentação do ar também apresenta um componente horizontal. Ele é responsável pela formação dos ventos e das brisas, consequências do aquecimento da superfície terrestre de forma desigual. A **brisa** é formada próxima à superfície do mar, pelo componente horizontal da movimentação de ar. O componente vertical completa a circulação do ar.

Brisa marinha

O deslocamento de ar observado durante o dia em direção à Terra é chamado de **brisa marinha**. Ele é causado pelo aquecimento desigual da areia da praia e da água do mar. Durante o dia, a areia se aquece mais rapidamente que a água do mar, ou seja, o calor da areia aquece o ar, que sobe na atmosfera. Forma-se, assim, sobre a areia, uma região de baixa pressão, para onde é direcionado o ar mais frio que está sobre o mar, ocasionando a chamada "brisa marinha".

FORMAÇÃO DA BRISA MARINHA

PAULO CESAR PEREIRA

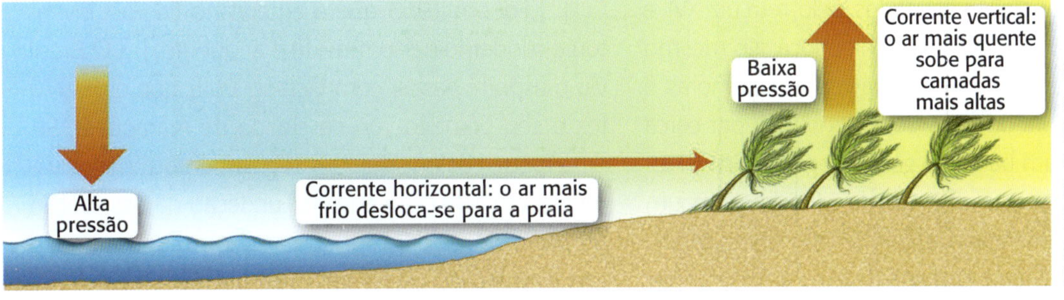

Representação esquemática da formação de brisa marinha. Cores fantasia. Elementos fora de escala de proporção e de tamanho.

Brisa terreste

Quando anoitece, começa a acontecer o fenômeno inverso à brisa marinha, chamado de **brisa terrestre** ou **continental**. Como o solo arenoso resfria mais rapidamente que a água do mar, é criada uma zona de baixa pressão na camada de ar que está sobre a água. O ar que está sobre a areia, então, desloca-se em direção ao mar.

FORMAÇÃO DA BRISA TERRESTRE

PAULO CESAR PEREIRA

Representação esquemática da formação de brisa terrestre. Cores fantasia. Elementos fora de escala de proporção e de tamanho.

FIQUE DE OLHO

As brisas podem ser usadas por jangadeiros, que deslocam suas embarcações de acordo com a movimentação do ar. Qual tipo de brisa eles aproveitam para sair para pescar? E qual tipo de brisa eles aproveitam para voltar ao continente?

SAIBA MAIS

O balonismo tem origem brasileira

"A primeira demonstração de um objeto voador foi feita pelo brasileiro Padre Bartholomeu de Gusmão, que em 1709 com apenas 23 anos demonstrou ao rei João V de Portugal um balão que subiu cerca de 4 metros, mas se incendiou. Infelizmente, este seu projeto perdeu a credibilidade devido ao fato de o balão chocar-se com o teto.

[...] O surgimento oficial do balão remonta ao ano 1783, na França, onde dois irmãos, Etienne e Joseph Montgolfier, realizaram um teste com balão. Este balão levou a bordo alguns animais que retornaram ao solo em perfeitas condições assistidos pelo rei Luiz XVI e por toda a população parisiense da época. No mesmo ano, o professor J. A. Charles voava por duas horas e meia a uma altura de mais de 250 metros, por cerca de 40 km, em um balão de gás hidrogênio. Em 1785 um balão atravessava o Canal da Mancha com um francês e um americano a bordo. Oito anos depois o francês Jean Pierre Blanchard voou pela primeira vez de balão em território americano. Foi na Filadélfia, na presença de George Washington. Nas guerras os balões tiveram muitos usos em inúmeros países, mas foi longe das guerras que outros brasileiros se sobressaíram no desenvolvimento deles. Em 1884, o paraense Júlio Cezar Ribeiro de Souza patenteou em Paris o dirigível Victória, que voou contra o vento e em linha reta. Júlio trouxe seus inventos para o Brasil, mas aqui não conseguiu levantar voo com eles. Em 1893 Augusto Severo de Albuquerque Maranhão construiu em Paris um dirigível com o nome de "Bartholomeu de Gusmão" que, trazido para o Brasil, conseguiu fazer diversas manobras experimentais.

[...] Foi em 1953 que o americano Ed Yost inventou o moderno balão movido a ar quente. [...] O Brasil viu o esporte nascer com Victorio Truffi, que em 1970 fez o seu primeiro voo na cidade de Araraquara, SP. O esporte balonismo se regulamentou definitivamente em 1987 quando da Fundação da Associação Brasileira de Balonismo, que realizou o seu primeiro campeonato brasileiro em 1988 [...]."

Confederação Brasileira de Balonismo. *História do Balonismo*. Disponível em: <http://www.balonismo.org.br/historia>. Acesso em: 26 mar. 2015.

TIAGO DEGASPARI/FUTURA PRESS

21ª edição do Campeonato Mundial de Balonismo, realizada na cidade de Rio Claro (SP), em 2014.

Para pensar

1. Qual foi o princípio usado para fazer o balão subir em 1709 e em 1783?

2. Comente a importância do balão para a invenção de outros meios de transporte.

O AR E OS SERES VIVOS

Trocas gasosas nos animais

Os animais realizam trocas gasosas com o ambiente. Essa troca é fundamental para a produção de energia realizada em diversas atividades de funcionamento do organismo. Esse processo, na maioria dos casos, consome oxigênio e libera gás carbônico.

Nos mamíferos, como as baleias, os morcegos, os cachorros e os seres humanos, as trocas gasosas ocorrem nos pulmões. É por meio desses órgãos que o gás oxigênio é disponibilizado para o sangue, que é responsável pelo transporte de gases para todo o corpo. É nos pulmões também que o gás carbônico passa do sangue para os pulmões, desses para as vias aéreas e, então, para a atmosfera.

THINKSTOCK/GETTY IMAGES

Os pulmões humanos não são capazes de realizar trocas gasosas na água.

Além dos mamíferos, aves, répteis e anfíbios também têm pulmões. Nos anfíbios, as trocas gasosas ocorrem também através da pele, que é fina e permeável aos gases respiratórios.

SISTEMA RESPIRATÓRIO HUMANO

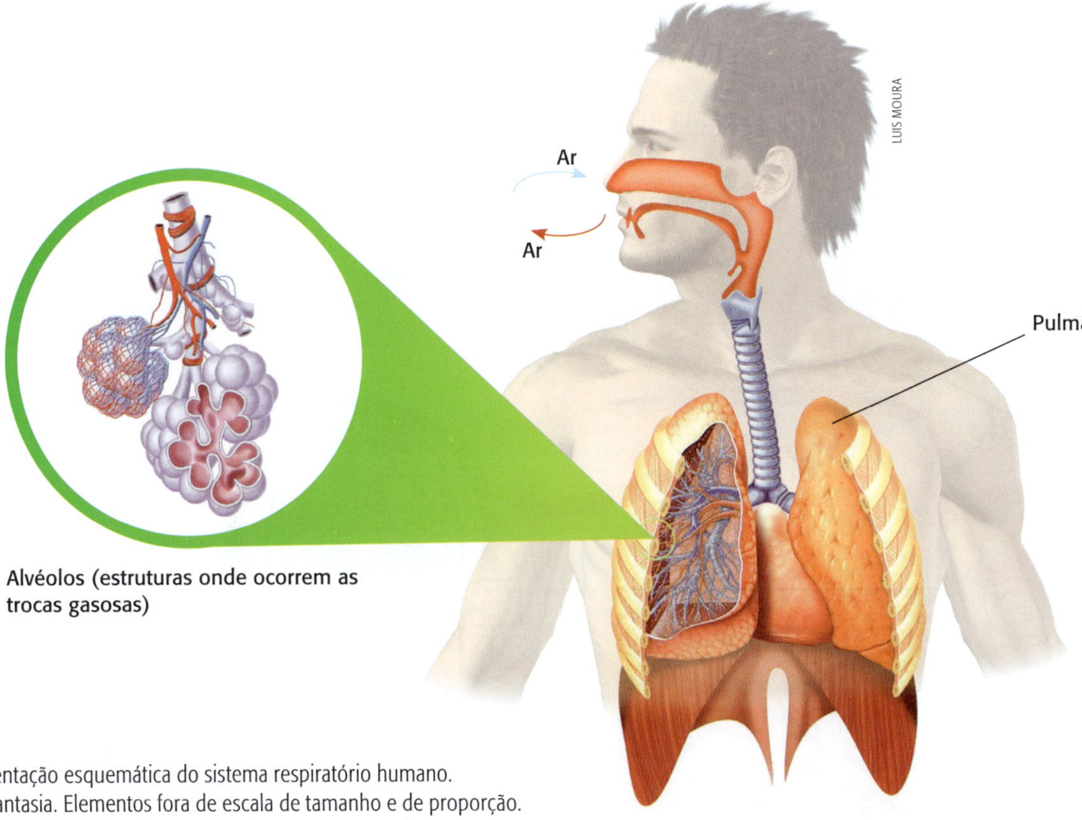

Representação esquemática do sistema respiratório humano. Cores fantasia. Elementos fora de escala de tamanho e de proporção. Os pulmões são estruturas que permitem que os seres humanos e outros animais troquem gases com o ambiente.

Fonte de pesquisa: PAULSEN, F.; WASCHKE J. *Sobotta Atlas of Human Anatomy*: Internal Organs, 15. ed. v. 2. Munique: Elsevier GmbH, 2011.

Na maioria dos peixes e dos animais aquáticos (exceto mamíferos), as trocas gasosas ocorrem nas brânquias. As brânquias filtram a água e retiram dela o gás oxigênio, que passa para o sangue e é transportado para todo o corpo. As brânquias também liberam para a água o gás carbônico resultante de processos de funcionamento do corpo.

SISTEMA RESPIRATÓRIO DE UM TUBARÃO

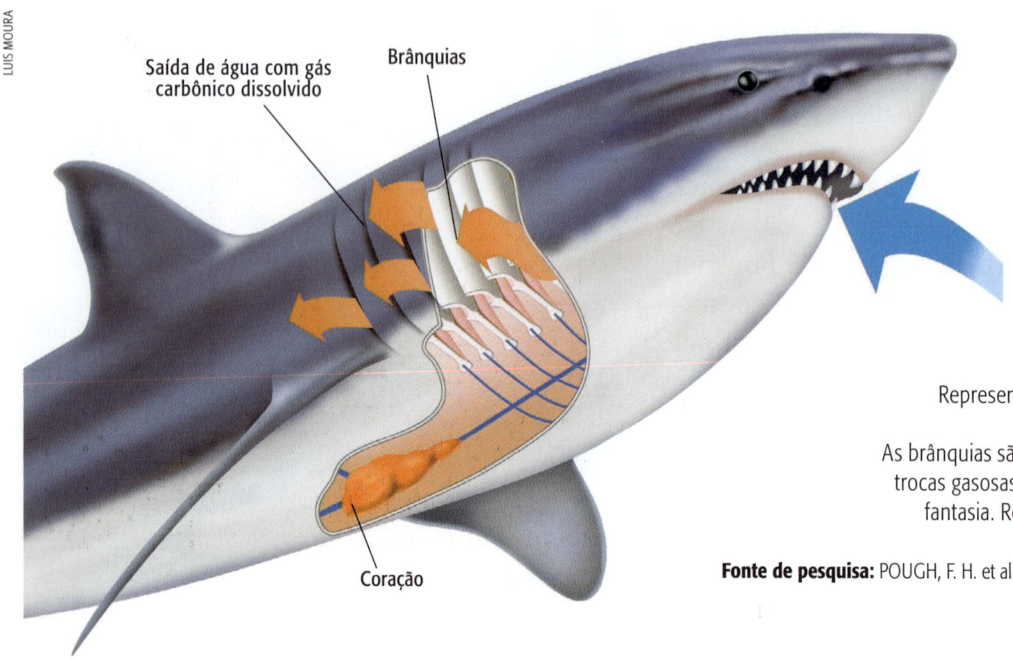

Representação esquemática das trocas gasosas em um tubarão. As brânquias são estruturas que permitem as trocas gasosas na maioria dos peixes. Cores fantasia. Região das brânquias em corte.

Fonte de pesquisa: POUGH, F. H. et al. *A Vida dos Vertebrados*. 4. ed. São Paulo: Atheneu, 2008.

Em outros animais, como nos insetos e nos aracnídeos, as trocas gasosas ocorrem por meio de estruturas chamadas traqueias, que levam oxigênio diretamente para as células, e recolhem destas gás carbônico, que é então liberado para o ambiente.

SISTEMA RESPIRATÓRIO DE UM INSETO

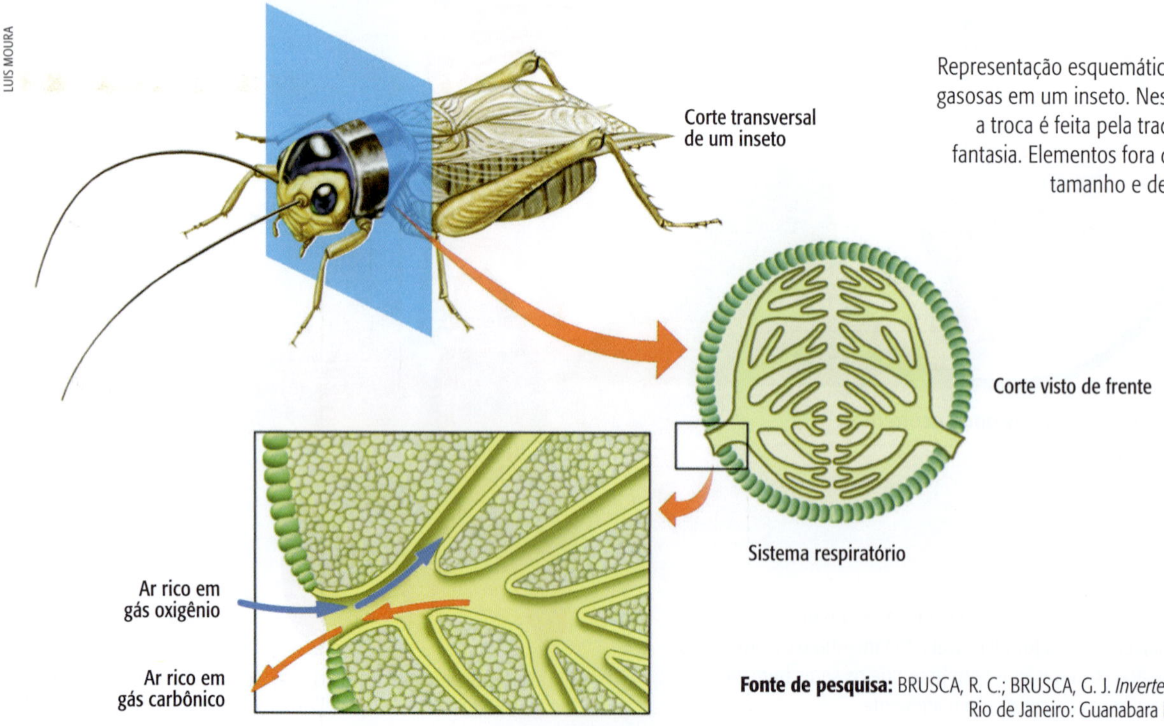

Representação esquemática das trocas gasosas em um inseto. Nesses animais a troca é feita pela traqueia. Cores fantasia. Elementos fora de escala de tamanho e de proporção.

Fonte de pesquisa: BRUSCA, R. C.; BRUSCA, G. J. *Invertebrados*. 2. ed. Rio de Janeiro: Guanabara Koogan, 2007.

Trocas gasosas nas plantas

As plantas realizam trocas gasosas por meio de estruturas microscópicas chamadas estômatos. Essas estruturas encontram-se principalmente nas folhas.

Pelos estômatos passam gás oxigênio, gás carbônico e vapor-d'água. O gás oxigênio e o gás carbônico estão relacionados com dois processos fundamentais para a vida das plantas: a respiração e a fotossíntese, respectivamente.

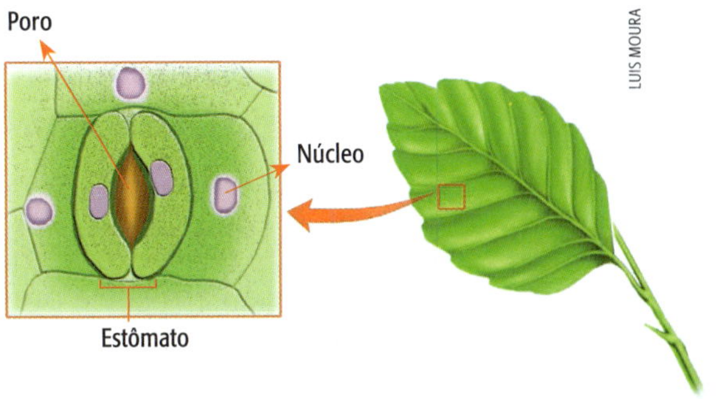

Representação esquemática do estômato. Os estômatos, poros por onde há troca de gases, estão na face inferior das folhas. Cores fantasia. Elementos fora de escala de tamanho e de proporção.

Fonte de pesquisa: RAVEN, P. H. et al. *Biologia Vegetal*. 8. ed. Rio de Janeiro: Guanabara Koogan, 2014.

Respiração celular

A respiração tem nas plantas o mesmo papel que nos animais: fornecer energia para o organismo desempenhar suas atividades.

Fotossíntese

A fotossíntese é realizada pela maioria das plantas. Nesse processo, a energia do Sol, a água e o gás carbônico da atmosfera são usados para produzir açúcares, que, consumidos na respiração celular, fornecem energia.

O gás oxigênio é outro produto dessa transformação, e é liberado para a atmosfera.

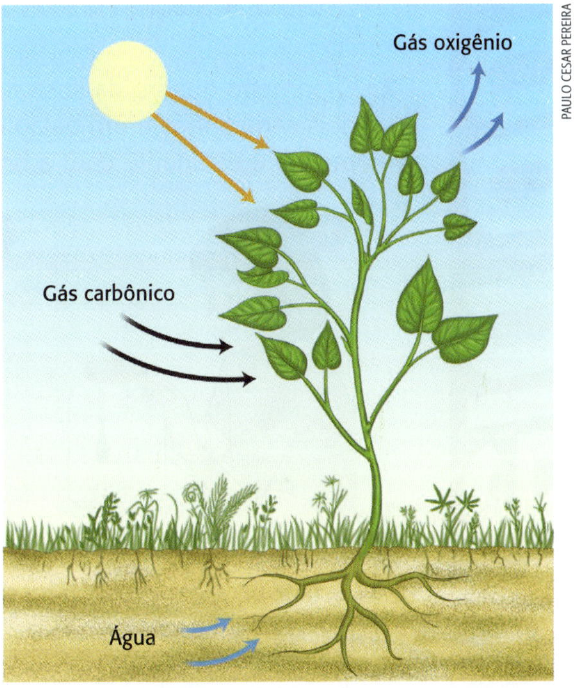

Representação esquemática do processo de fotossíntese. Cores fantasia. Elementos fora de escala de tamanho, de distância e de proporção.

Fonte de pesquisa: REECE, J. B. et. al. *Campbell Biology*. 10. ed. Glenview: Pearson Education, Inc., 2014.

FIQUE DE OLHO

É VERDADE QUE FAZ MAL DORMIR COM PLANTAS NO QUARTO?

"Se fosse, não haveria um índio vivo na Floresta Amazônica", argumenta o botânico Gilberto Kerbauy, da Universidade de São Paulo. As plantas realmente consomem oxigênio no processo de respiração. De dia, com a luz do Sol, isso é compensado pela fotossíntese, que absorve gás carbônico do ar e libera oxigênio. À noite, elas "roubam" de volta um pouco do que produziram. Mas fique tranquilo: não vai faltar ar no seu quarto. A quantidade consumida por um vegetal não chega perto daquela que um cachorro respira. Dormir cercado de plantas é menos sufocante do que passar a noite em um quarto cheio de gente.

Planta no quarto não mata ninguém. Disponível em: <http://super.abril.com.br/cotidiano/planta-quarto-nao-mata-ninguem-437671.shtml>. Acesso em: 26 mar. 2015.

- Apesar de não haver perigo de ser sufocado ao dormir com plantas no quarto, muitas pessoas podem sofrer com problemas respiratórios pela presença dos vegetais. Você sabe que problemas são esses? Converse com um adulto e pesquise para descobrir.

1. Os barômetros são instrumentos que medem a pressão atmosférica. Os barômetros da ilustração abaixo mostram que a pressão atmosférica no alto da montanha é diferente da pressão atmosférica ao nível do mar.

   a. Em qual lugar a pressão atmosférica é maior?

   b. Na região em que a pressão atmosférica é maior, explique por que isso acontece.

Representação esquemática da pressão atmosférica no alto da montanha e no nível do mar. Cores fantasia. Elementos fora de escala de tamanho, de proporção e de distância.

2. O primeiro quadro da ilustração abaixo mostra a estudante olhando um aparelho com dois canudinhos e um balão de festa murcho. O segundo quadro da mesma ilustração mostra a estudante com a boca em um dos canudos e o balão de festa cheio.

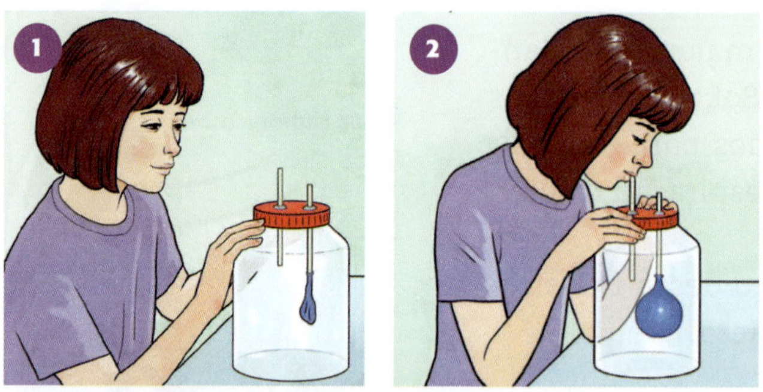

Representação esquemática de experimento usando um sistema com dois balões. Cores fantasia. Elementos fora de escala de tamanho e de proporção.

   a. De acordo com o resultado do experimento, supõe-se que a menina esteja assoprando o ar para dentro do vidro ou aspirando o ar que está dentro dele?

   b. De onde veio o ar que encheu o balão de festa?

   c. Como você chegou a essa conclusão?

   d. Tomando os resultados desse experimento e observando a ilustração abaixo, responda: por que o líquido sobe quando o sugamos por meio de um canudo?

Representação esquemática da sucção de líquidos. Cores fantasia. Elementos fora de escala de tamanho e de proporção.

3. Que mecanismo explica a subida e a descida dos balões de ar quente?

4. João e Maria fizeram o seguinte experimento:

Eles prenderam, com fita adesiva, um balão de festa cheio a um canudo. Depois, passaram uma linha por dentro do canudo. Cada um deles segurou uma das pontas da linha. João desfez o nó que prendia o ar dentro do balão e o soltou. Veja a montagem desse experimento abaixo.

RODVAL MATIAS

Representação esquemática do experimento. Cores fantasia. Elementos fora de escala de tamanho.

a. O que aconteceu quando João soltou o bico do balão de festa?

b. O que aconteceu com o ar que estava dentro do balão? Por que isso aconteceu?

5. Leia e responda.

Salvando as tartarugas marinhas

O trabalho de conservação e proteção realizado pelo Tamar (Projeto Tartaruga Marinha) Ubatuba está diretamente relacionado com a atividade pesqueira, que representa a maior ameaça para as tartarugas marinhas. [...]

Além do monitoramento das praias, a marcação das tartarugas capturadas por barcos de pesca com redes de deriva é realizada com o embarque de técnicos da Base. Em 2000, o Tamar iniciou em Ubatuba o monitoramento da captura acidental de tartarugas pela frota camaroeira do município. Equipes do projeto embarcam na pescaria para marcar e soltar os animais, além de ensinar à tripulação as técnicas para reanimar as tartarugas que estejam afogadas e desmaiadas.

Disponível em: <http://www.ubatuba.com.br/tamar/historico.html>. Acesso em: 26 mar. 2015.

- Como é possível que as tartarugas marinhas, que são animais aquáticos, possam se afogar? Converse com os colegas e explique.

Desfecho

A energia eólica é uma das chamadas “fontes limpas” de energia, o que significa que gera menos impacto ambiental do que outras formas de produção de energia. Isso porque as usinas eólicas não produzem gases de efeito estufa (como acontece nas formas de produção de energia por meio de combustíveis fósseis), não ocasionam as alterações necessárias para a construção de represas (fundamentais para o funcionamento das hidrelétricas) e não oferecem os riscos de escape de radiação das usinas nucleares. Discuta com seus colegas sobre o tema.

Encerrando a unidade

- Juntos, todos farão um infográfico a respeito da atmosfera. Os infográficos são representações que reúnem vários dados para compor novas formas de interpretar informações. Usem as informações coletadas durante a confecção dos resumos. Decidam em grupo os dados relevantes para compor o infográfico.

Conhecimento Interligado

O voo dos aviões

Para fazer um avião voar e permitir que ele transporte pessoas em segurança, foram necessários conhecimentos de várias áreas, como a Física, a Química e a Biologia.

A física do voo

A física explica as forças que agem sobre o avião durante o voo e que o mantêm no ar.

Sustentação: vem do movimento do ar nas asas. Como resultado, o ar empurra o avião para cima.

Peso: depende da massa dos corpos e também está relacionado à força que atrai os corpos para a Terra, chamada de força da gravidade. Não existe nenhuma forma de alterar a gravidade.

O peso é um fator muito importante nas operações de pouso e decolagem, pois um avião muito pesado precisa de uma pista mais longa para começar a voar e conseguir velocidade suficiente para a sustentação anular o peso. O mesmo acontece para o avião descer: os grandes precisam de uma pista longa para frear e parar.

Arrasto: é a resistência do ar que se opõe ao avanço do avião. Para diminuir essa resistência, o avião tem uma forma aerodinâmica, tanto no corpo como nas asas.

Tração: impulsiona o avião para a frente. Essa força é criada pelas turbinas.

Representação esquemática de avião usado para transporte de passageiros. Cores fantasia. Elementos fora de escala de tamanho e de proporção.

Aerodinâmica: conjunto de características do veículo, como o formato, que tem como objetivo reduzir a resistência do ar.

A química do voo

A química está presente na fuselagem do avião. As aeronaves de transporte comercial são feitas com ligas de alumínio resistentes ao vento, às baixas temperaturas das altas camadas da atmosfera e ao fogo em caso de incêndio acidental. O aço e o titânio são usados para reforçar pontos críticos, como as extremidades do avião. As peças da fuselagem são presas por milhares de rebites metálicos. Essas regiões de junção entre as peças são as partes que se desgastam mais depressa.

Os técnicos químicos também estão atentos à influência dos gases poluentes e à chuva ácida sobre a fuselagem. Aeronaves que voam sobre áreas poluídas precisam ser limpas com produtos químicos especiais para evitar a corrosão.

THINKSTOCK/GETTY IMAGES

Detalhe de avião, mostrando o rebite.

Fuselagem: é a estrutura que forma o corpo do avião, onde ficam passageiros e à qual se fixam as asas da aeronave.

A biologia do voo

Na altitude em que voam os aviões, a pressão do ar é bem menor do que ao nível do mar. Para manter a pressão a que o corpo humano está acostumado, é preciso que o ar na cabine do avião seja pressurizado.

Porém, a pressão de uma cabine pressurizada não é igual à do ar ao nível do mar. Quando os aviões atingem sua altura máxima de voo, por volta de 13 000 metros, a pressão atmosférica da cabine é equivalente à de 2 500 metros de altitude. É como se, enquanto o avião ganha altitude, os passageiros estivessem subindo uma montanha alta!

Pessoas saudáveis normalmente não sentem a diminuição do gás oxigênio. Mesmo assim, a concentração desse gás no sangue sofre uma ligeira diminuição: de 99% ao nível do mar, cai para 94% durante os voos. Por essa razão, não é incomum pessoas idosas ou fumantes sentirem certo desconforto e cansaço em voos longos. Indivíduos com doenças cardíacas ou pulmonares podem ter sintomas como palpitações, falta de ar intensa e dor no peito.

Após voos longos, é comum os pés e as pernas ficarem inchados. Isso ocorre porque, quando uma pessoa permanece muito tempo sentada, há uma dificuldade do retorno do sangue para o coração. Alguns conselhos são: não fumar; beber bastante líquido durante a viagem; movimentar-se dentro do avião a cada 2 horas; evitar roupas muito apertadas; e usar meias compressoras.

STONE/GETTY IMAGES

Nos voos muito longos, recomenda-se que os passageiros se movimentem a cada duas horas. Na fotografia, pessoa sentada em poltrona de avião.

Para explorar

1. Qual é a força que impulsiona o avião para cima e qual é a que o puxa para baixo? Como deve ser a relação entre essas forças para que o avião permaneça no ar?
2. Como a pressão atmosférica pode interferir dentro e fora do avião?
3. Qual a importância de desenvolver materiais resistentes e leves para montar a fuselagem de um avião?
4. Por que durante voos longos é recomendado movimentar-se de tempos em tempos?

UNIDADE

8 A dinâmica da atmosfera

Ventos fortes, chuva e queda de temperatura. Muitas vezes, ao sair de casa, somos surpreendidos por uma mudança repentina no tempo. Mas como prever situações como essas?

A meteorologia é a ciência que estuda a dinâmica da atmosfera e que permite fazer a previsão do tempo.

Os estudos da meteorologia envolvem a observação e a análise de diversos fenômenos, como as tempestades, as mudanças de temperatura e umidade do ar, as correntes de vento e a influência da atmosfera no clima de uma região.

Nesta unidade, você vai saber mais sobre:

- O clima
- Fenômenos meteorológicos
- Mudanças da qualidade do ar e no clima
- Efeitos da poluição do ar

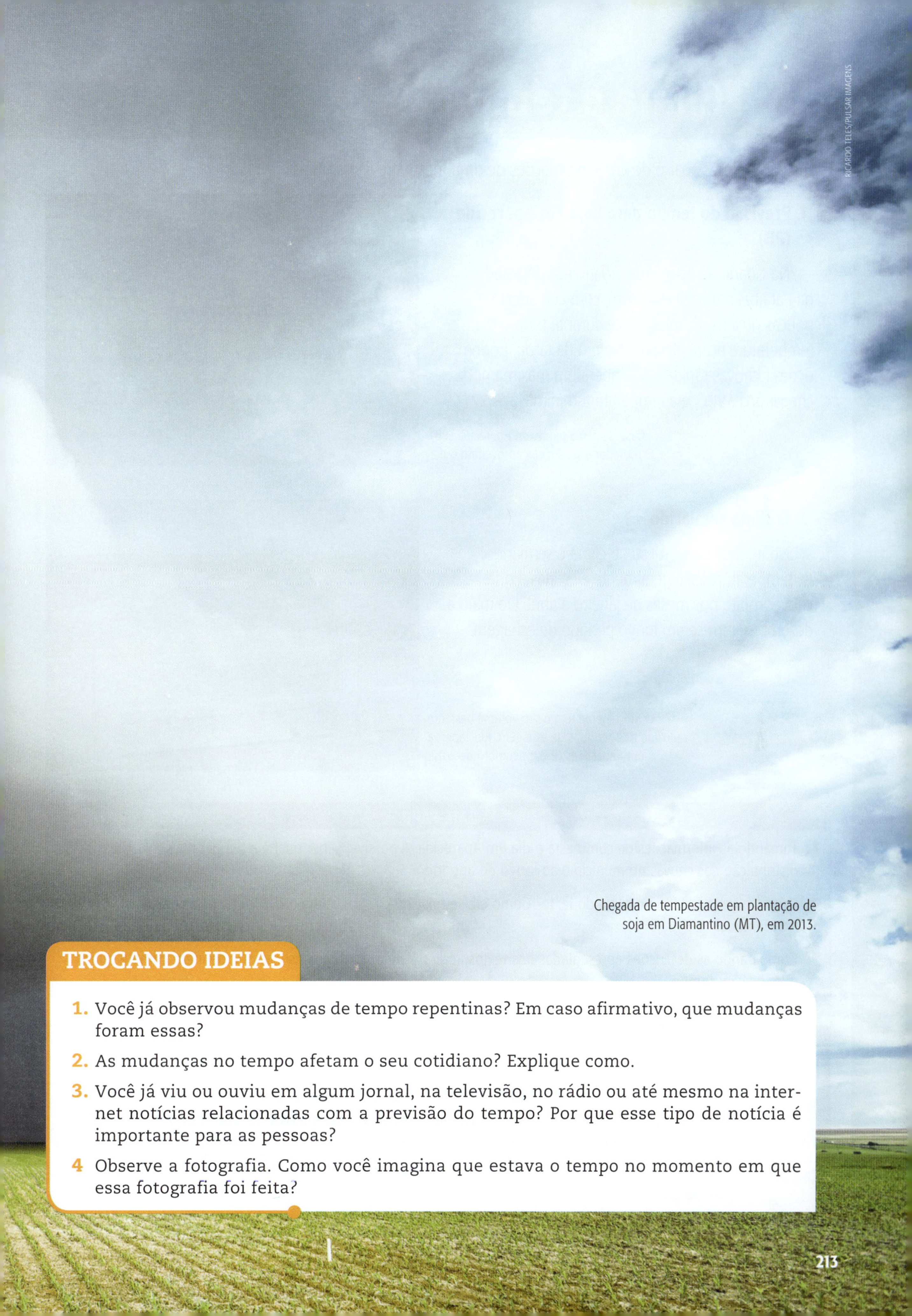

RICARDO TELES/PULSAR IMAGENS

Chegada de tempestade em plantação de soja em Diamantino (MT), em 2013.

TROCANDO IDEIAS

1. Você já observou mudanças de tempo repentinas? Em caso afirmativo, que mudanças foram essas?
2. As mudanças no tempo afetam o seu cotidiano? Explique como.
3. Você já viu ou ouviu em algum jornal, na televisão, no rádio ou até mesmo na internet notícias relacionadas com a previsão do tempo? Por que esse tipo de notícia é importante para as pessoas?
4. Observe a fotografia. Como você imagina que estava o tempo no momento em que essa fotografia foi feita?

15 Clima e tempo

As informações abaixo descrevem situações de uma mesma região do Brasil.

1. Previsão do tempo para hoje em Aparecida (PB)

Na cidade de Aparecida, no interior do estado da Paraíba, o tempo está bom, com céu aberto e poucas nuvens. O Sol aparece durante todo o dia e a temperatura ficará elevada. No fim da tarde, podem ocorrer chuvas rápidas. A temperatura máxima pode chegar aos 35 °C, e a temperatura mínima, aos 27 °C.

FABIO COLOMBINI

Casa de pau a pique em Aparecida (PB). O morador e seus gatos aproveitam o dia.

2. O clima semiárido

No interior do Nordeste, o clima é semiárido. As temperaturas são geralmente elevadas. Pode chover muito nos meses de janeiro a abril. De maio a dezembro, tem-se um longo período de estiagem.

FABIO COLOMBINI

O Rio Taperoá tem o seu volume bastante reduzido nos períodos de estiagem. Rio Taperoá em Cabaceiras (PB), novembro de 2012.

BATE-PAPO

1. Tomando as informações de como está o dia em Aparecida, é possível saber qual é a temperatura média e a distribuição das chuvas no município ao longo do ano todo?
2. Qual é o tema tratado no segundo texto? Como ele se relaciona com a fotografia que ilustra a situação apresentada?
3. Comparando as descrições apresentadas nos textos, indique algumas características que definem **clima** e outras que indicam **tempo**.

O que é qualidade do ar?

A poluição do ar tem sido bastante discutida, sobretudo nas áreas urbanas. As principais causas desse tipo de impacto ambiental são as indústrias, as queimadas, os incineradores de resíduos e os veículos automotores. Quais são as principais doenças relacionadas à poluição do ar? O que pode ser feito para diminuir a liberação de poluentes no ar?

O CLIMA

O conjunto de características predominantes da atmosfera em uma região ao longo do tempo é denominado clima.

Para estabelecer esse conjunto de características, a Organização Meteorológica Mundial usa como padrão um período de 30 anos de análises que reúnem informações sobre os ventos, as massas de ar, a pressão atmosférica, a umidade do ar, a regularidade de chuvas, as temperaturas médias, entre outras.

A observação das condições climáticas de uma região permite determinar, por exemplo, se há ou não uma estação mais seca e outra mais chuvosa que se repetem ano após ano no mesmo período, se ocorrem variações de temperatura ao longo do ano, como e quando elas ocorrem, em quais meses do ano a umidade atmosférica é maior ou menor.

Mudanças no clima

O clima da Terra vem sofrendo mudanças desde que esse planeta se formou. Há cerca de 20 mil anos, por exemplo, houve um período em que a temperatura média da Terra diminuiu tanto que boa parte do planeta ficou coberta por gelo. Esse foi o último período glacial.

Nos últimos anos, os cientistas têm alertado sobre mudanças climáticas mais drásticas, como o aumento da temperatura média global e a alteração da distribuição das chuvas no mundo. Alguns cientistas atribuem essas mudanças ao aumento da emissão de gases do efeito estufa na atmosfera, como o gás carbônico e o metano. Esse aumento estaria associado a atividades humanas. Outros cientistas, no entanto, acham que essas mudanças independem da presença humana, e estariam ligadas a ciclos geológicos naturais da Terra.

RODVAL MATIAS

Representação de como teria sido a paisagem da Terra há 20 mil anos, um período glacial. Na figura, estão representados mamutes, espécie extinta que media cerca de 4 m de altura. Elementos fora de escala de tamanho e de proporção. Cores fantasia.

Glacial: relativo ao gelo.

FIQUE DE OLHO

Nós não devemos confundir o clima de uma região com o tempo. O que chamamos de tempo é algo passageiro e que pode mudar rapidamente. São as condições da atmosfera em determinado momento. Já o clima refere-se às condições mais frequentes, que se repetem. Por exemplo, se dizemos que o dia está chuvoso, nós nos referimos ao tempo. Se dizemos que na Amazônia as temperaturas são elevadas e o ar é úmido o ano inteiro, estamos nos referindo ao clima da região.

- Escreva um pequeno texto explicando como é o clima de sua região e como está o tempo hoje.

Clima e hábitos de vida

As variações do clima podem interferir nos hábitos dos seres vivos, determinando estratégias relacionadas à migração ou à reprodução, por exemplo.

Migração

Quando chega o inverno em regiões de frio intenso, a água pode congelar e há pouco alimento. Algumas espécies de animais buscam então um lugar com temperaturas mais quentes e com água e alimento disponíveis, voltando para seu local de origem quando o inverno chega ao fim. Esse comportamento é chamado de **migração**.

No Hemisfério Norte, há várias espécies de animais com esse comportamento. Os falcões-peregrinos, por exemplo, acasalam e constroem ninhos na primavera, criam os filhotes no outono e, quando chega o inverno, migram para regiões quentes do Hemisfério Sul. Depois que o inverno acaba, os falcões-peregrinos voltam para a região na qual eles se reproduzem.

THINKSTOCK/GETTY IMAGES

O falcão-peregrino (*Falco peregrinus*) tem 1,2 m da ponta de uma asa a outra. Chega a viajar 20 mil quilômetros em sua migração. Pode ser avistado de norte a sul do Brasil no verão.

A borboleta-monarca tem hábito de vida semelhante: durante a primavera, o verão e o outono ela vive e se reproduz em regiões dos Estados Unidos e do Canadá. Quando o inverno chega, as borboletas-monarcas migram para o México. Quando acaba o inverno, elas retornam para o seu local de origem.

THINKSTOCK/GETTY IMAGES

KEREN SU/CORBIS/LATINSTOCK

Borboletas-monarcas (*Danaus plexippus*) migram, no outono, em bandos que sobrevoam o Canadá e os Estados Unidos, dirigindo-se para as montanhas vulcânicas localizadas no centro do México. Medem cerca de 7 cm de comprimento.

Hibernação

Os animais que vivem em regiões com invernos rigorosos – cobertas de neve a maior parte do ano – enfrentam a falta de alimento e o frio excessivo.

Alguns desses animais, como o morcego-de-indiana, apresentam uma estratégia interessante para sobreviver a esses períodos. Eles se alimentam muito durante o verão e o outono, armazenando reservas de gordura que os mantêm vivos durante o inverno. Quando a neve começa a cair, procuram um lugar abrigado do frio. Pouco a pouco, tornam-se menos ativos, caem em sono profundo e dormem até que a neve derreta. Durante esse sono profundo, chamado **hibernação**, as atividades vitais se reduzem ao mínimo necessário para sua sobrevivência. O ritmo da respiração e das batidas do coração diminui e a temperatura do corpo cai.

Passado o inverno, retomam aos poucos suas atividades. A temperatura aumenta e o ritmo do coração e da respiração se normaliza. Então saem à procura de alimentos para recuperar a energia gasta durante o longo período de sono.

Algumas espécies de animais que hibernam também estocam alimentos, como acontece com esquilos e ursos.

STOUFFER-PRODUCTIONS/GRUPO KEYSTONE

O morcego-de-indiana (*Myotis sodalis*) chega a perder até metade de seu peso durante a hibernação. Esses animais têm cerca de 5 cm de comprimento do corpo.

Reprodução dos animais

A mudança da cor das penas de algumas espécies de aves também está relacionada às variações no clima. Um exemplo é o pássaro *Pyrocephalus rubinus*, conhecido popularmente por *príncipe*, *verão* ou *barão do melgaço*. Ele vive no Sul e Sudeste do Brasil durante a época da reprodução, quando o macho canta muito e adquire plumagem vermelha, que atrai a fêmea. No inverno, ele migra para a Amazônia e sua plumagem fica marrom, como a da fêmea.

PALÊ ZUPPANI/PULSAR IMAGENS

JIM ZIPP/PHOTO RESEARCHERS/LATINSTOCK

O *Pyrocephalus rubinus* mede cerca de 13 cm de altura. As fotografias mostram a plumagem vermelha do macho, que aparece no período reprodutivo, e a plumagem marrom, que surge no inverno.

O urso-polar (*Ursus maritimus*) vive nas regiões geladas do Ártico, do Alasca e do Canadá. Ele se alimenta principalmente da carne de focas, que são encontradas próximo à costa. No outono, a fêmea grávida cava um abrigo no gelo, muitos quilômetros longe do oceano, e aguarda o nascimento dos filhotes, geralmente gêmeos. Eles nascem em pleno inverno. Na primavera, a mãe sai da toca com os filhotes e parte em direção à costa, onde poderá caçar.

DANIEL J. COX/CORBIS/LATINSTOCK

Fêmea do urso-polar (*Ursus maritimus*) com seus filhotes. Esse animal é o maior carnívoro terrestre e mede quase 3 m de altura.

Reprodução das plantas

Algumas espécies de plantas também têm estratégias reprodutivas relacionadas ao clima. Por exemplo, o ipê-amarelo (*Tabebuia chrysotricha*) perde as suas folhas no período de seca, entre maio e julho. Em seguida surgem as flores, que depois de fecundadas darão origem aos frutos. Os frutos se abrem e liberam as sementes, que são carregadas pelo vento, caem no solo e podem se desenvolver no início do período das chuvas, em setembro.

A perda das folhas do ipê-amarelo no período de seca garante a sua sobrevivência. Sem as folhas, a perda de água pela transpiração é evitada.

THOMAZ VITA NETO/PULSAR IMAGENS

Ipê-amarelo (*Tabebuia* sp.), em Bálsamo (SP), em 2013. Entre julho e setembro a árvore fica florida e sem folhas. Os frutos liberam as sementes no início das chuvas.

NÃO DEIXE DE ACESSAR

- **Saiba mais sobre as migrações do falcão-peregrino, da borboleta-monarca e do urso-polar em:** <http://www.avesderapinabrasil.com/falco_peregrinus.htm>; <http:/amora.cap.ufrgs.br/2001/projetos/ursos/ursopolar.htm>; <http:/www.ecologia.info/borboleta-monarca.htm>.
- **No *site* da Fiocruz, conheça melhor a flor do ipê, símbolo do Brasil:** <http://www.invivo.fiocruz.br/cgi/cgilua.exe/sys/start.htm?infoid=884&sid=2>. Acessos em: 26 mar. 2015

O CLIMA NO BRASIL

O Brasil é um país muito grande e apresenta diferentes tipos de clima. Fatores como a temperatura, a pressão atmosférica, a altitude e se a região está próxima ou distante do mar influenciam nos tipos de clima de uma região.

O território brasileiro é cortado por duas linhas imaginárias: o Equador e o trópico de Capricórnio. O Equador corta o país ao norte; ao sul, passa o trópico de Capricórnio. Isso significa que a maior parte do país está situada entre essas duas linhas. Nessas regiões prevalecem os climas quentes e úmidos. Em grande parte do território brasileiro, a amplitude térmica é baixa, ou seja, a variação de temperatura é pequena.

CLIMAS DO BRASIL

Fonte: *Atlas geográfico escolar*. Rio de Janeiro: IBGE, 2012.

Os estados mais afastados da linha do Equador, como os da Região Sul, têm variações de temperatura mais acentuadas ao longo do ano, apresentando quatro estações bem definidas. O inverno é mais seco, frio, com ocorrência de geadas e, raramente, neve em algumas cidades; o verão é quente e chuvoso.

Amplitude térmica: diferença entre a temperatura mínima e máxima.

Em países tropicais, como o Brasil, a água é o elemento determinante do ritmo anual da natureza. Principalmente nas regiões Norte, Nordeste e Centro-Oeste não existem quatro estações bem definidas, e sim duas: a estação das chuvas e a estação da seca (ou estiagem). No Norte e Nordeste, por exemplo, o verão corresponde ao período de estiagem, e o inverno, ao período das chuvas. A temperatura pouco se altera ao longo do ano, mas a disponibilidade de água aumenta ou diminui.

As duas fotografias mostram a mesma região no Parque Nacional da Serra da Capivara (PI). A imagem à esquerda no período de estiagem (verão) e, à direita, no período de chuvas (inverno).

FABIO COLOMBINI

FABIO COLOMBINI

SAIBA MAIS

A Amazônia e as mudanças globais

"Desmatamentos e queimadas na Amazônia podem acelerar processos como o aquecimento global, aumentar a ocorrência de fenômenos climáticos extremos e alterar em larga escala os ciclos da água e de nutrientes, essenciais aos seres vivos. O real papel da Floresta Amazônica no clima global ainda está sendo investigado pela ciência, mas estudos feitos nos últimos 10 anos revelam que as interações naturais da floresta com a atmosfera são importantes para a regulação de chuvas e do ciclo hidrológico em toda a América do Sul, com reflexos em outras partes do mundo, e que esses e outros processos são alterados por emissões de gases e partículas decorrentes da derrubada sistemática das árvores ou do uso constante do fogo para a limpeza de terrenos, prática comum na região. A região amazônica também sofrerá importantes impactos ambientais decorrentes das mudanças climáticas em curso no planeta, causadas pelo aumento da concentração dos gases de efeito estufa.

A região amazônica exerce um papel importante na manutenção do clima de toda a América do Sul e ainda tem grande influência no clima global. A região é estratégica, em termos climáticos, devido ao imenso estoque de carbono representado pela floresta tropical e às emissões de gases, partículas e vapor-d'água para a atmosfera. Apesar disso, a floresta está sendo desmatada a uma taxa extremamente elevada (20 mil a 26 mil km² por ano) e as emissões de gases e partículas associadas às queimadas vêm tendo efeitos significativos sobre o ecossistema amazônico e o clima planetário. [...]

[...] [Indicadores] importantes das mudanças climáticas podem ser o aumento da frequência de furacões mais intensos no Caribe e no Pacífico e a redução de 40% na espessura da camada de gelo no Ártico e de 10% na área dessa camada no verão. A quantidade de chuvas nos continentes cresceu 7% nos últimos 100 anos, e também ocorreu um aumento da frequência de eventos extremos (fortes secas ou tempestades), entre muitos outros efeitos.

FLÁVYA MUTRAN/FOLHAPRESS

Seca na Amazônia na região de Santarém (PA), em 2005. Neste ano, a seca foi tão grave que deixou visíveis regiões antes permanentemente cobertas pela água.

O forte e rápido aquecimento verificado na superfície da Terra certamente tem consequências importantes para a manutenção do funcionamento básico dos ecossistemas que sustentam nosso planeta. Simulações climáticas realizadas pelo Instituto Nacional de Pesquisas Espaciais (Inpe), através do Centro de Previsão de Tempo e Estudos Climáticos, e pelo Centro Europeu de Clima apontam a possibilidade de 'savanização' da Amazônia."

[...]

Paulo Artaxo. A Amazônia e as mudanças globais. Revista *Ciência Hoje*, edição 224, 2006. Disponível em: <http://cienciahoje.uol.com.br/revista-ch/revista-ch-2006/224/a-amazonia-e-as-mudancas-globais/?searchterm=clima>. Acesso em: 26 mar. 2015.

Savanização: processo de tornar-se semelhante à savana, com vegetação em que predominam gramíneas e poucos arbustos, característica de regiões de clima seco.

Para pensar

1. Segundo o texto, por que a Floresta Amazônica influencia no clima global?
2. Quais são as consequências das queimadas na Amazônia apontadas pelo texto?
3. Segundo a Organização Meteorológica Mundial (OMM), a última década foi a mais quente desde 1880, quando começaram a se fazer os registros. Quais as consequências desse aumento de temperatura para os seres vivos do planeta?

FENÔMENOS METEOROLÓGICOS

Chuvas intensas, secas prolongadas, vendavais, ciclones e tufões são exemplos de fenômenos ligados direta ou indiretamente às condições atmosféricas. Entre os fenômenos meteorológicos mais frequentes, podemos citar os ventos, as variações de temperatura e as chuvas.

Ventos

O **vento** é o ar em movimento. Como os movimentos podem ser rápidos ou lentos, o vento recebe nomes diferentes, que indicam desde uma sensação agradável até desastres de enormes proporções.

Brisa é o nome dado ao vento fraco, com velocidade que não ultrapassa 20 quilômetros por hora. Podemos perceber a brisa quando vemos a fumaça de alguma chaminé subindo com uma leve inclinação e a folhagem balançando levemente.

Ventos alísios são os ventos que sopram de maneira regular e constante, das regiões tropicais em direção à linha do Equador. Esses ventos fazem tremular as bandeiras, movem os barcos à vela e levantam as pipas.

Ciclone, **furacão** e **tufão** são diferentes nomes para o mesmo fenômeno. Ele se forma sobre o oceano e enfraquece ao atingir o continente por falta de umidade no ar. Nesse fenômeno, a corrente de ar se movimenta em espiral com velocidade superior a 120 quilômetros por hora. Um ciclone pode durar vários dias.

Os **tornados** acontecem quando uma coluna de ar que gira em espiral a altas velocidades conecta uma nuvem de chuva ao solo. Os ventos podem atingir velocidade superior a 400 quilômetros por hora. Os tornados têm grande poder destrutivo. Duram de alguns minutos a poucas horas. Quando ocorrem sobre o mar, recebem o nome de tromba-d'água.

REUTERS/LATINSTOCK

Imagem de satélite do furacão Katrina, em 2005. Os ventos do furacão chegaram a 280 quilômetros por hora.

WAVE/CORBIS/LATINSTOCK

Tornado em Elie, Canadá, em 2007. Observe a coluna de ar conectando uma nuvem de chuva ao solo.

Pista 1

1. Pergunte aos seus parentes ou amigos mais velhos se eles perceberam mudanças no clima do lugar onde moram nos últimos anos. Se perceberam, quais mudanças foram essas? Por que eles acham que isso está acontecendo?
2. Em classe, compartilhe com seus colegas as respostas dadas pelos entrevistados. Eles encontraram respostas similares?

Chuvas

A **chuva** é a precipitação das gotas de água condensada que formam as nuvens. Quando a chuva é muito forte, ela é acompanhada de raios, relâmpagos e trovões.

Os **raios** são descargas elétricas. O relâmpago é a luz emitida pelo raio, e o trovão é o som produzido pela descarga elétrica.

O **para-raios** é um importante equipamento de segurança que atrai os raios e conduz as descargas elétricas para o solo. Com o uso desse equipamento, os raios são desviados de casas, prédios e outros aglomerados urbanos, evitando acidentes.

SERGIO RANALLI/PULSAR IMAGENS

Nos dias de tempestade, é aconselhável que pessoas não busquem abrigo sob locais altos, como árvores, pois os raios geralmente são descarregados nesses locais. Fotografia de raio atingindo a superfície terrestre, em Londrina (PR), em 2015.

Variações de temperatura

Os fatores que influenciam na temperatura de um local são principalmente a inclinação dos raios solares que incidem sobre a região, a espessura da atmosfera atravessada por esses raios e a duração do dia.

As diferentes regiões da Terra recebem luz solar em diferentes ângulos, por causa do eixo de rotação desse planeta, que é inclinado. Na região intertropical (entre os trópicos de Câncer e de Capricórnio), a inclinação dos raios solares é menor. Isso resulta em maior aquecimento e, portanto, em temperaturas mais elevadas.

Na região que vai dos trópicos em direção aos polos, a inclinação dos raios solares é cada vez maior. Isso resulta em menor aquecimento da superfície e, consequentemente, em temperaturas mais baixas.

Na fotografia, vemos uma praia na cidade de Natal (RN). Essa cidade turística brasileira, situada na zona intertropical, é conhecida por ter boa parte dos dias do ano ensolarados. A temperatura média anual da cidade é 26 °C.

RICARDO AZOURY/OLHAR IMAGEM

O TEMPO E A METEOROLOGIA

O termo **meteorologia** vem do grego (*meteoro* = "fenômeno atmosférico" e *logos* = "estudo") e refere-se ao estudo das condições atuais da atmosfera, que permite fazer a previsão do tempo.

A meteorologia pode fazer previsões mais precisas para um curto período de tempo – alguns dias, por exemplo – sobre como serão as temperaturas máximas e mínimas, a umidade relativa do ar, a velocidade do vento e as possibilidades de chuva. Nos jornais, na televisão e em outros veículos de comunicação, esses dados podem ser apresentados em quadros como os mostrados ao lado.

A meteorologia é usada atualmente para:

- avaliar os danos causados na atmosfera pelas atividades humanas, como a poluição do ar;
- prever fenômenos relacionados à atmosfera e que podem influenciar diversas atividades humanas, como riscos para pouso e decolagem de aviões, grandes tempestades, entre outros;
- fornecer informações básicas da atmosfera que podem ser usadas para planejar o uso do solo, melhorar a construção de aeronaves, programar passeios e esportes ao ar livre, transportes, entre outras atividades.

LUIS MOURA

Representação esquemática da previsão do tempo para uma semana de fevereiro em Belo Horizonte (MG). Cores fantasia. Elementos fora de escala de tamanho e de proporção.

Estações meteorológicas

As **estações meteorológicas** são locais que reúnem diversos equipamentos para captação de dados e informações a respeito das condições atmosféricas. Entre as informações registradas por essas estações, podemos citar a umidade do ar, a velocidade e a direção dos ventos, a quantidade de chuva, a temperatura, a pressão atmosférica, entre outras.

Há estações meteorológicas tanto no continente quanto no mar. As estações meteorológicas que ficam no mar registram geralmente a temperatura da superfície da água e a frequência e a altura das ondas.

THAÍS FALCÃO/OLHAR IMAGENS

BRITISH CROWN COPYRIGHT, THE MET OFFICE/SPL/LATINSTOCK

Os dados e as informações coletadas pelas estações meteorológicas são organizados em um banco de dados do clima da região.

Estação meteorológica em Florianópolis (1) e estação meteorológica flutuante estadunidense (2).

Instrumentos meteorológicos

Para ajudar a prever o tempo, as estações meteorológicas dispõem de instrumentos como:

- **pluviômetro**: calcula o índice pluviométrico, ou seja, a quantidade de chuva que caiu em determinada região durante um tempo preestabelecido;
- **anemômetro**: mede a velocidade e a direção do vento;
- **termômetro**: mede as temperaturas do ambiente;
- **barômetro**: mede a pressão atmosférica;
- **higrômetro**: mede a umidade do ar.

DELFIM MARTINS/PULSAR IMAGENS

Pluviômetro da estação meteorológica de Paulínia (SP).

FABIO COLOMBINI

Anemômetro da estação meteorológica de Paulínia (SP).

Existem estações meteorológicas que dispõem de equipamentos como satélites, radares e balões meteorológicos. Esses equipamentos enviam fotografias e informações para potentes computadores que auxiliam os meteorologistas a analisar os dados, fazer estimativas sobre as condições meteorológicas para os dias seguintes e elaborar mapas como o mostrado abaixo.

NÃO DEIXE DE ACESSAR

- **No *site* do Instituto Nacional de Pesquisas Espaciais do Ministério de Ciência e Tecnologia, você encontrará a página do Centro de Previsão do Tempo e Estudos Climáticos (CPTEC).**
  Nela, você poderá aprender mais sobre o clima e o tempo das diferentes regiões do Brasil. Poderá também saber a previsão do tempo para os próximos dias na região onde você mora.
  <http://www.inpe.br>
  Acesso em: 26 mar. 2015.

R2 EDITORIAL

Mapa com a previsão do tempo para o dia 3 de abril de 2015. Feito com base em imagens de satélite.

Fonte de pesquisa: Disponível em: <http://tempo.cptec.inpe.br/>. Acesso em: 26 mar. 2015.

EXPERIMENTE **FAZER**

Construindo uma pequena estação meteorológica

Para pensar

As previsões do tempo são feitas com base no estudo de dados obtidos por vários instrumentos que auxiliam na medição da temperatura, da pressão atmosférica, da quantidade de chuva, da velocidade dos ventos etc. Esses dados são obtidos em estações meteorológicas.

Alguma vez você já viu na televisão ou leu no jornal a previsão do tempo? Que tipo de informação a previsão do tempo normalmente oferece?

Objetivo

- Construir uma pequena estação meteorológica com instrumentos que auxiliam a medição e interpretação de fenômenos atmosféricos.

Materiais

- termômetro ambiental (álcool)
- papel
- lápis
- 4 copos de plástico pequenos (como os descartáveis de café)
- papel-cartão ou papelão
- 1 caneta da qual se possa retirar a carga
- 1 caneta hidrocor
- 1 parafuso grande
- 1 porca
- tesoura de pontas arredondadas
- fita adesiva
- massa de modelar
- 1 relógio com ponteiro de segundos ou cronômetro

Procedimentos

1ª etapa: Verificando o tempo e medindo a temperatura ambiente

1. Observe o estado do tempo todos os dias, no mesmo horário, durante uma semana.
2. Anote em uma tabela os diferentes estados do tempo: ensolarado, nublado, chuvoso etc. Uma sugestão é usar símbolos para representar os estados do tempo.
3. Coloque o termômetro em um local fora da sala de aula. Observe a temperatura todos os dias, no mesmo horário, durante uma semana.
4. Em uma tabela, anote as temperaturas diárias.

2ª etapa: Construção de um anemômetro

1. Corte duas tiras de papel-cartão ou papelão no tamanho de 5 cm de altura por 15 cm de comprimento.
2. Junte as tiras de papel na forma de uma cruz, de modo a deixar as pontas simétricas. Prenda as tiras com fita adesiva de maneira que fiquem bem firmes.
3. Faça um pequeno furo no centro da cruz e introduza o parafuso, como mostra a figura A.
4. Com a caneta hidrocor, pinte a borda externa de um dos copos para distingui-lo dos demais.

RODVAL MATIAS

A

5. Com cuidado, faça um corte no sentido longitudinal na borda externa de um dos lados de cada copo, como se fosse uma ranhura. A ranhura deve ser comprida o suficiente para permitir que a tira de papel ou papelão atravesse o copo, como indicado na figura B.

6. Passe um copo por cada uma das pontas da cruz através da ranhura, introduzindo-as o máximo que puder no lado de dentro de cada copo. Todos os copos devem ser voltados para a mesma direção, como mostra a figura C.

7. Retire a carga da caneta e fixe o parafuso da cruz no tubo da caneta. Ajuste o parafuso no suporte com a porca.

8. Com a massa de modelar, faça uma base para fixar o equipamento. Essa base pode ser de qualquer formato, desde que permita introduzir a haste do equipamento e deixá-lo firme.

9. Depois de fixar o equipamento na base, certifique-se de que a estrutura está ereta e de que os copos estão na posição mais horizontal possível. Está montado o anemômetro.

10. Instale o anemômetro em um lugar onde haja vento.

11. Conte o número de voltas, em 60 segundos (1 minuto), tendo como marco o copo pintado. O resultado obtido é a velocidade aproximada do vento, nesse caso medida em número de voltas por minuto.

12. Observe e anote o número obtido (a velocidade do vento) todos os dias, no mesmo horário, durante uma semana.

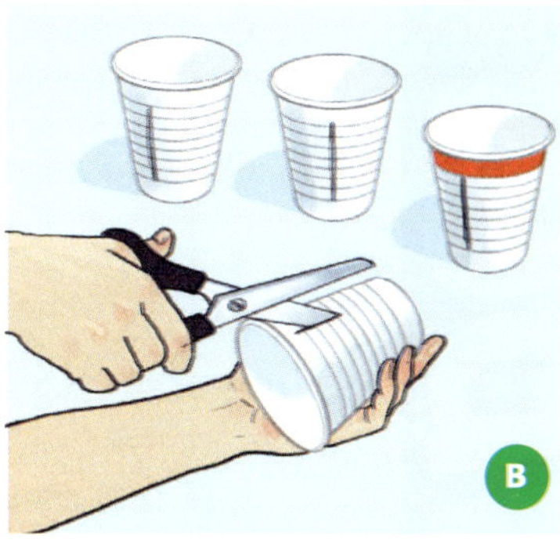

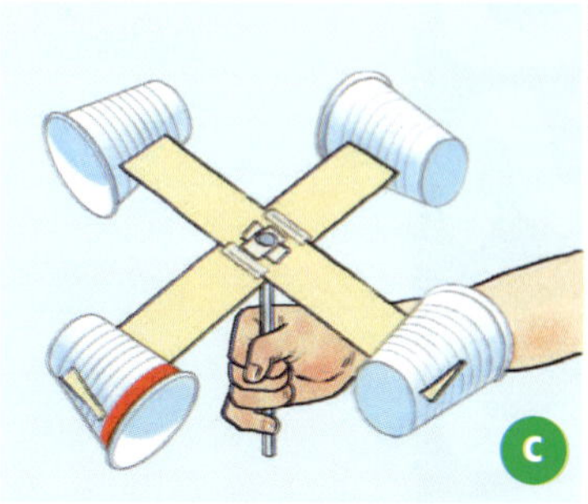

Representações esquemáticas do experimento. Cores fantasia. Elementos fora do tamanho de escala e de proporção.

Resultados

1. Elabore em seu caderno uma tabela com todos os dias da semana. Nessa tabela, registre os dados obtidos pelos dois experimentos: a temperatura e o estado do tempo de cada dia e a velocidade do vento calculada também para cada dia.

2. Observando a tabela montada, responda:

   a. Qual foi a maior temperatura observada? E a menor?

   b. Qual foi o tipo de vento que predominou durante essa semana: brisa (vento leve), ventania (vento forte) ou vento moderado?

Conclusões

1. Compare os dados obtidos com os informados pela previsão do tempo de um jornal ou de um *site*. Que diferenças você encontrou entre os dados que você mediu e os do jornal ou da internet?

2. Os dois dados obtidos pelos instrumentos, de temperatura e da velocidade dos ventos, são suficientes para fazer previsões do tempo?

3. Que outros equipamentos você sugeriria instalar em sua estação meteorológica?

4. Em grupo, apresente um informe noticiário simulando a previsão do tempo para a semana que vocês estudaram, levando em conta as observações e os dados coletados com os instrumentos. Relacione os dados obtidos às características da estação do ano em sua região.

teia do saber

1. Como são obtidos os dados meteorológicos em que se baseiam a previsão do tempo? Cite exemplos de equipamentos que podem ser usados nas estações meteorológicas.
2. Observe a fotografia e leia a letra da cantiga nordestina.

GERSON GERLOFF/PULSAR IMAGENS

O sabiá no sertão
Quando canta me comove
Passa três meses cantando
E sem cantar passa nove
Porque tem obrigação
De só cantar quando chove

Zé Bernardinho,
repentista nordestino.

Sabiá-laranjeira (*Turdus rufiventris*), pássaro com grande distribuição por todas as regiões brasileiras. Mede 25 cm de comprimento.

   a. A letra da cantiga sugere que existem quantas estações?
   b. Segundo a cantiga, qual a duração de cada uma dessas estações?
3. A perda de folhas do ipê-amarelo coincide com o período da seca. Qual é o benefício dessa adaptação para a planta?
4. Por que muitos animais que vivem em clima frio procuram se reproduzir nos períodos de primavera e verão?
5. Em algumas regiões do Pará, famílias indígenas constroem suas casas com paredes em apenas três dos quatro lados. A explicação é simples: a chuva sempre vem na mesma direção e sentido o ano todo. Esse conhecimento dos indígenas pode ser considerado uma avaliação meteorológica ou climática? Justifique.
6. Pesquise quais são os climas do Brasil e suas principais características. Consulte um mapa do país e localize os climas que encontrou na pesquisa.
7. Observe as imagens a seguir, que mostram a paisagem de duas cidades brasileiras. Depois, responda ao que se pede:
   a. O que você pode dizer a respeito do tempo em Maceió e do tempo em São José dos Ausentes?
   b. O que você pode dizer do clima de Maceió? E do clima de São José dos Ausentes?

RUBENS CHAVES/PULSAR IMAGENS

Calçadão da Praia de Ponta Verde, Maceió (AL), em janeiro de 2015.

GERSON GERLOFF/PULSAR IMAGENS

Precipitação de neve em avenida de São José dos Ausentes (RS), em julho de 2013.

8. Qual é a importância da meteorologia para a agricultura?

9. Leia este trecho da letra da música *O xote das meninas*, composta em 1953 por Luiz Gonzaga e Zé Dantas.

> Mandacaru quando fulorá na seca
> É um sinal que a chuva chega no sertão
> Toda menina que enjoa da boneca
> É sinal de que o amor já chegou no coração [...]

> **Fulorá:** é o mesmo que florar ou florescer; na música representa o modo de falar do caboclo nordestino.

O xote das meninas. Luiz Gonzaga/Zé Dantas. © IRMÃOS VITALE

FABIO COLOMBINI

Mandacaru (*Cereus jamacaru*) florido. Essa espécie de cacto pode chegar a 2 m de altura.

a. Nesses versos, os compositores comparam o ritmo da natureza com os ritmos vividos pelos seres humanos. Explique como foi feita essa comparação.

b. Observe a fotografia e pesquise que adaptações o mandacaru apresenta ao clima seco do lugar onde vive.

10. Baseando-se no mapa abaixo, responda às questões:

a. O mapa traz informações sobre o clima ou sobre o tempo? Justifique a sua resposta.

b. Em quais regiões espera-se tempo bom?

c. Qual era a previsão do tempo para a sua região?

d. A confiabilidade e o grau de acerto da previsão do tempo vão diminuindo conforme aumenta a distância em dias da coleta e da análise dos dados meteorológicos. Justifique essa afirmação.

PREVISÃO DO TEMPO PARA O BRASIL OBTIDA PARA 9 DE DEZEMBRO DE 2009

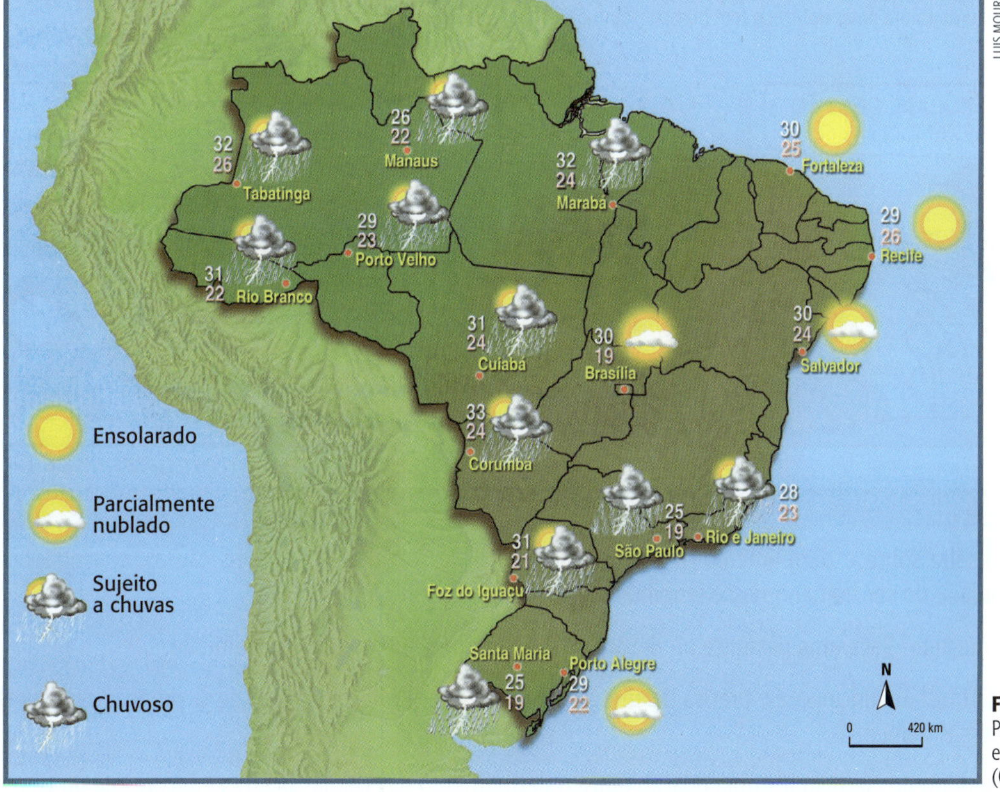

LUIS MOURA

Fonte: Centro de Previsão de Tempo e Estudos Climáticos (CPTEC), 2009.

Representação esquemática da previsão do tempo para o Brasil, obtida em 9 de dezembro de 2009. Temperaturas em graus Celsius (°C). Cores fantasia. Elementos fora de escala de tamanho e de proporção.

16 Modificações na atmosfera

As pesquisas mais recentes feitas nas regiões polares mostram que um aumento de temperatura da Terra pode estar causando mudanças climáticas.

Imagens de satélite fornecem dados importantes para esses estudos e permitem que essas mudanças e seus efeitos sejam analisados em escala global.

SCIENCE PHOTO LIBRARY/LATINSTOCK

SCIENCE PHOTO LIBRARY/LATINSTOCK

Imagens de satélite feitas pela Agência Espacial Americana (Nasa). A imagem da esquerda foi tirada em 1979 e a da direita, em 2014. Observe as diferenças no tamanho da calota polar do Ártico (em branco, sobre o oceano) nesses dois anos.

GARFIELD, JIM DAVIS © 2010 PAWS, INC. ALL RIGHTSRESERVED/DIST. UNIVERSAL UCLICK

BATE-PAPO

1. O que você sabe sobre o derretimento das calotas polares? Fale sobre suas possíveis causas, consequências e a responsabilidade do ser humano nesse fenômeno.
2. O que é termostato? Faça uma pesquisa no dicionário e na internet sobre esse equipamento.
3. Para que o termostato funcione, ele precisa de energia elétrica. Existem várias maneiras de se produzir energia elétrica. Cite duas dessas maneiras.
4. Na tirinha, o dono do Garfield fez uma relação entre o derretimento das calotas polares e o controle do termostato. Que relação ele fez?

MUDANÇAS NA QUALIDADE DO AR E NO CLIMA

A Revolução Industrial, que se iniciou na Inglaterra no século XVIII, provocou intensas mudanças econômicas, sociais e tecnológicas. Foram estabelecidas novas relações de trabalho, algumas tarefas humanas foram substituídas por máquinas, e o processo de produção tornou-se industrial.

A queima de combustíveis fósseis (no início, o carvão mineral e, posteriormente, os derivados de petróleo e gás natural), realizada para movimentar equipamentos e veículos, resultou no aumento da liberação de gases do efeito estufa na atmosfera. A partir dessa época, observou-se uma acentuada alteração na composição da atmosfera.

Podemos observar a fumaça emitida por um caminhão, em São Paulo (SP), em 2011. Os gases poluentes emitidos na fumaça são nocivos à saúde.

Na maior parte das vezes, a combustão incompleta dos combustíveis fósseis libera para a atmosfera gás carbônico, água e gases nocivos à saúde, como o monóxido de carbono emitido pelos escapamentos de veículos.

Atualmente, muitas entidades, organizações e centros de pesquisa vêm alertando para as mudanças climáticas. Como vimos anteriormente, alguns pesquisadores atribuem o aquecimento global ao aumento da quantidade de gases de efeito estufa na atmosfera, emitidos como resultado de diversas atividades humanas. Outros pesquisadores, no entanto, afirmam que essas mudanças climáticas têm origens naturais e fazem parte da dinâmica natural da Terra.

Pista 2

A qualidade do ar pode ser monitorada, isto é, alguns poluentes atmosféricos podem ter a sua concentração avaliada. Os principais poluentes monitorados são as partículas em suspensão, o dióxido de enxofre (SO_2), o monóxido de carbono (CO), o ozônio (O_3) e o dióxido de nitrogênio (NO_2). Como a população tem acesso às informações de qualidade do ar? Na sua cidade, qual é o órgão responsável pelo monitoramento da qualidade do ar?

GASES POLUENTES

Veja a seguir os principais gases que poluem a atmosfera.

Metano

O **gás metano** é produzido pela decomposição de restos de alimentos e seres vivos, pela digestão de animais (principalmente herbívoros), durante a extração de petróleo, entre outros fatores.

Sua presença na atmosfera aumentou muito durante o século XX e continua crescendo. Essa tendência de aumento é atribuída à necessidade de produzir mais alimentos, levando à ampliação da criação de gado, de plantações de arroz e do uso de combustíveis.

A criação de gado é a principal fonte de poluição do ar por gás metano no Brasil.

DELFIM MARTINS/PULSAR IMAGENS

O Brasil tem o maior rebanho comercial de gado do mundo, com cerca de 180 milhões de cabeças. O metano é liberado principalmente pelo arroto do gado. Criação de gado em Sabino (SP), em 2008.

Dióxido de enxofre e dióxido de nitrogênio

Os **gases de enxofre** e de **nitrogênio** são liberados durante a queima de combustíveis fósseis como óleo diesel e gasolina. Quando inalados, esses gases podem provocar alergias, dificuldades respiratórias e até enfisema pulmonar.

O dióxido de enxofre é um dos principais formadores da chuva ácida.

Enfisema pulmonar: doença caracterizada pelo comprometimento dos alvéolos pulmonares, limitando o espaço para trocas de ar.

Gás carbônico

O **gás carbônico** é liberado principalmente por veículos em função da queima de combustíveis, como a gasolina, o óleo diesel e o etanol; pelas usinas termoelétricas na queima de carvão; e pelas refinarias e poços de petróleo.

Embora essencial ao processo de fotossíntese, o excesso desse gás pode provocar o agravamento do efeito estufa. Além disso, mesmo não sendo particularmente tóxico para os seres vivos, em grande concentração pode ocupar o lugar do oxigênio nos processos de troca gasosa, nos pulmões, levando à asfixia do indivíduo.

Monóxido de carbono

O **monóxido de carbono** é um dos produtos da queima incompleta de combustíveis. Em cidades com grande quantidade de veículos, há maior quantidade de monóxido de carbono.

É um gás tóxico e, em excesso, causa asfixia, pois, ao entrar na corrente sanguínea, liga-se à hemoglobina impedindo-a de transportar o gás oxigênio.

Hemoglobina: pigmento vermelho encontrado nas hemácias (ou glóbulos vermelhos) do sangue e responsável pelo transporte do oxigênio dos pulmões até as células do corpo.

EFEITOS DA POLUIÇÃO DO AR

Inversão térmica

A **inversão térmica** é um fenômeno atmosférico que ocorre o ano todo, porém é mais comum no inverno. Nas regiões onde a atmosfera está poluída, esse fenômeno pode causar problemas de saúde.

Na dinâmica da atmosfera, o ar se aquece junto à superfície terrestre, fica menos denso e sobe. Ao subir, ele se resfria, torna-se mais denso e desce.

Desse modo, o ar atmosférico circula constantemente. Nesse processo, o ar, ao subir, carrega para camadas superiores da atmosfera alguns dos poluentes que estavam próximos à superfície.

Em um dia de inverno, porém, o solo pode resfriar rapidamente e, consequentemente, esfriar o ar próximo à superfície. Como o ar mais frio é mais denso, ele fica preso próximo ao solo. E os poluentes, que geralmente se dispersam para camadas superiores levados pelo ar quente, acabam retidos na camada mais baixa da atmosfera.

Esse problema é mais grave em ambientes com grande número de indústrias e de veículos em circulação, como é comum nas grandes cidades.

GASES POLUENTES DISPERSOS NA ATMOSFERA

LUIS MOURA

GASES POLUENTES RETIDOS NA CAMADA MAIS BAIXA

LUIS MOURA

Representação esquemática da atmosfera em dois momentos: na figura A, sem a inversão térmica, e na figura B, com inversão térmica. Observe como os gases poluentes ficam retidos na atmosfera e que há uma camada de ar quente logo após a camada de ar frio que retém os poluentes no fenômeno de inversão térmica. Cores fantasia. Elementos fora de escala de tamanho e de proporção.

Fonte de pesquisa: <http://www.cetesb.sp.gov.br/Ar/anexo/inversao_2.jpg>. Acesso em: 26 mar. 2015.

Diminuição da camada de ozônio

A **camada de ozônio** localiza-se na estratosfera, a uma altitude que varia de 15 a 45 quilômetros acima da superfície terrestre. Essa camada apresenta espessura e quantidade de ozônio variáveis. A camada de ozônio protege os seres vivos do excesso de radiação ultravioleta (raios UV).

Há alguns anos descobriu-se que o clorofluorcarbono (CFC), gás usado em alguns aerossóis e no sistema de refrigeração de geladeiras, destrói o ozônio. Como consequência, a camada formada por esse composto fica menos densa, abrindo passagem aos raios ultravioleta (UV).

Em animais, o excesso de raios ultravioleta pode causar cegueira, principalmente nos que vivem em montanhas e regiões polares. Outras consequências são a alteração da reprodução de anfíbios (sapos, rãs e pererecas) e a morte de microrganismos que vivem nos mares e que são a base da alimentação de muitos animais marinhos.

Em 1987, no Canadá, houve uma conferência mundial para discutir a questão da redução da camada de ozônio. Vários países participantes concordaram em suspender o uso do CFC.

NÃO DEIXE DE ACESSAR

- ***Site* da Companhia de Tecnologia de Saneamento Ambiental de São Paulo (Cetesb).**
  <http://www.cetesb.sp.gov.br>
  Acesso em: 27 mar. 2015.

NASA'S EARTH OBSERVATORY

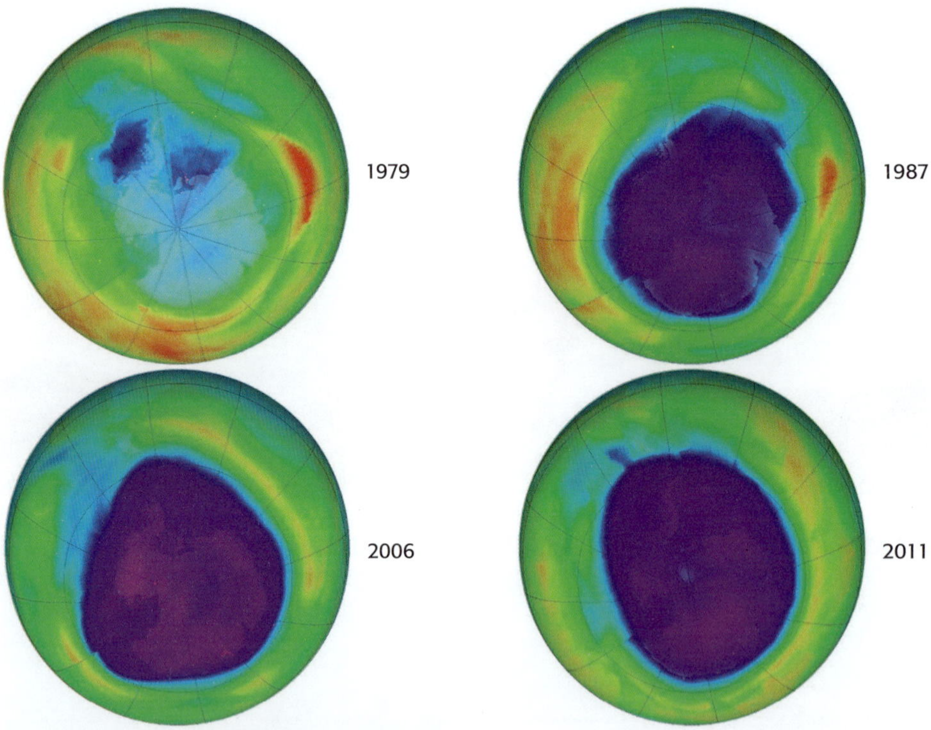

Imagens de satélite do buraco da camada de ozônio sobre a Antártica em roxo na imagem, nos anos de 1979, 1987, 2006 e 2011. Observe o aumento do tamanho do buraco, que tecnicamente representa uma diminuição na espessura da camada.

FIQUE DE OLHO

Os médicos recomendam o uso de filtro solar todos os dias. Além disso, sugerem que se evite a exposição prolongada ao sol após as 10 horas da manhã, quando os raios ultravioleta chegam à superfície terrestre com mais intensidade.

- Faça uma pesquisa na internet ou em livros e revistas sobre os protetores solares e a importância do seu uso.
- Com os dados da pesquisa, reúna-se com os colegas, façam cartazes e elaborem uma campanha na escola a respeito da importância de proteger a pele da exposição ao sol.

Aumento da quantidade de gases de efeito estufa na atmosfera

Você já estudou que o gás carbônico, o metano e outros gases chamados gases de efeito estufa fazem parte da atmosfera da Terra. Esses gases retêm parte do calor liberado pela superfície do planeta, mantendo sua temperatura média relativamente constante. Assim, a atmosfera age como o vidro de uma estufa, conservando o calor e mantendo a temperatura do ambiente. Essa propriedade é chamada de **efeito estufa**, fundamental para a manutenção da vida em nosso planeta.

Os cientistas observaram que, ao longo dos dois últimos séculos, as temperaturas médias do planeta têm aumentado. Estima-se uma elevação de até 4 °C na temperatura média do planeta até o fim deste século. Esse efeito é chamado de **aquecimento global**.

Os pesquisadores têm citado como consequências da intensificação do efeito estufa:

- o derretimento do gelo dos polos e das geleiras;
- a subida do nível dos oceanos e das geleiras;
- a submersão de ilhas oceânicas;
- o desaparecimento de regiões litorâneas;
- alterações no clima e consequentes alterações na flora e na fauna (alterações no ambiente podem causar a morte de alguns seres vivos e favorecer a reprodução de outros).

NÃO DEIXE DE LER

- **Preserve a atmosfera.** John Baines. São Paulo: Scipione, 2002.
- **O ambiente e atmosfera.** Samuel Murgel Branco. São Paulo: Moderna, 1999.

ULSTEIN BILD/GETTY IMAGES

FLICKRVISION/GETTY IMAGES

Geleira em Aletsch, na Suíça, em 1964 (à esquerda) e em 2013 (à direita). Nos últimos anos, a geleira vem diminuindo por causa das consequências do aquecimento global.

Pista 3

As plantas consomem o gás carbônico do ar, enquanto liberam oxigênio durante o processo da fotossíntese. Assim, é muito importante que haja plantas nas cidades. Porém, não apenas nos canteiros de avenidas e em calçadas, mas principalmente em grandes aglomerações vegetais, como parques. No entanto, muitos parques são destruídos para dar espaço a prédios e garagens. O que a população pode fazer para ajudar na preservação de parques?

1. Como o monóxido de carbono pode prejudicar a saúde humana?

2. A poluição causada pela fumaça do cigarro afeta os fumantes passivos, ou seja, aqueles que não fumam mas convivem com pessoas que fumam.

Leia a seguir o depoimento de uma criança que foi entrevistada para uma pesquisa sobre fumantes passivos.

> Normalmente, quando eu estou na TV, na sala, eles sentam lá para conversar, e acabam, assim, acendendo um cigarro. Se eu estou aqui no sofá, na ponta do sofá, eu peço para ele fumar para lá, para a fumaça não ir bem na minha cara. Aí eu fico no sofá pequeno, ele fica lá fumando. Mas eu chego, abro a janela, ligo o ventilador, tudo para sair a fumaça, que o cheiro é desagradável, certo? Eu não fico perto deles, fico longe, porque eu não gosto da fumaça e começo a tossir. Então, eu vou para outro lugar, no computador ou no meu quarto, para ficar longe. Ele me chama, quando eu chego lá, ele pega outro cigarro e fuma de novo... Aí eu saio de novo, volto lá para o quarto. Quando ele me chama eu não vou.
>
> Ana Maria Cavalcanti Lefèvre et al. Pais fumantes: o que pensam seus filhos? *Revista Brasileira de Crescimento e Desenvolvimento Humano*. São Paulo, v. 16, n. 2, ago. 2006. Disponível em: <http://www.revistas.usp.br/jhgd/article/viewFile/19791/21860>. Acesso em: 6 jun. 2015.

a. O que a criança entrevistada faz para mostrar aos pais que não gosta da fumaça do cigarro?

b. Que atitude um fumante passivo pode tomar para preservar sua saúde quando alguém fuma perto dele?

c. De que maneira um gás poluente qualquer pode fazer mal à saúde?

3. Observe os esquemas.

COMPARAÇÃO ENTRE UMA ESTUFA DE VIDRO E O EFEITO ESTUFA DA TERRA

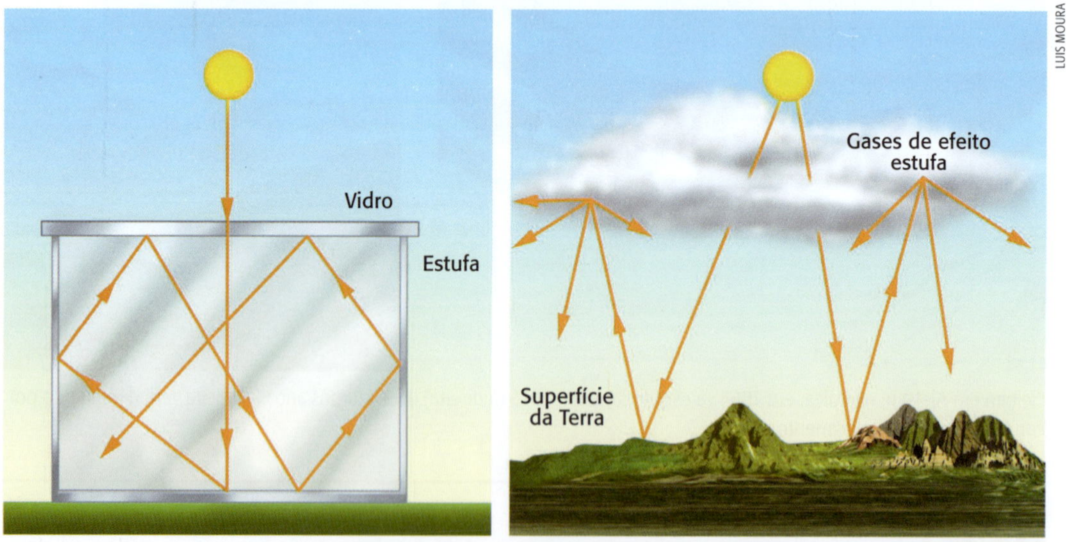

Representação esquemática de uma estufa de vidro e do efeito estufa na superfície da Terra. Cores fantasia. Elementos fora de escala de tamanho, de distância e de proporção.

a. O que esses esquemas representam?

b. O que acontece com os raios solares que entram na estufa agrícola?

c. Na natureza, que elementos fazem o papel do vidro?

d. Quais as diferenças entre o efeito estufa e a inversão térmica? Cite pelo menos três.

4. O gráfico mostra o aumento da quantidade de veículos no Brasil de 2000 até 2014.

EVOLUÇÃO DO TOTAL DA FROTA DE 2000 A 2014

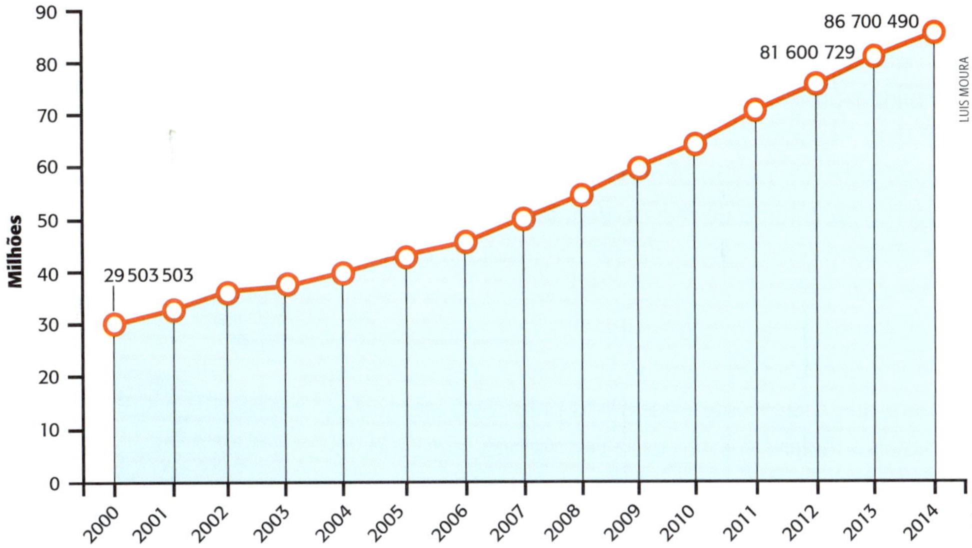

Fonte: DENATRAN, 2015.

a. Esse aumento pode ter contribuído para o aquecimento global? Por quê?

b. Faça um pequeno texto relacionando queima de combustíveis fósseis e efeito estufa.

5. A Companhia Ambiental do Estado de São Paulo (Cetesb), na década de 1970, motivada pelas condições meteorológicas desfavoráveis à dispersão de poluentes atmosféricos durante o inverno, desenvolveu a "Operação Inverno". A partir de então, mediu a qualidade do ar em várias áreas da grande São Paulo com o objetivo de intervir junto às empresas ou ao tráfego de veículos para diminuir a quantidade de emissão de poluentes. Analise o gráfico e responda ao que se pede.

EVOLUÇÃO DAS CONCENTRAÇÕES MÉDIAS DE MONÓXIDO DE CARBONO

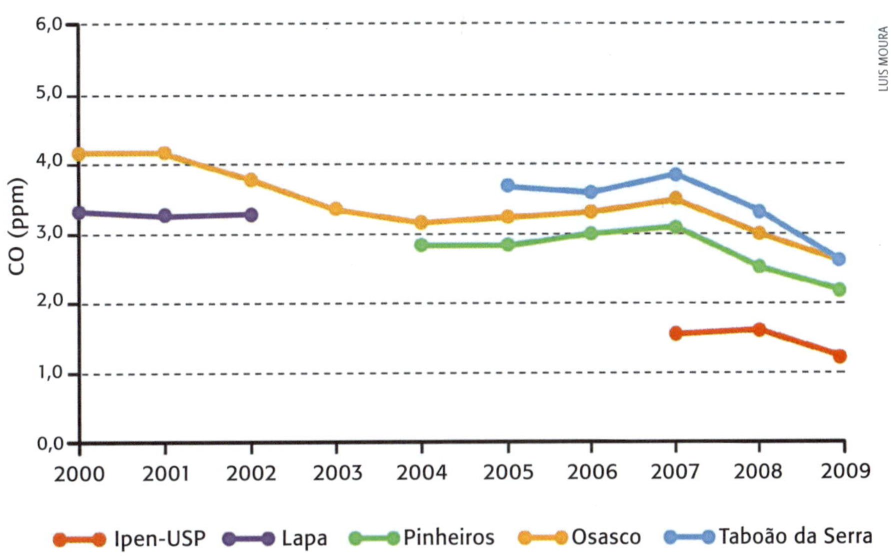

a. O que mostra o gráfico?

b. Quais locais apresentam maiores concentrações de monóxido de carbono?

c. Com base nessas informações, que trecho corresponde ao fenômeno da inversão térmica?

d. Levando em conta que a região metropolitana de São Paulo é uma das que têm mais pessoas no mundo, relacione inversão térmica, qualidade do ar e número de veículos.

6. Leia a notícia a seguir e depois responda à questão.

Cientistas acompanham urso em busca de gelo no mar durante 9 dias

Um urso-polar nadou continuamente por nove dias, cobrindo uma distância de 687 quilômetros em busca de gelo, segundo identificou uma pesquisa de zoólogos americanos. Os pesquisadores, que estudavam os ursos-polares no entorno do mar de Beaufort, no norte do Alasca, afirmam que o feito pode ser um resultado do degelo provocado pelas mudanças climáticas.

Os ursos-polares são conhecidos por nadar entre a terra e *icebergs* para caçar focas. Mas os pesquisadores dizem que o crescente degelo nos polos está levando os animais a nadar distâncias cada vez maiores, arriscando as suas próprias saúdes e as das futuras gerações.

Cientistas acompanham urso em busca de gelo no mar durante 9 dias. © BBC 26.01.2011. Disponível em: <http://g1.globo.com/ciencia-e-saude/noticia/2011/01/cientistas-acompanham-urso-em-busca-de-gelo-no-mar-durante-9-dias.html>. Acesso em: 27 mar. 2015.

PAUL SOUDERS/CORBIS/LATINSTOCK

Urso-polar durante procura por gelo no mar de Beaufort, no Alasca.

- A que fenômeno atmosférico você atribui o degelo mencionado no texto?

7. O Brasil age para proteger e recuperar a camada de ozônio há quase duas décadas, a partir da publicação da Portaria 01/10.08.1988, da Secretaria Nacional de Vigilância Sanitária. O órgão foi extinto em abril de 1999 com a criação da Agência Nacional de Vigilância Sanitária (Anvisa), vinculada ao Ministério da Saúde. Observe o gráfico.

CONSUMO DE CFC NO BRASIL – METAS DO PROTOCOLO DE MONTREAL

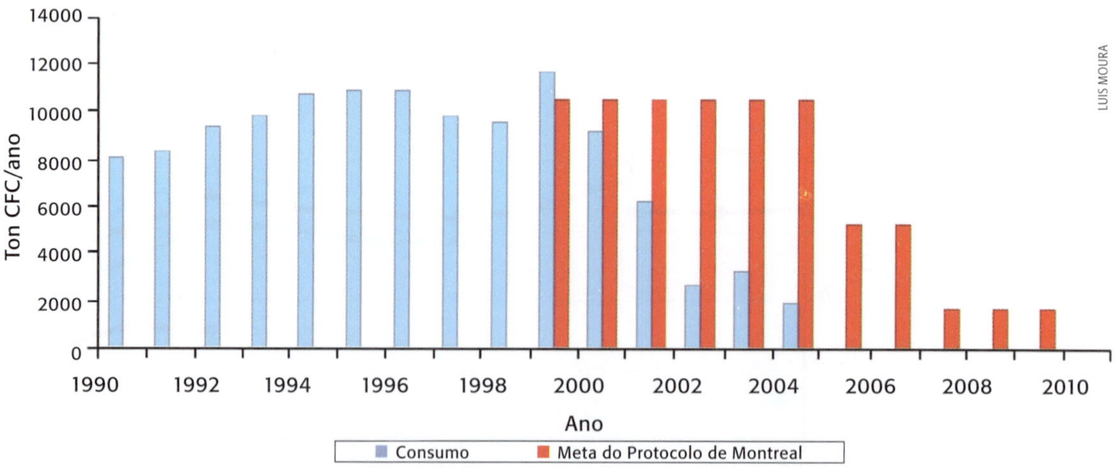

LUIS MOURA

Fonte: *Plano Nacional de Eliminação dos CFCs*. Coordenação de Ozônio, Ministério do Meio Ambiente, 2007.

a. O que representa esse gráfico?

b. O que é CFC?

c. Com as ações que vêm sendo executadas, o Brasil passou de um consumo de aproximadamente 10 mil toneladas de CFC, em 1995, para aproximadamente 480 toneladas, em 2006 – uma redução superior a 95%. O Brasil cumpriu o acordo das metas estabelecidas em Montreal para a redução do gás que destrói a camada de ozônio?

8. Leia o texto e responda:

> O aumento na quantidade de partículas de poeira e gases na atmosfera também afeta a formação de nuvens e de chuva. Pesquisas realizadas na Amazônia já demonstraram que as nuvens formadas em regiões que sofrem com o excesso de queimadas ficam carregadas de poeira e gás carbônico. As gotículas de água, neste caso, ficam em maior número, mas em menor tamanho, fato que torna as chuvas menos frequentes.

a. Como as partículas de poluição influenciam as chuvas?

b. Quais as consequências do aumento da poluição na Amazônia?

9. Observe a fotografia e responda.

a. O que aconteceu com os seres vivos dessa floresta?

b. Qual é o principal poluente formador de chuva ácida? Qual é sua fonte de liberação?

SPL/LATINSTOCK

Floresta, na República Tcheca, devastada por chuvas ácidas.

10. Um dos problemas a serem contornados na construção de aterros sanitários é a produção de gás metano. Esse gás deve ser queimado para evitar o risco de explosões. Como é produzido o gás metano nesses locais? Quais as consequências da liberação desse gás, na atmosfera?

Desfecho

A poluição do ar está associada ao modo de vida atual do ser humano. São carros, indústrias e desmatamentos liberando cada vez mais poluentes e consumindo menos gás carbônico (no caso das plantas). Porém, para que o planeta Terra continue sendo habitável, algumas ações precisam ser feitas e elas podem começar em pequenas mudanças diárias. Quais são as ações individuais e coletivas para diminuir a poluição do ar? Discuta com os colegas.

Encerrando a unidade

1. Nesta unidade, você aprendeu a respeito das formas em que as condições da atmosfera afetam os seres vivos. Em grupos, escrevam sobre um dos temas abaixo.

- **O tempo e o clima**
- **Os climas da Terra**
- **O clima e a vida**
- **A previsão do tempo**
- **As transformações da atmosfera**

2. Depois, apresentem os textos para a classe. Complementem-nos com as sugestões dos colegas. Se possível, publiquem os textos na internet. Vocês podem criar um *blog* especialmente para isso.

EM AÇÃO

Denunciar a poluição no bairro

O exercício da cidadania envolve direitos e deveres.

É dever do cidadão tomar atitudes para minimizar a poluição do ar e os danos causados ao meio ambiente. Para isso é preciso saber identificar quais são os agentes poluidores e como agir para mobilizar outros cidadãos e as autoridades locais.

Para pensar

- A poluição afeta a vida dos moradores da região onde você vive?
- O que é possível fazer para minimizar os efeitos da poluição do ar e alertar as autoridades locais?

Atividades

Primeira etapa: Pesquisa

A classe será dividida em cinco grupos. Cada grupo ficará responsável por pesquisar um aspecto que possa estar ligado à poluição do ar no bairro onde a escola se localiza. Em um dia determinado e com a companhia do professor, ou de pessoa indicada por ele, percorrer as ruas do bairro, observar quais são as principais fontes poluidoras e conversar com os moradores.

As indústrias são obrigadas a ter filtros especiais nas chaminés e há um limite de partículas que podem ser lançadas na atmosfera. Não cumpridas as exigências, é dado um prazo para as indústrias se adequarem. Se não se adequarem, serão proibidas de funcionar.

STEFAN ERNST/PICTURE PRESS/LATINSTOCK

Grupo 1: Pesquisar se no bairro existem indústrias que emitem fumaça pelas chaminés, por quanto tempo ela é eliminada em cada dia, se os moradores do local sentem desconforto que possa ser causado pela fumaça emitida.

Grupo 2: Verificar a quantidade de fuligem sobre os objetos e as plantas. Para isso, pendurar panos brancos em alguns lugares da escola, sobre as folhas das plantas e nas grades dos portões, por exemplo. Verificar depois de uma semana se o pano acumulou partículas escuras, que podem indicar poluição.

Grupo 3: Examinar os troncos das árvores para verificar a presença de liquens. É importante observar o número e a variedade de liquens sobre as árvores de algumas ruas ao redor da escola. Se possível, comparar os troncos das árvores em outros lugares da cidade, como os parques afastados do centro.

Grupo 4: Em companhia do professor ou de uma pessoa indicada por ele, e em dia previamente combinado, visitar o posto de saúde do bairro para saber qual o número de atendimentos dos moradores do bairro no decorrer do ano, principalmente pessoas com problemas respiratórios e crianças que necessitam de inalação.

Grupo 5: Verificar se há acúmulo de lixo nas calçadas ou em terrenos baldios no bairro e se há locais com mau cheiro ocasionado pela decomposição desse lixo. Verificar também se há esgoto correndo a céu aberto ou algum córrego ou rio com acúmulo de dejetos e malcheiroso.

Segunda etapa: Resultados da pesquisa

Em sala de aula, depois da coleta dos dados, os grupos devem se reunir para trocar informações sobre a pesquisa que fizeram e concluir qual é a qualidade do ar no bairro. Se os dados mostrarem que não há fontes poluidoras, a qualidade do ar pode ser considerada muito boa.

Se algum grupo identificar alguma fonte poluidora do ar, deve comunicar esse fato aos moradores do bairro e à prefeitura da cidade.

Os fatos podem ser comunicados de várias maneiras, entre elas:

- Escrever uma carta ou um *e-mail* às autoridades competentes (vereadores ou chefes da Secretaria do Meio Ambiente) denunciando a(s) fonte(s) poluidora(s).
- Denunciar o fato usando as redes sociais ou fazer um *blog* da turma da classe, relatando a atividade e os resultados obtidos, bem como as opiniões de estudantes e de moradores do bairro.

Escolham uma forma de divulgação dos resultados e mobilização da população e exerçam o direito de respirar um ar menos poluído e viver com mais qualidade.

FABIO COLOMBINI

Os liquens são formados pela associação de algas e fungos. São excelentes indicadores da poluição do ar por serem sensíveis aos poluentes.

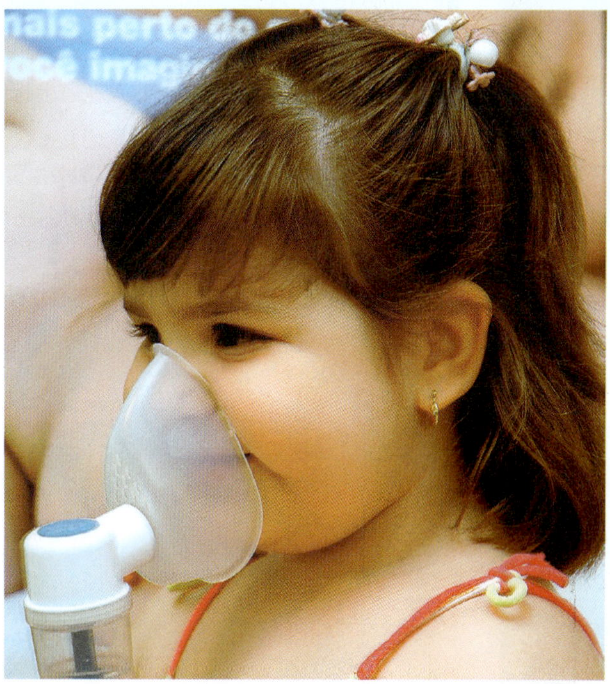

FERNANDO FAVORETTO/CRIAR IMAGENS

As crianças são as que mais sofrem com a poluição do ar.

BIBLIOGRAFIA

BIZZO, N. *Ciências:* fácil ou difícil? São Paulo: Ática, 2004.

BORUCHOVITCH, E. (Org.). *A motivação do aluno*. Petrópolis: Vozes, 2001.

BRAGA, M. et al. *Galileu e o nascimento da ciência moderna*. São Paulo: Atual, 2008.

BRANCO, S. M. *Água*: origem, uso e preservação. São Paulo: Moderna, 1992.

BRANCO, S. M.; CAVINATTO, V. M. *Solos*: a base da vida terrestre. São Paulo: Moderna, 1999.

CAVINATTO, V. M.; RODRIGUES, F. L. *Lixo, de onde vem? Para onde vai?* São Paulo: Moderna, 1997.

CHASSOT, A. *A Ciência através dos tempos*. São Paulo: Moderna, 1994.

COLL, C. et al. *Aprendizagem escolar e construção do conhecimento*. Porto Alegre: Artmed, 1994.

CUNHA CAMPOS, M. C.; NIGRO, R. G. *Didática de Ciências*: o ensino-aprendizagem como investigação. São Paulo: FTD, 1999.

FARIA, R. P. *Visão para o Universo*. São Paulo: Ática, 1996.

FISCHER, L. *A ciência no cotidiano*: como aproveitar a ciência nas atividades do dia a dia. Rio de Janeiro: Jorge Zahar Editor, 2004.

GADOTTI, M. *História das ideias pedagógicas*. São Paulo: Ática, 1993.

GROTZINGER, J.; JORDAN, T. *Para entender a Terra.* 6. ed. Porto Alegre: Bookman, 2013.

LEPSCH, I. F. *Formação e conservação dos solos*. São Paulo: Oficina de Textos, 2002.

LUTGENS, F.; TARBUCK, E. *The atmosphere*: introduction to meteorology. Upper Saddle River: Prentice Hall, 1998.

MACEDO, L. *Ensaios construtivistas*. São Paulo: Casa do Psicólogo, 1994.

MACHADO, N. J. *Cidadania e educação*. São Paulo: Escrituras, 1997.

OLIVEIRA, M. K. *Vygotsky, aprendizado e desenvolvimento*: um processo sócio-histórico. São Paulo: Scipione, 1993.

OLIVEIRA. D. de. *O solo sob nossos pés*. São Paulo: Atual, 2010.

PERRENOUD, P. *10 novas competências para ensinar*. Porto Alegre: Artmed, 2000.

PRIMAVESI, A. *Manejo ecológico do solo*. São Paulo: Nobel, 2002.

REBOUÇAS, A. *O uso inteligente da água*. São Paulo: Escrituras, 2004.

RIDPATH, I. *Guia ilustrado Zahar*: Astronomia. Rio de Janeiro: Jorge Zahar Editores, 2007.

SCARLATO, F. C.; PONTIN, J. A. *Do nicho ao lixo*: ambiente, sociedade e educação. São Paulo: Atual, 2011.

TEIXEIRA, W. et al. *Decifrando a Terra*. São Paulo: Nacional, 2009.

WEISSMANN, H. (Org.). *Didática das Ciências Naturais*: contribuições e reflexões. Porto Alegre: Artes Médicas Sul, 1998.

ZEICHNER, K. M. *A formação reflexiva de professores:* ideias e práticas. Lisboa: Educa, 1993.

Jornadas.cie

Caderno de Atividades 6

Ciências

Organizadora:
Editora Saraiva
Obra coletiva organizada e produzida pela Editora Saraiva

Editora responsável:
Isabel Rebelo Roque
Bacharel em Medicina Veterinária pela Faculdade de Medicina Veterinária e Zootecnia da Universidade de São Paulo. Editora.

Elaboração das atividades: Ana Caperuto
Edição: Daniela Muramatsu
Fabíola Bovo Mendonça (Coord.)
Mayra S. Hatakeyama Sato

Editora Saraiva

APRESENTAÇÃO

Caro(a) estudante,

Você já experimentou a sensação de encontrar tantas informações sobre um assunto que mal consegue relacioná-las ou selecionar as mais relevantes?

Estamos em constante contato com as mais diversas informações e pontos de vista, e tudo isso nos chega por diferentes meios – conversas com familiares e amigos, aulas, redes sociais na internet, programas de televisão ou rádio, filmes, jornais, revistas, livros etc.

Já se sabe, entretanto, que a facilidade de acessar as informações que nos interessam não é suficiente para nos tornar sujeitos ativos e autônomos na construção dos saberes que queremos.

Para possibilitar que você construa – individualmente ou em grupo – aprendizagens significativas, elaboramos este *Caderno de Atividades*. Aqui apresentamos um conjunto de atividades relacionadas aos conteúdos estudados nas suas aulas de Ciências. Essas atividades têm como principal objetivo ajudar você a desenvolver suas habilidades e competências para que possa atuar com liberdade e segurança na sociedade do conhecimento em que vivemos.

Seu *Caderno de Atividades* está dividido em unidades, acompanhando a organização do Livro do Estudante. Em cada unidade, você encontra as seções: *Reveja a jornada*, que propõe atividades de revisão e avaliação dos principais conteúdos conceituais da unidade; *Outro olhar*, que retoma uma seção do livro e sugere diferentes formas de ver ou diferentes dimensões de abordagem do conteúdo ou objeto de estudo da seção, e *Leitura do mundo*, que propõe uma atividade reflexiva acerca de temas presentes na sua vida de estudante e cidadão, como convívio social, sustentabilidade, tecnologia e cultura de povos tradicionais. Nessas três seções, você encontrará práticas de leitura e de interpretação de textos e imagens, pesquisas, debates, vídeos, reflexão crítica e expressão escrita, entre outros desafios. Caso tenha dúvidas, poderá contar com a mediação do(a) professor(a) para solucioná-las e esclarecê-las.

As práticas propostas neste *Caderno de Atividades*, somadas às do seu livro ***Jornadas Ciências***, vão ajudar você a construir seu próprio conhecimento sobre Ciência e a avaliar criticamente as consequências da aplicação do conhecimento científico na sociedade em que vive, ampliando sua compreensão sobre processos, fenômenos e conceitos biológicos.

Convidamos você a fazer conosco mais esta jornada!

Os editores

SUMÁRIO

UNIDADE 1

Universo

Reveja a jornada

1. Leia as afirmações a seguir e indique aquelas que são verdadeiras (V) e as que são falsas (F), justificando sua resposta caso a afirmação seja falsa.

a) ( ) O Universo tem um tamanho limitado, que é conhecido pela Ciência.

b) ( ) Galáxias são grandes conjuntos de corpos celestes, que incluem estrelas, planetas e asteroides, entre outros.

c) ( ) Uma estrela, como o Sol, é um corpo celeste que emite luz própria.

d) ( ) Júpiter é um exemplo de planeta-anão, já que é muito pequeno para ser considerado um planeta.

e) ( ) Meteoros são corpos celestes também chamados de meteoroides ou meteoritos.

f) ( ) A Lua é um exemplo de satélite artificial que orbita em torno da Terra.

2. Associe corretamente os termos da coluna da esquerda às definições na coluna da direita.

a) Estrelas
b) Asteroides
c) Planetas
d) Cometas
e) Galáxias

( ) Grandes conjuntos de corpos celestes: estrelas, planetas e satélites, asteroides, cometas e outros.

( ) Corpos celestes arredondados que giram em torno de uma estrela e que não têm luz própria; podem ter composição gasosa ou rochosa.

( ) Corpos celestes formados por gelo (água e outras substâncias solidificadas) e partículas, e que adquirem uma longa cauda de vapor quando se aproximam do Sol.

( ) Rochas de formato irregular e tamanhos variados, podendo atingir até cerca de 1 000 quilômetros de diâmetro, que orbitam estrelas ou outros corpos celestes.

( ) Corpos celestes de formato esférico que emitem luz própria e são classificados conforme o tamanho, o brilho e a temperatura.

3. Complete o esquema a seguir esquematizando os planetas do Sistema Solar, na ordem crescente de distância do Sol. Lembre-se também de desenhá-los mantendo a proporção de tamanho entre eles e de nomeá-los.

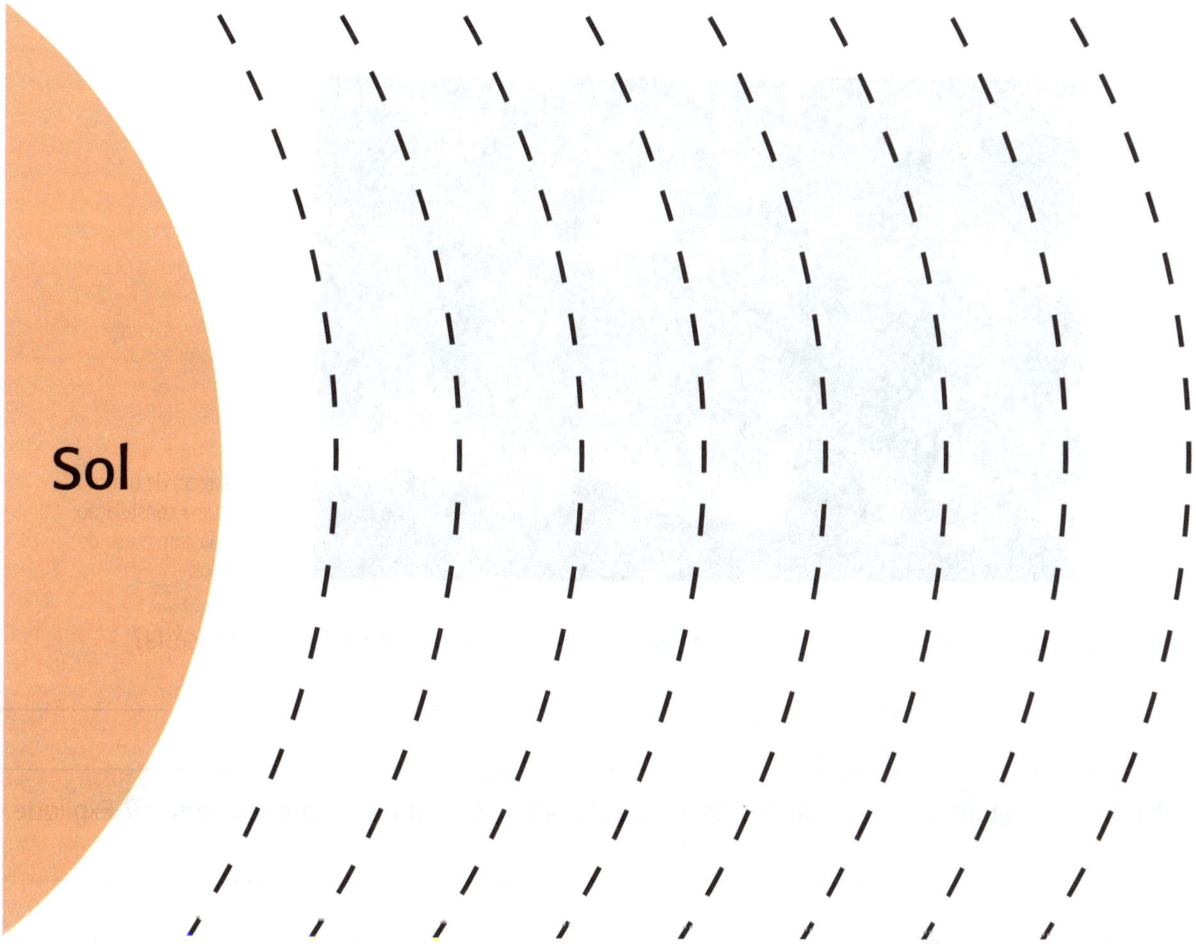

4. Complete as frases a seguir com os nomes dos diferentes tipos de satélites artificiais:

a) Satélites ______________________: monitoram os corpos celestes para fins de estudos astronômicos.

b) Satélites ______________________: permitem a troca de informações entre diferentes partes do planeta.

c) Satélites ______________________: permitem a localização de áreas desmatadas e também a identificação de queimadas.

d) Satélites ______________________: permitem localizar navios, aviões e até pessoas em qualquer parte do mundo.

e) Satélites ______________________: coletam informações que ajudam especialistas a prever as condições do tempo.

5. Explique por que os cometas adquirem uma longa cauda de vapor quando, em sua órbita, aproximam-se muito de uma estrela.

____

____

____

____

____

6. Observe a imagem a seguir e responda às questões.

VCHAL/SHUTTERSTOCK

Nessa imagem de um céu noturno, uma constelação foi realçada com o uso de computador.

a) Que constelação está em destaque na imagem? O que lhe permitiu identificá-la?

____

____

b) Pode-se afirmar que as estrelas dessa constelação estão muito próximas entre si? Explique.

____

____

c) Cite dois exemplos da importância do conhecimento sobre as constelações para a civilização humana.

7. Leia a seguir um trecho de uma reportagem de jornal e responda às questões.

> **"Lua 'some' neste sábado e astrônomos aproveitam para pesquisar o céu**
>
> [...]
>
> O 'sumiço' da Lua é algo muito comum durante a fase da Lua Nova. Nesse período, explica o cientista [Antônio Araújo Sobrinho, presidente da Associação Riograndense de Astronomia (Anra)], é que devemos mirar os telescópios para o céu com o intuito de observar melhor outros corpos celestes.
>
> 'Muita gente acredita que a fase da Lua Cheia é a melhor fase para se usar o equipamento. Pelo contrário, para ver a Lua, sem telescópio é ótimo. Mas os melhores detalhes tanto da Lua quanto de outros planetas ocorrem nas fases de Lua Minguante ou Lua Crescente', explica.
>
> [...]"
>
> Agência Brasil. Lua "some" neste sábado e astrônomos aproveitam para pesquisar o céu. *Folha de S.Paulo*. Disponível em: <http://www1.folha.uol.com.br/ciencia/2016/01/1727273-lua-some-neste-sabado-e-astronomos-aproveitam-para-pesquisar-o-ceu.shtml>. Acesso em: jan. 2016.

a) Por que o cientista afirma que a fase da Lua Cheia é boa para a observação da Lua sem telescópio?

b) Qual a importância do uso de instrumentos como o telescópio para o estudo dos corpos celestes?

8. A imagem a seguir foi capturada pelo telescópio espacial *Hubble* e mostra um aglomerado de galáxias. Observe-a com atenção e responda às questões.

NASA/ESA

Aglomerado de galáxias em imagem capturada pelo telescópio espacial *Hubble*.

a) Você acha que essa imagem poderia ter sido obtida utilizando uma luneta ou um telescópio óptico posicionado na Terra? Explique sua resposta.

____

____

b) A imagem nos mostra que, além da Via Láctea, galáxia na qual está localizado o planeta Terra, existem muitas outras galáxias no Universo. Com base no que você estudou na unidade 1 do Livro do Estudante, você diria que os cientistas estão próximos de conhecer todo o Universo? Redija um parágrafo explicando seu ponto de vista.

____

____

____

____

____

____

Outro olhar

No *Infográfico* "A conquista do espaço" (páginas 34 e 35 do Livro do Estudante), você conheceu alguns dos passos que levaram o ser humano à conquista do espaço. Leia as informações a seguir para que você possa compreender melhor esses passos e contextualizá-los historicamente.

A conquista do espaço também é, com frequência, chamada de corrida espacial. É assim que ficou conhecida uma intensa disputa entre dois países muito poderosos, principalmente entre as décadas de 1950 e 1970. Para provar que eram tecnologicamente mais desenvolvidos e, consequentemente, mais poderosos, esses países buscaram sempre estar um passo à frente do outro na conquista do espaço. O período em que ocorreu a corrida espacial é chamado de Guerra Fria.

1. Volte às páginas 34 e 35 do Livro do Estudante e releia os eventos ocorridos durante o período relatado. Que países se enfrentaram diretamente nessa corrida?

2. Reunidos em grupos de quatro estudantes, pesquisem sobre o que foi a Guerra Fria. Depois, redijam um pequeno texto explicando qual foi sua origem, por que recebeu esse nome e como se deu seu fim.

3. Em sua opinião, houve ganhos para a Ciência com a corrida espacial? Discuta com os colegas e explique seu ponto de vista.

Leitura do mundo

A seguir, está reproduzido um trecho de um livro sobre os mitos do povo indígena Xavante. As expressões em destaque correspondem a termos da língua xavante que, de modo geral, têm seus significados em português explicados no próprio texto, antes ou depois dos termos. Leia o texto e responda às questões.

"A história do tempo da escuridão

Naquele tempo não existia o céu, nem o dia, era tudo escuro. Era escuro mesmo, era noite. O tempo todo escuro. Não havia fogo também. Antigamente o nosso povo, nossos avós viviam no escuro.

[...]

Na escuridão, o menino luz da lua

Os meninos estavam assando ovo de ema, **ma**, debaixo do fogo.

[...]

Mas o ovo da ema é muito duro, difícil de ser quebrado. Só jogando no chão não quebra; pode dar paulada, também não quebra. Pedra não quebra, só racha.

Tem de ter muita energia, calor. O menino jogou o peito dele em cima. Quebrou com o peito.

Quando ele quebrou, a clara do ovo quente pegou no rosto dele, ele gritou de dor: 'Asururu, asururu'... Ai! ai! ai! ai!

[...]

Ele foi rolando, rolando, rolando, dentro do lago, no fundo da água. Esse **ai'repudu** criou a lua. Primeiro foi a lua. Ele virou **a'amo**, a lua.

O ovo da ema tem a gema pequenininha, mas uma clara muito grande, branca, virou a lua.

No dia seguinte, a lua começou a sair. Então, começou a clarear. O menino virou lua... Assim é como essa lua existe hoje, para nós.[...]

O menino luz do sol

No dia seguinte, o grupo dos **ai'repudu** começou a brincar de novo no lago, **pu**. [...]

Então todos saíram, um deles ficou sentado no brejo, cheio de palmeira de buriti.

Ele chegou e perguntou do que eles estavam brincando:

— Nós estávamos brincando de subir nesse pé de buriti, no **uiwede**.

[...]

A árvore era muito grande, não dava para subir. Ele abriu o braço todo, não dava para agarrar o tronco. Tinha de fazer força. Ele pulava para subir, subia e caía.

Quando ele parou lá, na metade, os meninos cantaram '**aiwedezaputu**', 'incha buriti, incha!'.

[...]

Mesmo com o buriti inchado, ele subiu, com os braços abertos conseguiu subir. À medida que ele subia, ia aparecendo aquele vermelho de dentro dele.

De repente, tanta era a força que ele fez para subir, que foi saindo de dentro dele aquele vermelho, raio e luz, **bötönhi'uwazi**.

Dessa força que ele fez, vai sair o sol. O menino virou o sol, **bödö**. É como o sol, que entra no céu, e some quando ele abaixa para o poente. [...]"

Arthur Shaker. *Por dentro do escuro* – Mitos do povo Xavante. São Paulo: Global, 2011.

1. O texto apresentado relata um mito do povo indígena Xavante. Do que se trata esse mito?

2. Segundo o texto, houve um tempo no mundo em que tudo era escuro. Considerando os acontecimentos descritos no mito, responda:

a) A partir de que momento passou a haver claridade no mundo?

b) Por que, do ponto de vista da ciência, essa parte do mito não poderia ser considerada verdadeira?

3. Releia, no capítulo 1 do Livro do Estudante, como a ciência explica a origem do Universo e discuta com seus colegas semelhanças e diferenças entre essa explicação e a dos xavantes para a origem dos corpos celestes.

UNIDADE 2 A Terra

Reveja a jornada

1. As imagens a seguir representam duas concepções diferentes de Universo. Observe-as atentamente e faça o que se pede.

____

____

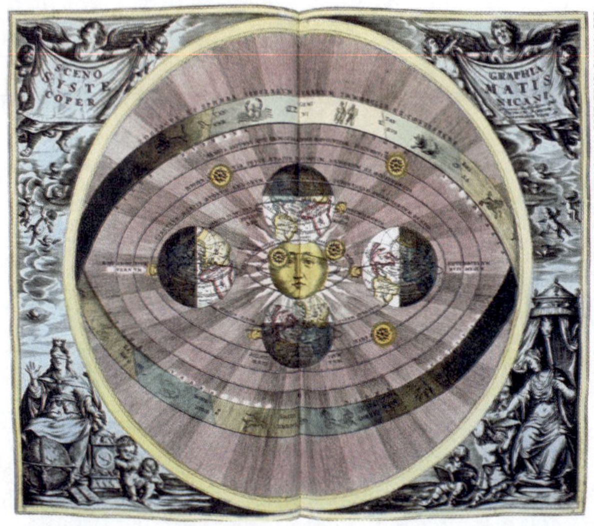

____

____

FOTOGRAFIAS: ANN RONAN PICTURES/HERITAGE IMAGESTATE/GLOWIMAGES

a) Nas linhas correspondentes a cada imagem, escreva legendas que as identifiquem corretamente.

b) Qual a principal diferença entre essas duas concepções de Universo?

____

____

____

____

c) No modelo de Universo mais aceito atualmente, o Sol pode ser considerado o centro? Explique.

____

____

____

2. Com base nos conceitos sobre as camadas da Terra, complete as lacunas das frases a seguir com os termos faltantes.

a) A camada mais externa da Terra, sobre a qual vivemos, é chamada de ______________________.

Ela é formada por ______________________, que podem ou não ser recobertas de solo.

b) A crosta terrestre abrange tanto a crosta ______________________ (que forma os continentes) quanto a crosta ______________________ (fundo dos mares e oceanos).

c) O ______________________ é a camada da Terra dividida em superior e inferior. Sua parte superior, junto com a crosta, forma a ______________________.

d) Na parte inferior do manto, as rochas tornam-se líquidas e recebem o nome de ______________________, que passa a ser chamado de ______________________ quando expelido por um vulcão.

e) A parte mais interna da Terra é o ______________________, composto principalmente de ferro e níquel.

3. Com a ajuda de um mapa-múndi ou de um globo terrestre, localize as cidades de Salvador (BA, Brasil) e Nova York (Estados Unidos).

a) Se em Salvador o dia 20 de janeiro corresponde a aproximadamente metade do verão, em qual estação deve se encontrar a cidade de Nova York nessa data?

____

____

____

____

____

____

b) Por que existe essa diferença de estações entre essas duas cidades?

____

____

____

____

____

____

____

4. Redija um parágrafo explicando qual a relação entre terremoto, maremoto e *tsunami*.

5. Observe a imagem da Lua no céu que foi capturada por alguém da Terra e responda à questão.

Fotografia da Lua vista da Terra.

- No espaço a seguir, represente a Terra, o Sol e a Lua na fase correspondente à mostrada na imagem. Em seguida, indique com uma seta a posição do observador na Terra ao capturar a fotografia.

6. Observe as imagens a seguir e o mapa de movimentações das placas litosféricas e responda às questões.

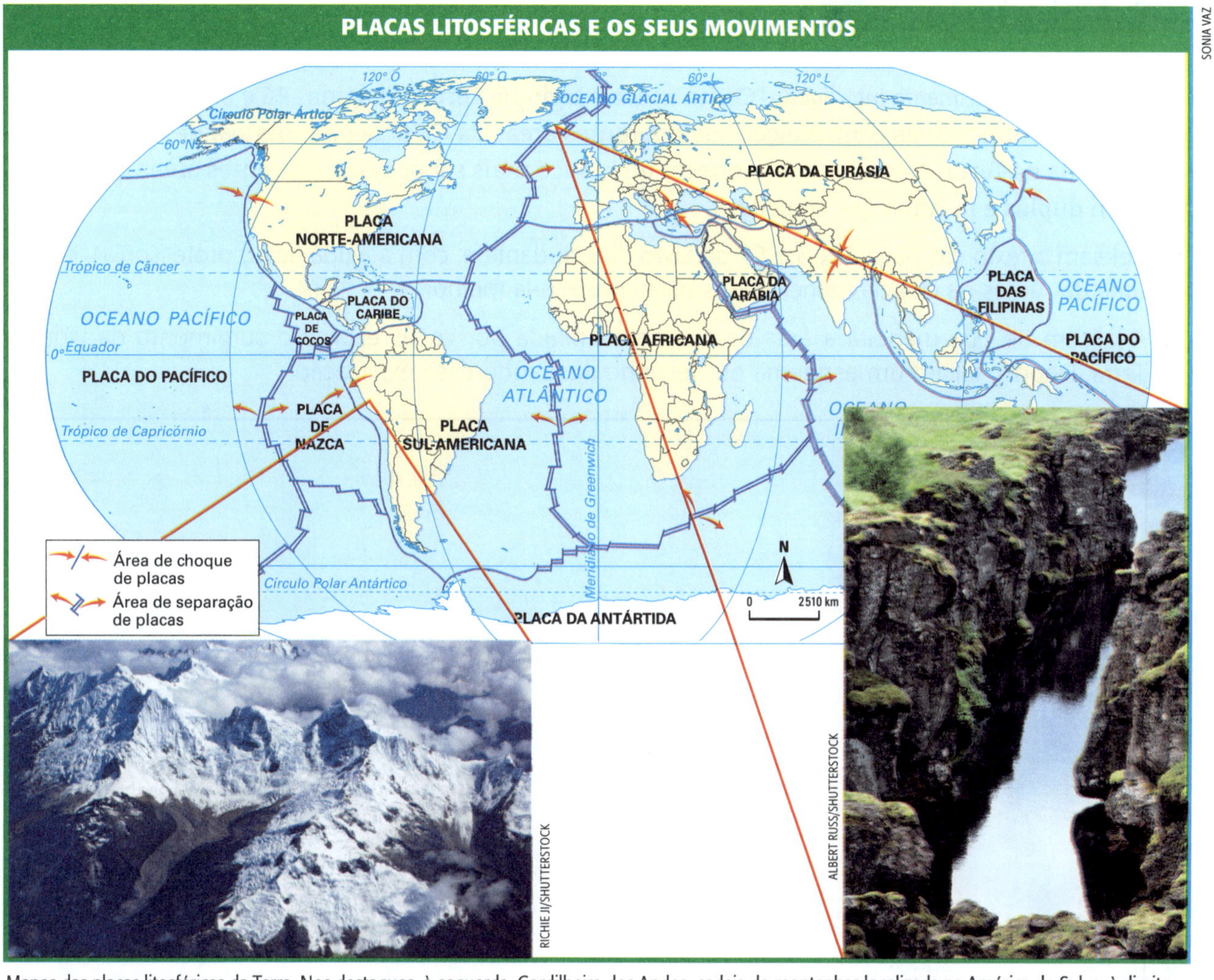

Mapas das placas litosféricas da Terra. Nos destaques, à esquerda, Cordilheira dos Andes, cadeia de montanhas localizada na América do Sul, e, à direita, grande falha na crosta terrestre, localizada na Islândia.

a) Qual a explicação para a origem da cadeia de montanhas dos Andes?

____

____

____

____

b) Explique a origem dessa grande falha que atravessa a Islândia com base nas informações do mapa.

____

____

____

____

Outro olhar

Na seção *Conhecimento Interligado* "Como a vida surgiu na Terra?" (páginas 66 e 67 do Livro do Estudante), você conheceu as contribuições de diferentes áreas da Ciência na tentativa de explicar a origem da vida na Terra. Agora, vamos conhecer um pouco mais sobre essas diferentes áreas da Ciência. Formem duplas e façam o que se pede.

1. Releiam o texto das páginas 66 e 67 do Livro do Estudante e, com a ajuda do(a) professor(a), elejam uma das áreas da ciência mencionadas para conhecê-la melhor.

2. Analisem de que maneira a área da ciência escolhida por vocês explica o surgimento da vida na Terra. Depois, façam um esquema ou desenho ilustrando essa explicação.

3. Façam uma breve pesquisa (na biblioteca da escola ou na internet) sobre os principais objetos de estudo da área escolhida e anotem a seguir.

4. Reúnam-se com outra dupla que tenha escolhido uma área da ciência diferente da que vocês escolheram. Contem para a dupla de colegas qual é o principal objeto de estudo da área de vocês e ouçam os colegas também. Depois, mostrem e expliquem o desenho ou o esquema que fizeram e vejam o que eles fizeram. Escrevam, a seguir, quais as principais diferenças e semelhanças que vocês observam entre as explicações.

Leitura do mundo

Na atualidade, graças aos modernos meios de transporte, aos satélites e às viagens espaciais, não resta na Terra – com exceção, talvez, das profundezas marinhas – nenhum lugar que os seres humanos não conheçam e ainda não tenham explorado. Porém, houve um tempo em que a expressão "mundo inteiro" referia-se basicamente a Europa, parte da Ásia e norte da África, porque era isso que se conhecia até então.

As coisas começaram a mudar com a era das Grandes Navegações (fim dos séculos XV e XVI), quando povos europeus – com destaque para os portugueses – lançaram-se ao mar em busca de novas terras. Não por acaso, alguns deles vieram parar nas terras brasileiras.

1. Leia a seguir trechos de livros que falam um pouco dessa história e faça o que se pede.

> "[...]
>
> No momento em que o sol radiante inaugurou a primeira manhã do Brasil, a 23 de abril de 1500, a visão do Monte Pascoal, das serras que o cercavam, das aves, das florestas e frutos e dos homens nus que se encontravam na areia, no limiar entre a terra que deixaria de ser deles e o mar que lhes trazia a mais impactante novidade de suas vidas [...]
>
> Na manhã [daquela] quinta-feira, [...] um novo ciclo estava se iniciando na história já quase secular da expansão lusitana pelos quatro cantos do planeta. Naquele dia – pelo menos oficialmente – os portugueses estavam se preparando para desembarcar pela primeira vez no terceiro continente ao qual seus eficazes navios os tinham conduzido. Àquela altura, os lusos já haviam estabelecido várias feitorias na costa ocidental da África – onde trocavam trigo, tecidos e cavalos por escravos e ouro. Quase uma década ainda seria necessária para que eles pudessem conquistar a Índia e dominar o comércio marítimo no oceano Índico. Depois disso, precisariam de outros três anos para chegar à China [...] e mais 30 para atingir o Japão [...]. Mas agora estavam prestes a fincar o pé na América – embora ela ainda não tivesse esse nome e sequer fosse reconhecida como um novo continente."
>
> Eduardo Bueno. *A viagem do descobrimento* – A verdadeira história da expedição de Cabral. Rio de Janeiro: Objetiva, 1998.

a) Segundo o texto, que motivo (ou motivos) teria(m) levado os portugueses a se aventurarem em longas viagens por mar?

____

____

____

____

____

____

b) Em certo ponto, o texto diz: "[...] dos homens nus que se encontravam na areia, no limiar entre a terra que deixaria de ser deles e o mar [...]". Quem eram esses homens? E por que a "terra deixaria de ser deles"?

____

____

c) Leia o texto a seguir e responda: Por que os indígenas foram inocentes ao se irmanar com os portugueses?

> "[...]
>
> Um dos primeiros atos dos marinheiros portugueses que, a 22 de abril de 1500, alcançaram a costa sobrecarregada de floresta do continente sul-americano nos 17 graus de latitude sul, foi derrubar uma árvore. Do tronco desse sacrifício ao machado de aço, confeccionaram uma cruz rústica – para eles, o símbolo da salvação da humanidade. Uma missa foi então celebrada aos pés dessa cruz, durante a qual, para satisfação dos portugueses, os indígenas ali imitaram sua postura ajoelhada com as mãos em prece [...] Presas à cruz de madeira estavam as insígnias e divisas do rei, [...].
>
> Os indígenas, que inocentemente se irmanaram com eles naquela praia, não faziam ideia, tal como as árvores às suas costas, da destruição que essa invasão causaria.
>
> [...]
>
> Essa nau mensageira, ou talvez a expedição seguinte, em 1501, foi a primeira a carregar amostras do primeiro dos tesouros florestais do Brasil. Tratava-se de uma madeira corante chamada ibirapitanga – árvore vermelha – pelos tupis, que com ela coloriam suas fibras de algodão. Os portugueses a chamavam de pau-brasil [...]"
>
> Warren Dean. *A ferro e fogo*. São Paulo: Cia das Letras, 1997.

____

____

____

2. Segundo os astrônomos, a Terra é o único planeta do Sistema Solar com condições para abrigar vida (pelo menos, as formas de vida que conhecemos). Entretanto, isso não impede os seres humanos de pensarem em conquistar outros planetas. Fala-se muito, por exemplo, na exploração de Marte. Em sua opinião, que interesse(s) poderia(m) estar por trás dessa ideia? Compare a conquista de outros planetas à conquista de novos territórios pelos europeus.

____

____

____

____

____

UNIDADE 3

As rochas

Reveja a jornada

1. Leia as afirmações a seguir e classifique-as em verdadeiras (V) ou falsas (F), justificando sua resposta caso a afirmação seja falsa.

a) (   ) Minerais são partículas sólidas que ocorrem naturalmente na crosta terrestre.

____

____

b) (   ) As rochas são formadas por um único tipo de mineral, também conhecido como minério.

____

____

c) (   ) Todas as rochas têm o mesmo tipo de origem: a solidificação do magma.

____

____

d) (   ) Rochas metamórficas resultam da modificação de outros tipos de rocha, em geral por causa de alterações ambientais, como aumento de temperatura ou de pressão.

____

____

e) (   ) A compactação de sedimentos originados da erosão de outras rochas dá origem às rochas sedimentares.

____

____

2. Com base no que você estudou na unidade 3 do Livro do Estudante, complete as lacunas das frases a seguir com as palavras faltantes.

a) Cada tipo de mineral tem características próprias, como cor e brilho. Alguns têm forma geométrica definida, sendo chamados, então, de ____________________.

b) A calcita é um exemplo de rocha formada por apenas um tipo de ____________________.

c) Rochas plutônicas são um tipo específico de rocha ____________________.

d) Quando as partes duras do organismo são, aos poucos, substituídas por minerais, dizemos que ocorreu fossilização por ______________________________.

e) O fenômeno pelo qual as rochas são desgastadas, por exemplo, pela ação de ventos ou pela variação da temperatura é chamado de ______________________________.

3. Observe a imagem a seguir e responda às questões.

BW FOLSOM/SHUTTERSTOCK

Rocha com rachaduras e fissuras em sua superfície.

a) Que tipo de intemperismo está ilustrado na fotografia?

____

____

____

b) Explique resumidamente como ele acontece.

____

____

____

____

____

____

____

____

4. Observe a imagem a seguir e responda às questões.

Penhasco com características típicas da rocha pela qual é formado.

a) Que tipo de rocha está sendo mostrada? Explique como você conseguiu identificá-la.

____

____

____

____

____

b) Qual o principal interesse econômico desse tipo de rocha?

____

____

____

____

c) Essas rochas também são muito importantes para a pesquisa sobre a vida no passado da Terra. Por quê?

____

____

____

5. Leia a seguir um trecho de uma reportagem jornalística e responda às questões.

> “[...]
>
> No fim de novembro[2015], o presidente estadunidense, Barack Obama, assinou a chamada ‘Lei do Espaço’ para promover a exploração privada do espaço [...]
>
> A lei inclui um último artigo que permitiria a apropriação de asteroides e outros ‘recursos espaciais’ por parte de pessoas físicas e empresas, desde que consigam a tecnologia para se deslocar e explorar esses corpos celestes ricos em minerais como platina, ouro, ferro e água.
>
> [...]
>
> Corpos rochosos que orbitam a Terra ou se acumulam no cinturão de asteroides entre Marte e Júpiter podem ser fonte de riquezas quase inesgotáveis, com a água como principal atrativo para a vida além da superfície terrestre.
>
> Um só asteroide de 500 metros cúbicos pode conter toda a platina obtida de minas terrestres em toda a história ou ter um preço de mercado de centenas de bilhões de dólares, segundo estimativas.
>
> [...]”
>
> Jairo Mejía. Estados Unidos aprovam lei que abre caminho para “febre do ouro espacial”. *Folha de S.Paulo*. Disponível em: <http://www1.folha.uol.com.br/mercado/2016/01/1725989-estados-unidos-aprovam-lei-que-abre-caminho-para-febre-do-ouro-espacial.shtml>. Acesso em: fev. 2016.

a) Por que existe interesse em buscar recursos minerais fora do planeta Terra?

____

____

____

____

____

b) A atividade de mineração na Terra em geral provoca grandes modificações ambientais, que podem ser muito prejudiciais. Como você viu no capítulo 2 do Livro do Estudante, a exploração do espaço também causa impacto ao produzir o chamado “lixo espacial”. Considere essas informações e responda: Qual seria o impacto da exploração de recursos minerais no espaço?

____

____

____

____

____

____

____

Outro olhar

Na seção *Saiba Mais* "O que é o pré-sal?" (página 75 do Livro do Estudante), você aprendeu por que esse tipo de petróleo recebe tal denominação. Agora, reúna-se em grupos para explorar melhor o texto e descobrir novas informações a respeito desse importante recurso natural.

1. Segundo o texto, o petróleo se origina em regiões da crosta terrestre formadas por rochas sedimentares; por isso, em geral é encontrado em regiões onde, no passado, existiram mares, lagos ou lagoas. Revejam o que aprenderam sobre a formação de rochas sedimentares e explique qual a relação entre esse tipo de rocha e o ambiente aquático.

2. No Brasil, existem alguns locais onde é provável a existência de petróleo no subsolo. Um desses locais é a bacia sedimentar localizada na região da Amazônia. Discutam o que vocês pensam sobre a possibilidade de exploração dessa bacia. Justifiquem a opinião do grupo.

3. Releiam, no texto da seção *Saiba mais*, como se dá a retirada do petróleo de depósitos do pré-sal. Se esse processo é tão complexo, por que, nos últimos tempos, esse tipo de depósito passou a ser cada vez mais explorado? Com o seu grupo, levante uma hipótese.

4. Pesquisem e descubram quais são os produtos extraídos desse recurso mineral fóssil e discutam se seria possível um mundo sem ele. Em seguida, registrem a opinião do grupo, justificando-a.

Leitura do mundo

Leia a seguir um trecho do romance *Um, nenhum e cem mil*, do escritor italiano Luigi Pirandello e responda às questões.

“ [...]

Alguma vez vocês já viram uma casa em construção? Eu já vi várias, aqui em Richieri. E pensei:

'Olha só, que coisas o homem é capaz de fazer! Mutila a montanha; dela extrai pedras; corta-as em blocos; dispõe uns sobre os outros e, de uma hora para outra, aquilo que era um pedaço de montanha se transforma numa casa?'

— Eu — diz a montanha — sou montanha e não me movo.

Não se move, minha cara? Olha lá aqueles carros puxados por bois. Estão carregados de você, de suas pedras. Eles a levam na carreta, querida! Pensa que está aí, numa boa? Mas uma boa metade sua já vai longe duas milhas, na planície. Onde? Naquelas casas ali, não está vendo? Uma amarela, uma vermelha, uma branca; de dois, de três, de quatro andares.

E as suas faias, suas nogueiras, seus abetos? Ali estão, em minha casa. Está vendo como os trabalhamos bem? Quem os reconheceria nessas cadeiras, nesses armários, nessas prateleiras?

Montanha, você é bem maior do que o homem, e também você, faia; e você, nogueira; e você, abeto. O homem é um bichinho pequeno, sim, mas no entanto tem em si qualquer coisa que vocês não têm.

Ficar sempre em pé, erguido sobre duas patas o tempo todo, não dava; deitar-se no chão como os outros bichos não lhe era cômodo, fazia mal, mesmo porque, depois de perder o pelo, a pele, ah, a pele se tornou mais fina. Viu então a árvore e pensou que podia tirar alguma coisa dali, algo que lhe permitisse sentar mais confortavelmente. E depois sentiu que ainda não era suficiente a madeira crua e então passou a forrá-la; esfolou os animais subjugados, tosou outros, vestiu a madeira de couro e entre o couro e a madeira, pôs a lã e deitou em cima, feliz.

— Ah, como se está bem assim!

O cardeal canta na gaiola suspensa entre toldos armados nas janelas. Será que sente a primavera chegando? Ai, talvez também o antigo tronco da nogueira, de que foi feita minha poltrona, a pressinta — e agora estala junto ao canto do cardeal.

Talvez com aquele canto e com este estalo o pássaro engaiolado e a nogueira reduzida a móvel se entendam.

[...] ”

Luigi Pirandello. *Um, nenhum e cem mil*. São Paulo: Cosac & Naify, 2001.

1. De que tipo de atividade humana fala o texto? Justifique com exemplos.

2. Segundo o texto, com que objetivo o ser humano retira recursos da natureza?

3. Que elementos do texto nos permitem concluir que não se trata de uma história atual?

4. O texto muitas vezes compara o ser humano a outros seres vivos e também a uma montanha.

a) Cite as diferenças entre o ser humano e os demais seres vivos e a montanha, citadas no texto.

b) No texto, afirma-se que "O homem é um bichinho pequeno, sim, mas no entanto tem em si qualquer coisa que vocês [a faia, a nogueira e o abeto] não têm." Formem duplas e discutam: Que características o ser humano tem que o diferem dos demais seres vivos?

c) Diz o texto que o ser humano "subjuga" outros animais. Você sabe o que significa subjugar? Procure o significado da palavra em um dicionário e, depois, discuta com sua dupla se vocês concordam ou não com essa afirmação, justificando sua resposta.

UNIDADE 4

O solo

Reveja a jornada

1. Analise o esquema e associe corretamente os números de 1 a 5 às definições a seguir.

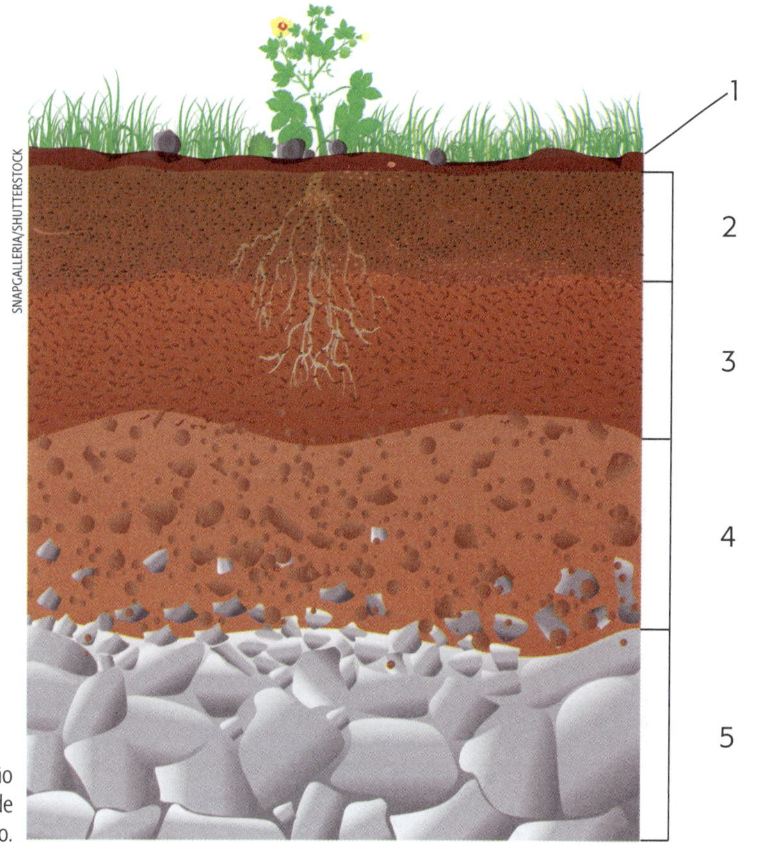

Representação esquemática de perfil do solo.

( ) Camada onde crescem as plantas e onde podem ser encontrados outros organismos vivos, além de restos de organismos mortos.

( ) Rocha-mãe, que dá origem ao solo, mas ainda não se transformou nele.

( ) Camada com pouco húmus cuja fertilidade é mantida pela água, que mobiliza sais minerais de diferentes camadas.

( ) Camada formada por rochas fragmentadas, geralmente com poucas partículas de argila que vieram das camadas superiores.

( ) Camada formada de partículas da rocha e húmus (matéria orgânica decomposta), o que lhe dá uma coloração mais escura. Nela também são encontrados seres vivos vivendo entre as partículas.

2. Associe corretamente os termos da coluna da esquerda às definições na coluna da direita.

a) Carvão mineral
b) Petróleo
c) Gás natural
d) Minérios
e) Fósseis

( ) Minerais de alto valor econômico de que são extraídos, por exemplo, o ferro e o alumínio.

( ) Restos ou vestígios de seres vivos preservados no interior de rochas sedimentares.

( ) Combustível fóssil retirado do solo por meio de mineração, usado, por exemplo, nas termelétricas, para transformar a água em vapor.

( ) Combustível fóssil considerado o menos poluente de todos os combustíveis fósseis.

( ) Combustível fóssil que se forma em camadas profundas do solo e que representa a principal fonte de energia no mundo.

3. Em relação aos combustíveis fósseis, como o petróleo e seus derivados, o gás natural e o carvão mineral, responda:

a) Por que eles são considerados recursos naturais não renováveis?

____

____

____

____

b) Por que é importante a busca por fontes de energia alternativas, para substituí-los?

____

____

____

____

____

____

4. Em relação aos recursos naturais renováveis, responda:

a) Por que o etanol e o biodiesel são considerados combustíveis renováveis?

____

____

____

____

____

b) A produção de combustíveis como o etanol ou o biodiesel requer o plantio frequente e renovado de grandes áreas de determinadas culturas, como a cana-de-açúcar, para a produção de etanol, e a soja, para a produção do biodiesel. Quais podem ser as consequências disso:

- para a vegetação natural?

___

___

___

- para o solo onde é feito o plantio?

___

___

___

5. Observe a imagem a seguir e responda às questões.

Cultivo de arroz no Vietnã.

a) Qual o nome desse tipo de plantio?

___

___

b) De que maneira as técnicas usadas nesse tipo de plantio ajudam a evitar a erosão do solo?

___

___

___

___

6. Observe o esquema a seguir e responda às questões.

a) Com suas palavras, explique suscintamente as etapas do ciclo representadas pelos números de 1 a 4.

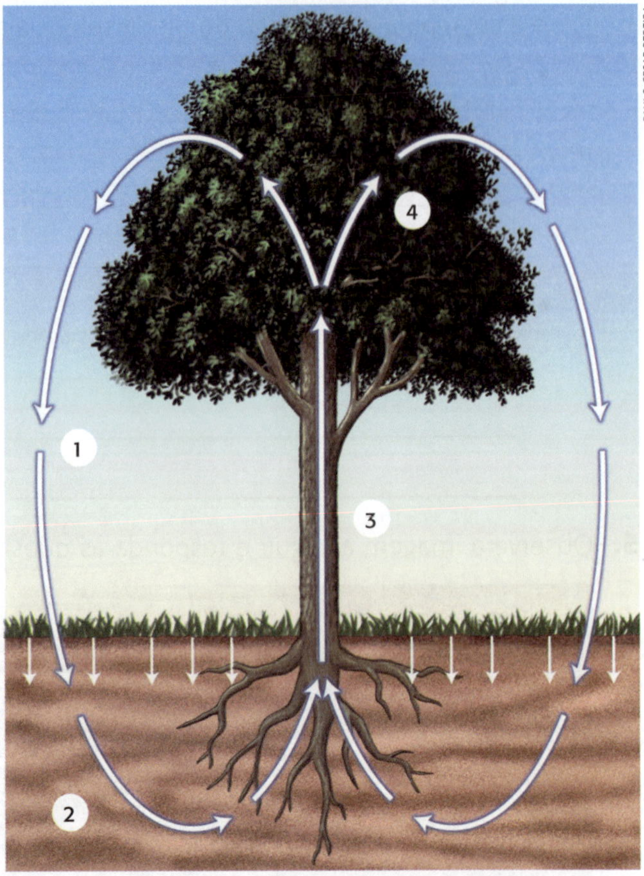

Representação esquemática do ciclo dos nutrientes na natureza.

b) Considere o que aprendeu a respeito do ciclo nos nutrientes no solo e responda: Por que, com o tempo, o solo das áreas agrícolas pode precisar de adubos?

c) A técnica denominada plantio direto mantém sobre o solo restos vegetais da cultura anterior e outras plantas, antes de iniciar uma nova cultura. Qual o objetivo de se usar essa técnica nesse tipo de plantio?

Outro olhar

No *Infográfico* "Para onde vai o lixo?" (páginas 114 e 115 do Livro do Estudante), você conheceu a estrutura básica e o funcionamento geral de um aterro sanitário. Agora você vai explorar um pouco mais o esquema e discutir algumas questões relacionadas ao complexo problema de produção de lixo em nossa sociedade.

1. Reveja o conteúdo das páginas 113, 114 e 115 e faça o que se pede.

a) Aponte as principais diferenças entre um aterro sanitário e um lixão a céu aberto.

b) Por que é importante recobrir diariamente o lixo depositado com terra? Explique como essa medida está relacionada com a prevenção de doenças.

2. A população humana mundial cresceu muito e já alcançou 7 bilhões de pessoas. Com isso o volume de lixo produzido também aumentou e tem se tornado um grande problema, principalmente nas grandes cidades. Uma das possibilidades de redução da quantidade de lixo envolve a chamada política dos 3 "Rs":

1 - Reduzir o consumo;

2 - Reutilizar os materiais e objetos, ou doá-los;

3 - Reciclar embalagens e outros resíduos.

a) Quais dessas atitudes você adota em seu dia a dia? Explique com exemplos.

b) Atualmente, são considerados ainda outros dois "Rs": "Repensar o consumo" e "Recusar produtos que agridam o ambiente e a saúde". Comente o que você entendeu a respeito dessas propostas e o que acha delas.

____

____

____

____

____

____

____

____

____

3. Você já notou quantas embalagens são descartadas ao longo de um dia?

a) Peça ajuda a um adulto e registre quantas embalagens são descartadas semanalmente no lixo por você ou pessoas de sua família, listando a seguir algumas delas.

____

____

____

____

b) Que tipo de embalagem (plástica, de vidro, de metal etc.) foi mais descartada? De que maneira essa quantidade poderia ser reduzida?

____

____

____

____

____

____

c) Pense no que você observa do comportamento das pessoas no dia a dia: você acha que as pessoas demonstram preocupação com o descarte do lixo? Por quê? Dê exemplos.

____

____

____

____

Leitura do mundo

Leia a seguir trechos do romance de Andy Weir, *Perdido em Marte*, que narra a aventura de um astronauta que tenta sobreviver após ser deixado em Marte pelos colegas. Depois, responda às questões.

> “[...]
>
> Mudando de assunto: estou começando a desenvolver uma ideia em relação à comida. Minha formação em botânica enfim pode ter alguma serventia. Por que trazer um botânico para Marte? Afinal, este lugar é famoso por nada crescer aqui. Bem, a ideia era descobrir como as plantas crescem na gravidade de Marte e ver o que poderíamos fazer (se é que poderíamos fazer algo) com o solo marciano. A resposta curta é: bastante coisa... quase. O solo marciano tem os elementos básicos necessários para o cultivo de plantas, mas muito do que acontece no solo terrestre não acontece no daqui, mesmo quando exposto a uma atmosfera similar à da Terra e muita água. A atividade bacteriana, certos nutrientes fornecidos pela vida animal, etc.. não há nada disso em Marte. Uma das minhas tarefas na missão era ver como as plantas crescem aqui, em várias combinações do solo e da atmosfera terrestre e seus equivalentes marcianos.
>
> [...] Economizo cada pedacinho de matéria orgânica que encontro. Toda vez que termino uma refeição, os restos vão para o balde de compostagem. Quanto a outros tipos de matéria orgânica...
>
> O Hab [misto de laboratório e abrigo dos astronautas em Marte] tem banheiros sofisticados. As fezes em geral são desidratadas a vácuo, depois acumuladas em sacos lacrados para serem descartadas na superfície.
>
> [...] Estando completamente secas, essas fezes não têm mais bactérias, mas ainda têm proteínas complexas e poderiam servir como um precioso adubo. O acréscimo de água e bactérias ativas as saturaria, repondo qualquer população eliminada [...]
>
> Encontrei um grande recipiente, pus água e acrescentei as fezes secas. Desde então, também venho acrescentando as minhas próprias fezes. Quanto mais fedorento, melhor. São as bactérias trabalhando!
>
> Depois de trazer um pouco de solo marciano aqui para dentro, posso misturar as fezes e espalhá-lo. Em seguida, posso polvilhar solo terrestre por cima. Talvez você ache que esse não é um passo importante, mas é. Há no solo terrestre dezenas de espécies de bactérias cruciais para o crescimento das plantas. Elas vão se alastrar e se reproduzir como... bem, como uma infecção bacteriana.
>
> [...]
>
> Vasculhei os mantimentos e descobri diversas coisas que posso plantar. Ervilhas, por exemplo. E muitos feijões. Também encontrei várias batatas. Se algum desses alimentos ainda for capaz de germinar depois de passar por todo esse suplício, vai ser ótimo. [...]”
>
> Andy Weir. *Perdido em Marte*. São Paulo: Arqueiro, 2015.

1. Qual a área de trabalho de um botânico? Pesquise na internet ou em um bom dicionário e responda a seguir.

2. Em certo ponto do texto, o astronauta afirma que o solo de Marte não serve para cultivar plantas. Explique por quê.

3. Que solução o astronauta encontrou para esse problema?

4. Segundo o texto, as fezes dos astronautas, depois de embaladas a vácuo e lacradas, eram deixadas sobre o solo de Marte. Ou seja, os astronautas são instruídos a deixar seu "lixo" em Marte. Reúna-se com os colegas de grupo e discuta a sua opinião sobre isso.

UNIDADE 5

A água

Reveja a jornada

1. Seja na natureza ou em diferentes atividades humanas, a água pode passar por muitas mudanças de estado físico. Associe os nomes das mudanças de estado (coluna à esquerda) às definições adequadas (coluna à direita).

a) Fusão	( ) Passagem do estado líquido para o estado sólido (gelo).
b) Evaporação	( ) Passagem do estado de vapor para o estado líquido.
c) Condensação	( ) Passagem lenta do estado líquido para o estado de vapor.
d) Solidificação	( ) Passagem do estado sólido (gelo) para o estado líquido.
e) Ebulição	( ) Passagem rápida do estado líquido para o estado de vapor.

2. Não existe diferença entre sublimação e cristalização, na verdade, são apenas dois nomes para um mesmo fenômeno. Essa afirmação está correta? Explique.

____

____

____

____

____

____

____

3. Leia as afirmações a seguir e classifique-as em verdadeiras (V) ou falsas (F).

a) ( ) Na natureza, a água doce, chamada assim porque contém pequena quantidade de sais, pode ser encontrada apenas no estado líquido, formando mares e oceanos.

b) ( ) A chamada "pegada hídrica" é um indicador de quanta água foi consumida em determinada atividade humana.

c) ( ) A expressão "água pura" tem o mesmo significado que "água potável".

d) ( ) Uma geleira é o acúmulo de gelo e neve em um local cujas temperaturas são quase sempre muito baixas, como o topo de uma montanha muito alta.

e) ( ) No ciclo hidrológico, a energia que permite as mudanças de estado da água vem do vento e das correntes de ar.

4. Leia a seguir um trecho de uma matéria de jornal e responda às questões.

> **“O Brasil conta gotas: entenda as causas e desafios da falta de água que se espalha pelo país**
>
> Na virada do século, em 2001, o especialista em recursos hídricos Marcos Freitas, então diretor da Agência Nacional das Águas (ANA), foi convidado por uma revista a fazer projeções sobre o futuro do Brasil e como seria a vida dos brasileiros em 2015. À época, a resposta de Freitas pareceu um tanto esdrúxula: o país, mesmo tendo o maior volume de água doce do planeta, viveria uma grave crise hídrica.
>
> Em São Paulo, a população já sofre com a pressão reduzida na rede, o que muitas vezes significa conviver com torneira seca por até 18 horas. E pior: pode ser obrigada em breve a enfrentar um rigoroso racionamento e ficar quatro ou até cinco dias por semana sem água.
>
> A medida drástica tem uma razão. Se a chuva não vier e o consumo não for reduzido, os reservatórios podem ficar sem água ainda no primeiro semestre. [...]”
>
> Cadu Caldas. O Brasil conta gotas: entenda as causas e desafios da falta de água que se espalha pelo país. *Zero Hora*. Disponível em: <http://zh.clicrbs.com.br/rs/noticias/noticia/2015/01/o-brasil-conta-gotas-entenda-as-causas-e-desafios-da-falta-de-agua-que-se-espalha-pelo-pais-4691649.html>. Acesso em: fev. 2016.

a) Qual o principal problema apontado pela matéria jornalística? Qual a causa desse problema?

____

____

____

____

____

____

____

b) O texto diz que a resposta do especialista, na ocasião, pareceu esdrúxula. Por quê?

____

____

____

____

____

____

____

c) Como se explica a falta de água em um país com tamanha disponibilidade de água doce? Levante hipóteses.

5. Observe a imagem a seguir e responda às questões.

DMITRY V. PETRENKO/SHUTTERSTOCK

Cataratas do rio Iguaçu, em Puerto Iguazu, Argentina.

a) Na cena mostrada na imagem, em que estados físicos a água pode ser encontrada? Explique.

b) Na imagem, a névoa observada perto das quedas d'água, assim como as nuvens no céu, corresponde à água em que estado físico? Explique.

6. Observe a representação esquemática a seguir e responda às questões.

EVELEEN/SHUTTERSTOCK

a) Qual é a porcentagem de água no corpo humano? Que órgãos ou partes do corpo mostradas na imagem têm mais água e quais têm menos água?

____

____

____

____

b) Quais as funções da água no organismo vivo?

____

____

____

____

c) Os seres humanos precisam beber água com certa frequência, sendo que no verão costumamos sentir mais sede que no inverno. Por que, de modo geral, isso acontece? Levante uma hipótese.

____

____

7. Observe a representação esquemática a seguir que apresenta o ciclo da água e faça o que se pede.

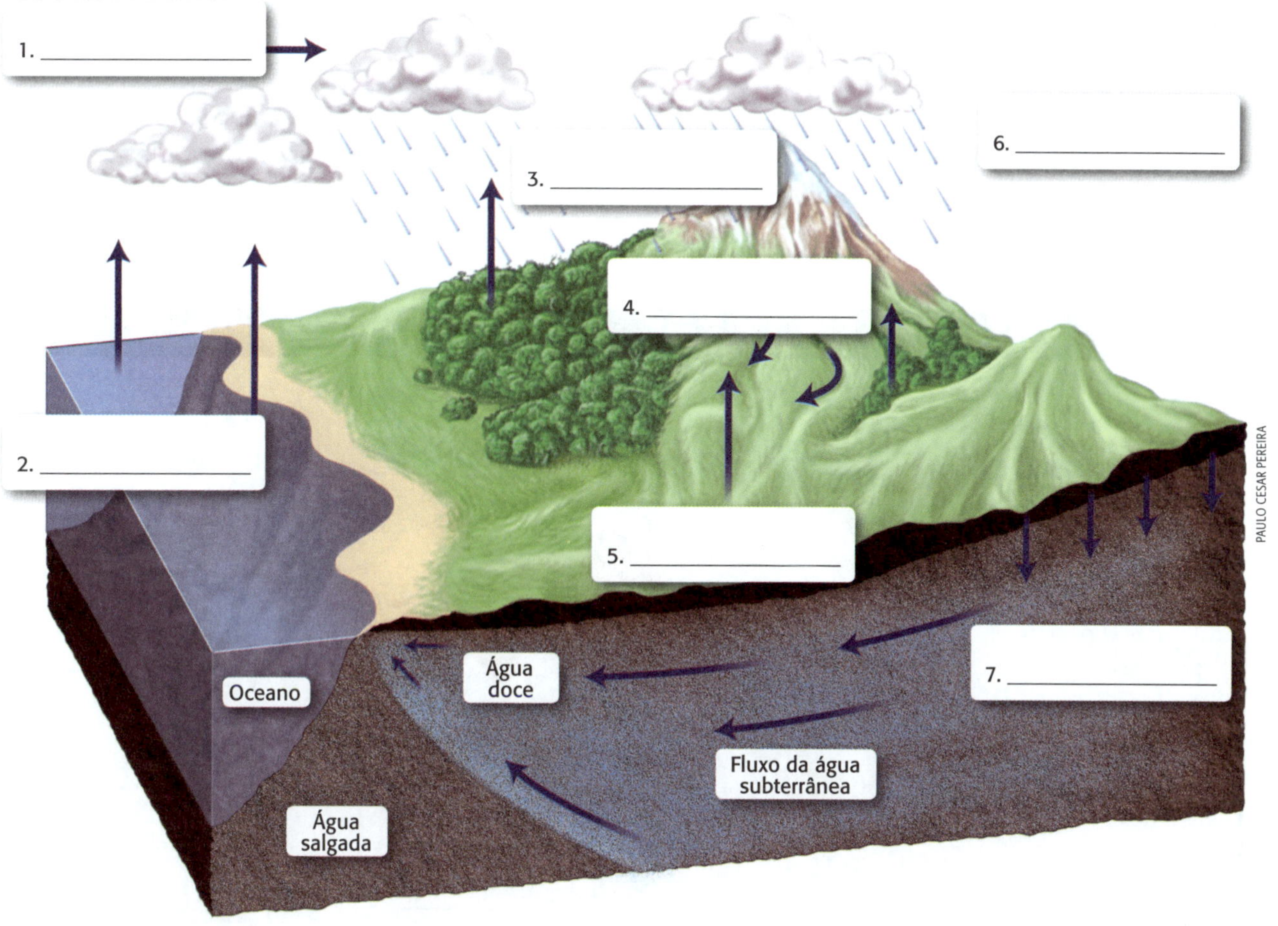

Representação esquemática do ciclo da água.

a) Complete os quadros em branco com os termos adequados.

b) Use os termos do item anterior para explicar as etapas do ciclo da água.

Outro olhar

No *Infográfico* "Pegada hídrica" (páginas 134 e 135 do Livro do Estudante), você conheceu esse conceito. Nesta atividade, você vai aprofundar um pouco mais sobre o assunto e refletir sobre a problemática do acesso à água no mundo.

1. Observe o mapa da disponibilidade de água doce na Terra, reproduzido a seguir, e responda às questões.

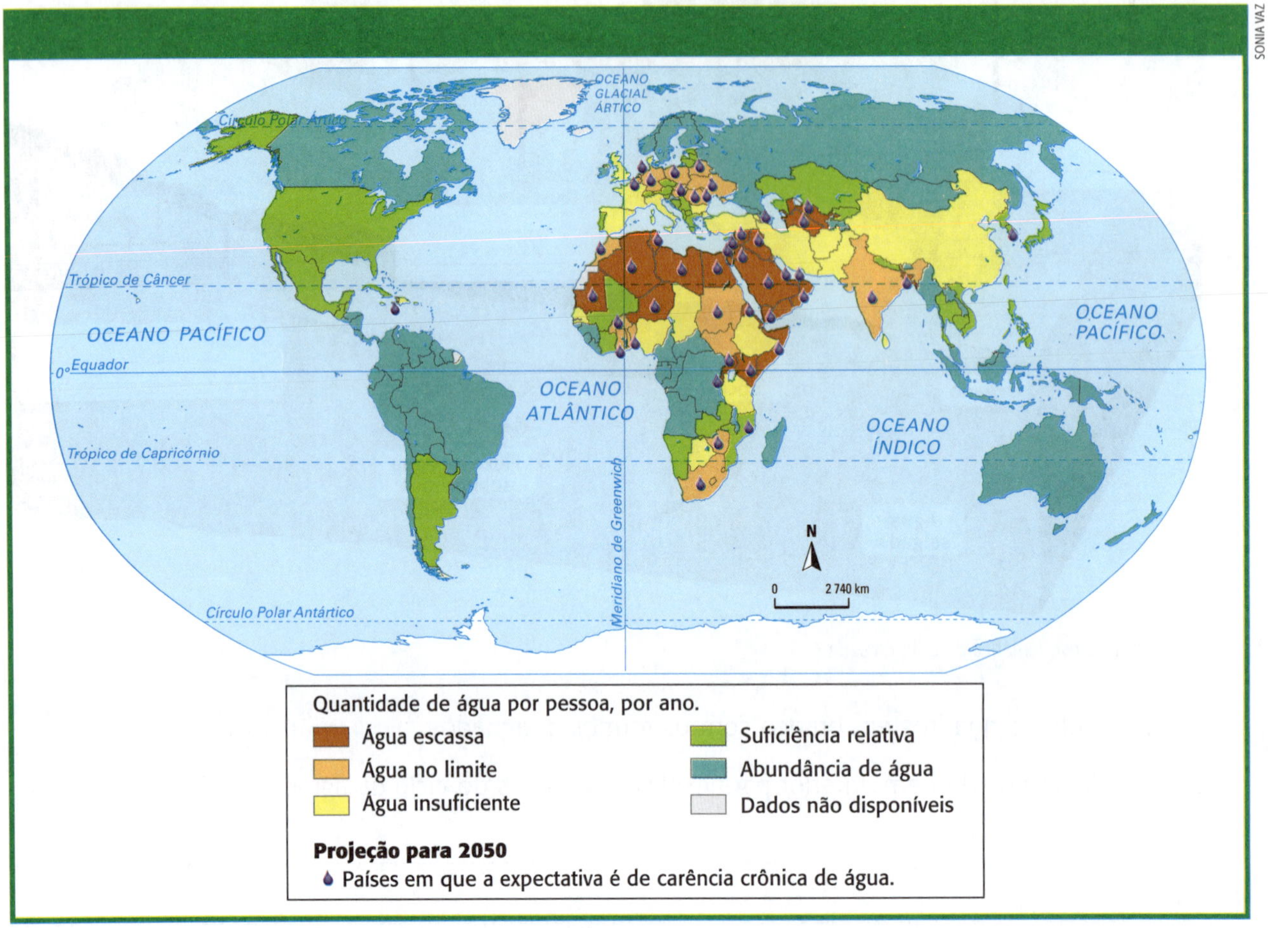

Fonte: CLARKE, R; KING, J. *O atlas da água*. São Paulo: Publifolha, 2005.

a) Observe que, em alguns países do mundo, a água é escassa, como, por exemplo, na Arábia Saudita (localizada na península arábica), na Argélia, na Líbia e no Egito (países do norte da África). Com o auxílio de um atlas geográfico para identificar os países, responda: O que se esperaria do consumo de água em tais países?

____

b) Consulte o mapa da pegada hídrica da página 134 do Livro do Estudante, compare a pegada hídrica desses países e anote a seguir.

____

____

____

c) Compare as respostas dos itens **a** e **b**. O que você pode dizer sobre elas?

____

____

2. Ainda com o auxílio do atlas geográfico, compare novamente os dois mapas e responda: os países com maior disponibilidade de água doce são aqueles que apresentam maior pegada hídrica? Justifique sua resposta com alguns exemplos.

____

____

____

____

3. Observe as imagens a seguir e responda às questões.

FOTOGRAFIAS: MARTCHAN/SHUTTERSTOCK

No vilarejo de Gayo, na Etiópia, país africano, mulheres coletam água para consumo em um reservatório formado pelas águas das chuvas.

a) Localize a Etiópia no mapa reproduzido na questão 1 e responda: Qual é a situação desse país em relação à disponibilidade de água?

____

____

____

____

b) O que você acha da população não se preocupar em economizar água nos países ou regiões em que a água é abundante? Explique.

____

____

____

____

____

____

Leitura do mundo

Quando pensamos em falta de água, logo nos vêm à cabeça ficar sem água para beber, tomar banho ou cozinhar. De fato, essas são algumas das restrições que afetam diretamente o nosso dia a dia. Mas a falta de água afeta não só o nosso bem-estar e a nossa rotina doméstica, ela pode ser sentida indiretamente em diversas outras atividades. Afinal, como vimos na pegada hídrica, a água está presente nas mais diversas atividades humanas. Vamos refletir um pouco mais sobre isso. Leia os textos e responda às questões.

“Redução na capacidade das usinas deve deixar luz mais cara em 2016

[...]

Como é hoje:

- 88% da energia que chega ao consumidor vem de usinas com custo mais caro de geração. São novas hidrelétricas, térmicas, eólicas etc.
- 12% vem de hidrelétricas mais baratas, cujas concessões foram renovadas em 2012.

O que vai acontecer:

Ministério de Minas e Energia irá recalcular a capacidade de geração de todas as usinas. [...]

Por que será feito o recálculo?

Porque o nível de água nas hidrelétricas está baixo devido à falta de chuvas, desvios de água e assoreamento dos reservatórios.

A conta de luz vai subir?

Provavelmente, porque uma parte maior da energia terá que ser gerada pelas usinas caras.”

Machado da Costa. Redução na capacidade das usinas deve deixar luz mais cara em 2016. *Folha de S.Paulo*. Disponível em: <http://www1.folha.uol.com.br/mercado/2015/12/1716188-reducao-na-capacidade-das-usinas-deve-deixar-luz-mais-cara-em-2016.shtml>. Acesso em: fev. 2016.

“Bandeiras tarifárias

A partir de 2015, as contas de energia passaram a trazer uma novidade: o Sistema de Bandeiras Tarifárias. As bandeiras verde, amarela e vermelha indicam se a energia custa mais ou menos, em função das condições de geração de eletricidade.

O sistema possui três bandeiras: verde, amarela e vermelha – as mesmas cores dos semáforos – a e indicam o seguinte:

- Bandeira verde: condições favoráveis de geração de energia. A tarifa não sofre nenhum acréscimo;
- Bandeira amarela: condições de geração menos favoráveis. A tarifa sofre acréscimo de R$ 0,025 para cada quilowatt-hora (kWh) consumidos;
- Bandeira vermelha: condições mais custosas de geração. A tarifa sofre acréscimo de R$ 0,045 para cada quilowatt-hora kWh consumido.

O sistema de bandeiras é aplicado por todas as concessionárias conectadas ao Sistema Interligado Nacional - SIN, [...]

[...]

Por que saber a cor da bandeira é importante para o consumidor?

Com as bandeiras tarifárias, o consumidor ganha um papel mais ativo na definição de sua conta de energia. Ao saber, por exemplo, que a bandeira está vermelha, o consumidor pode adaptar seu consumo e diminuir o valor da conta (ou, pelo menos, impedir que ele aumente). Pela regra anterior, que previa o repasse somente nos reajustes tarifários anuais, o consumidor não tinha a informação de que a energia estava cara e, portanto, não tinha um sinal para reagir a um preço mais alto. ”

Agência Nacional de Energia Elétrica - ANEEL. Disponível em: <http://www.aneel.gov.br/area.cfm?idArea=758&idPerfil=2&idiomaAtual=0>. Acesso em: fev. 2016.

1. Qual a relação entre a falta de água e a conta de energia?

____

____

2. Explique a analogia entre o sistema de bandeiras nas contas de luz com as cores dos semáforos (ou sinaleiros) e como ela deve afetar o consumo de energia da população.

____

____

____

____

3. De acordo com o texto, qual a importância de se conhecer a cor da bandeira da conta de luz?

____

____

4. Imagine a seguinte situação: uma família recebeu uma conta de luz com bandeira vermelha e decide que deve reduzir o consumo de energia elétrica. Suponha que a primeira conta fosse de 500 kWh (quilowatt-hora) e que a segunda conta também veio com bandeira vermelha. Com o esforço de todos, sua família reduziu o gasto de energia pela metade em comparação ao consumo do mês anterior. Com base nessas informações, responda:

- Se cada kWh custa R$ 0,192 nas contas de bandeira amarela, quanto sua família gastou para pagar a energia da primeira conta?

  ____

  ____

- Quanto sua família economizou em dinheiro no pagamento da segunda conta?

  ____

  ____

UNIDADE 6

A qualidade da água

Reveja a jornada

1. Observe a imagem que mostra um tipo de procedimento bastante comum nas cidades brasileiras. O que você tem a dizer sobre ele?

LUCAS LACAZ RUIZ/FOTOARENA

Esgoto sendo lançado em rio de cidade brasileira.

____

____

____

2. Analise as imagens a seguir e responda às questões.

SPECTRUMBLUE/SHUTTERSTOCK

TOMASZ BIDERMANN/SHUTTERSTOCK

A. Representação simbólica de um fenômeno comum nas grandes cidades. **B**. Restos de árvores mortas em montanha na Polônia.

a) Que fenômeno está representado na imagem **A**? Explique como você chegou a essa conclusão.

____

____

____

____

b) Que relação existe entre as imagens **A** e **B**? Explique.

____

____

3. Analise o esquema a seguir, que representa uma estação de tratamento de água, e faça o que se pede.

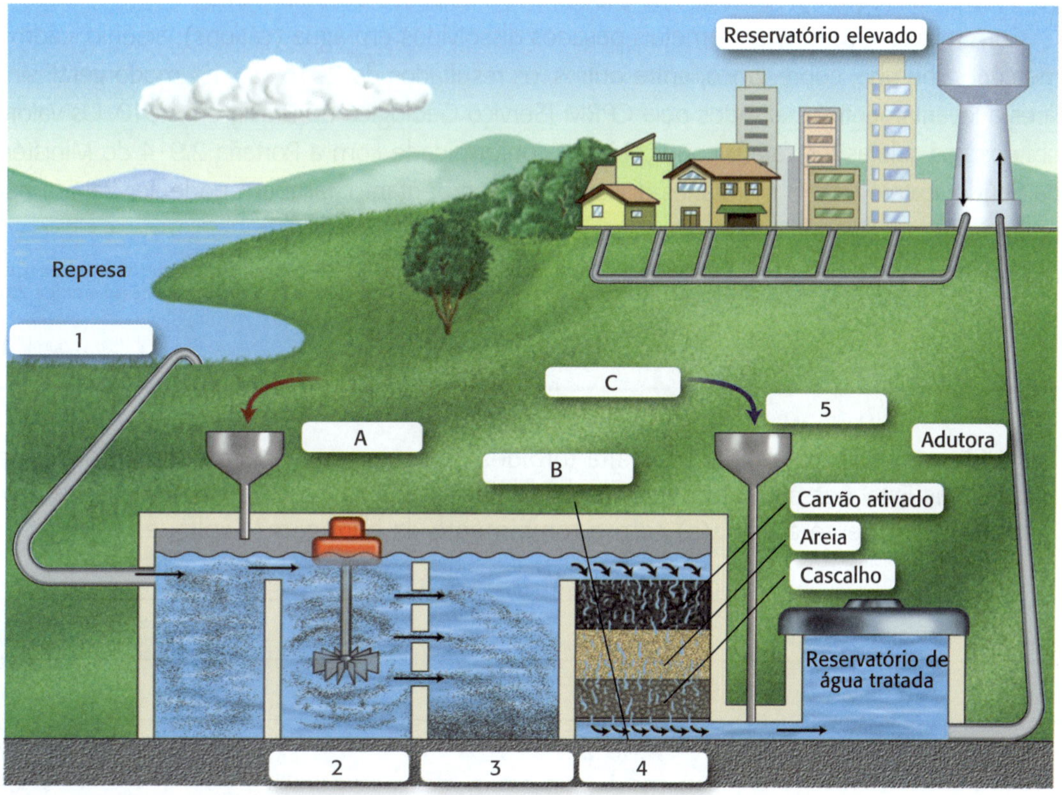

Representação esquemática de uma estação de tratamento de água.

a) Escreva o nome das etapas do tratamento de água correspondente a cada número.

1 - ______________________ 4 - ______________________

2 - ______________________ 5 - ______________________

3 - ______________________

b) O que representam as letras **A**, **B** e **C**? Relacione as letras **A** e **C** com as etapas 2 e 5, respectivamente.

____

____

____

4. Leia, a seguir, o trecho de uma notícia do *site* do Ministério do Meio Ambiente sobre a análise de amostras da água do Rio Doce, após o rompimento da barragem Fundão (MG), em novembro de 2015, e responda às questões.

> “[...]
>
> Após o rompimento da barragem, a água do rio recebeu imensa sobrecarga de lama, o que aumentou a turbidez e diminuiu a quantidade de oxigênio dissolvido, fatores que contribuíram para a mortandade de peixes e a interrupção do abastecimento das cidades que captavam no rio.
>
> A quantidade de material em suspensão na água alcançou níveis até 100 vezes superiores aos observados historicamente durante períodos de chuvas torrenciais. A turbidez continua alta, portanto ainda requer procedimentos especiais nas Estações de Tratamento.
>
> Com relação à presença de metais pesados dissolvidos em água (cátions): arsênio, cádmio, mercúrio, chumbo, cobre, zinco, entre outros, os resultados de 2015 são, de modo geral, similares a levantamentos realizados pela CPRM [Serviço Geológico do Brasil] em 2010. Os valores obtidos nas coletas indicaram condições em conformidade com a Portaria 2.914 do Ministério da Saúde, exceto para o manganês dissolvido que, no entanto, também pode ser tratado para padrões adequados ao consumo nas Estações de Tratamento. [...]”
>
> Assessoria de Comunicação Social. Ministério do Meio Ambiente. Disponível em: <http://www.mma.gov.br/index.php/comunicacao/agencia-informma?view=blog&id=1374>. Acesso em: fev. 2016.

a) Segundo a notícia, para diminuir a alta turbidez da água, foram necessários procedimentos especiais nas Estações de Tratamento de Água. Que etapa(s) do tratamento de água deve(m) ter sido particularmente afetada(s) com o rompimento da barragem? Explique.

____

____

____

____

____

____

b) O que são metais pesados? Dê exemplos.

____

____

____

____

____

____

c) Estações de Tratamento de Água convencionais geralmente não retiram de modo eficiente os metais pesados da água. Se a quantidade de mercúrio e chumbo na água do Rio Doce estivesse alta, o que poderia ocorrer com as pessoas que ingerissem essa água? Explique.

____

____

____

5. Segundo a Organização Mundial da Saúde (OMS), saneamento básico é o controle de todos os fatores do meio físico do homem que exercem ou podem exercer efeitos nocivos sobre o bem-estar físico, mental e social. Ele deve contemplar um conjunto de medidas que garantam a saúde dos habitantes, tais como: o abastecimento de água tratada, a coleta e o tratamento de esgoto, a limpeza urbana, o manejo de resíduos sólidos e a drenagem das águas pluviais. Os gráficos a seguir apresentam alguns dados sobre a situação do saneamento básico no Brasil. Observe os gráficos e responda às questões.

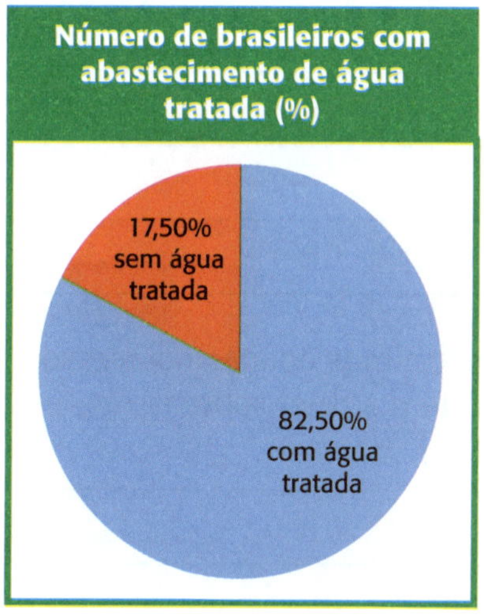

Fonte: Sistema Nacional de Informações sobre Saneamento (SNIS 2013) e Estudo Trata Brasil "Perdas de Água: Desafios ao Avanço do Saneamento Básico e à Escassez Hídrica – 2015".

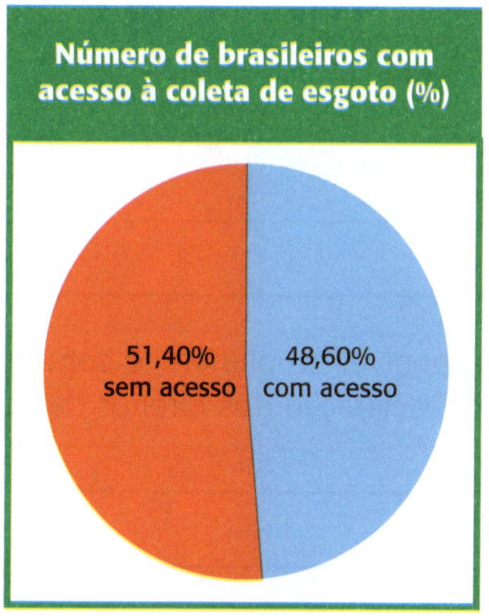

Fonte: Sistema Nacional de Informações sobre Saneamento (SNIS 2013), Fonte: Estudo Trata Brasil "Ociosidade das Redes de Esgoto – 2015", Censo Escolar 2014 e Estudo Trata Brasil "De Olho no PAC - 2015".

Fonte: Sistema Nacional de Informações sobre Saneamento (SNIS 2013) e Estudo Trata Brasil "Ranking do Saneamento – 2015".

BIS

a) Das medidas envolvidas no saneamento básico, quais delas são retratadas nos gráficos?

____

____

b) O que você pode dizer sobre a situação das medidas do item anterior?

____

____

____

c) De que maneira essas medidas estão relacionadas com a incidência de doenças? Dê um exemplo.

____

____

____

Outro olhar

No *Saiba Mais* das páginas 160 e 161 do Livro do Estudante, você conheceu a "Declaração dos direitos da água", escrita pela Organização das Nações Unidas (ONU). Nesta atividade, você vai reavaliar alguns de seus itens e compreendê-los em maior profundidade. Consulte novamente a Declaração e responda às questões.

1. O que diz a Declaração em seu 1º item? Copie-o a seguir e explique como você o entendeu.

2. Quando pensamos em água disponível no planeta, é comum pensarmos apenas no acesso a ela pelos seres humanos. O que a "Declaração dos direitos da água" tem a dizer sobre isso?

3. Reveja o 5º item do texto: O que significa dizer que a água é "herança de nossos predecessores" e "empréstimo aos nossos sucessores"?

4. Reúna-se em grupos, observe a imagem e discuta as questões a seguir.

YAVUZ SARIYILDIZ/SHUTTERSTOCK

Nas proximidades de Jaisalmer, cidade no deserto de Thar, Índia, mulheres retiram água de um poço para consumir em suas casas (novembro de 2014).

a) Nesta situação apresentada, as pessoas estão respeitando os direitos da água? Justifique.

___

___

___

___

b) E quanto a elas, como seres humanos, têm os seus direitos respeitados? Explique.

___

___

c) Qual a relação entre as imagens a seguir e a "Declaração dos direitos da água"? Expliquem.

SUKPAIBOONWAT/SHUTTERSTOCK

ELENA ELISSEEVA/SHUTTERSTOCK

Diferentes relações com a água são estabelecidas por pessoas em lugares distintos do mundo.

___

___

___

___

___

Leitura do mundo

Nesta unidade, ao estudar a relação entre a água e a saúde humana, no capítulo 12 do Livro do Estudante, você ficou sabendo um pouco mais sobre a dengue, doença transmitida pelo mosquito *Aedes aegypti*.

1. O folheto a seguir foi elaborado para uma campanha do Governo Federal de combate ao *Aedes aegypti*, que além do vírus da dengue, também é transmissor do vírus Zika. Em 2015, o Brasil foi acometido por um surto dessa doença, que fez com que a OMS declarasse emergência internacional por pesquisas apresentarem fortes evidências de o vírus Zika estar relacionado aos casos de microcefalia em bebês. Veja o folheto e responda às questões.

MINISTÉRIO DA SAÚDE/2016

Cartaz de campanha de 2015 realizada pelo Governo Federal em combate ao *Aedes aegypti*.

a) Por que, abaixo da imagem do mosquito, está escrito "zikazero"? O que significa essa expressão?

____

____

____

b) Que trechos das frases do folheto se referem à importância do envolvimento de toda a população no combate à *zika*?

____

____

____

2. Apesar da importância de cada um fazer sua parte no combate ao mosquito *Aedes aegypti,* uma reportagem intitulada "*Zika* e o descaso na saúde pública" levanta outros pontos importantes relacionados ao combate a essa doença. Leia um trecho da reportagem e responda à questão.

> “ [...]
>
> Para o sanitarista José Gomes Temporão, ex-ministro da Saúde [...] 'O Brasil precisa atacar seus problemas estruturais, universalizar o acesso à água tratada, coletar e dar destinação adequada ao lixo, expandir a oferta de saneamento básico. Sem isso, o alcance dessas campanhas de conscientização será sempre limitado.'
>
> Dados do Levantamento Rápido do *Aedes aegypti*, divulgados pelo governo federal em novembro de 2015, corroboram a argumentação de Temporão. No Nordeste, 82% dos depósitos de larvas de mosquito foram encontrados em reservatórios de água, boa parte deles improvisada para driblar os problemas de abastecimento. O lixo é o depósito predominante nas regiões Sul (49,2%) e Norte (35,8%). Somente no Sudeste, os domicílios correspondem a mais da metade dos focos de reprodução do vetor. [...]
>
> Ao menos 30 milhões de brasileiros permanecem sem acesso à água tratada e mais da metade da população não tem o esgoto coletado. [...]
>
> 'As pessoas só usam caixas-d'água ou reservatórios improvisados quando não têm acesso à oferta segura e regular de água tratada. Não por acaso a população de São Paulo correu atrás dessas soluções no ano passado [2015] em meio à crise hídrica. Os municípios também são negligentes na drenagem de água da chuva. Para evitar enchentes, muitas cidades recorrem aos piscinões, mas depois aquela água toda permanece lá, parada por dias.'
>
> [...] ”
>
> Rodrigo Martins. *Zika e* o descaso na saúde pública. *Carta capital.* Disponível em: <http://www.cartacapital.com.br/revista/886/e-haja-mosquitos>. Acesso em: fev. 2016.

- Por que, segundo José Gomes Temporão, as campanhas de conscientização têm efeito limitado no combate ao mosquito *Aedes aegypti*? Que soluções ele aponta?

UNIDADE 7

O ar

Reveja a jornada

1. Leia as afirmações a seguir e assinale (V) para as verdadeiras e (F) para as falsas.

a) ( ) O gás nitrogênio presente na atmosfera é perfeitamente dispensável, pois nenhum ser vivo precisa dele nem consegue utilizá-lo.

b) ( ) O gás carbônico da atmosfera terrestre é o gás absorvido pelos organismos que fazem fotossíntese, como as plantas e as algas.

c) ( ) A quantidade de vapor de água na atmosfera terrestre varia bastante, mas, em geral, ela é maior quanto mais perto da superfície do planeta.

d) ( ) O gás oxigênio é muito importante para a manutenção da vida na Terra, pois é utilizado pela maioria dos seres vivos no processo de respiração celular.

e) ( ) A atmosfera da Terra primitiva tinha uma composição muito diferente daquela da atmosfera atual: naqueles tempos, havia muito mais gás oxigênio na composição do ar do que existe hoje.

2. O professor de Pedro pediu aos estudantes que desenhassem uma cena que retratasse um momento ou uma situação que eles gostariam de vivenciar. Veja o que Pedro desenhou e responda à questão.

HELENFIELD/SHUTTERSTOCK

- Podemos dizer que o desenho representa uma situação pouco provável, mas também retrata uma evidência da existência do ar. Explique.

3. Analise o esquema a seguir, que representa um importante fenômeno que garante o aquecimento da Terra e a manutenção da vida no planeta e responda à questão.

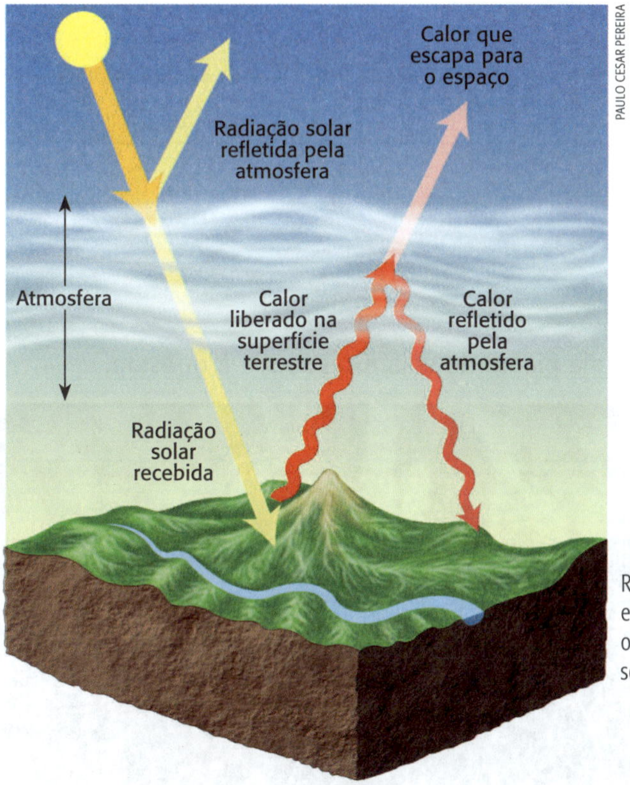

Representação esquemática do que ocorre com a radiação solar que atinge a Terra.

- Que fenômeno é retratado? Explique resumidamente como ele ocorre.

4. Observe as imagens a seguir e responda à questão.

À esquerda, um dente-de-leão, planta que tem seus frutos e sementes dispersados pelo vento. À direita, uma pessoa em uma tempestade.

- Que característica do ar é evidenciada nas situações mostradas nas imagens? Explique como ela ocorre.

____

____

____

____

5. Veja a imagem da raiz de uma planta de soja e responda à questão.

Raízes de soja.

- O que são as pequenas bolinhas visíveis na raiz da planta? Qual a importância delas?

____

____

____

____

____

____

Outro olhar

Na seção *Saiba Mais* "O balonismo tem origem brasileira" (página 204 do Livro do Estudante), você conheceu a importância do padre brasileiro Bartholomeu de Gusmão para a origem e desenvolvimento do balão. Agora vamos conhecer um pouco mais sobre a história desse inventor e compreender o fenômeno que explica o voo dos balões.

1. Em duplas, pesquisem em livros ou na internet sobre o padre Bartholomeu de Gusmão e anotem as principais informações que encontrar.

____

____

____

____

____

____

____

____

____

____

2. Agora vamos refletir sobre o que fez com que os balões do padre Bartholomeu de Gusmão subissem. Em grupos, façam um pequeno experimento para verificar a manifestação do fenômeno que está por trás disso. Vocês vão precisar de:

- uma vareta de bambu (ou um palito de churrasco)
- um pedaço de barbante fino
- uma folha de papel e uma caneta
- tesoura para cortar papel
- ajuda de um adulto, que deverá acender uma vela

1 Na folha de papel, desenhem uma espiral como mostra a figura A. Depois, cortem a espiral como na figura B.

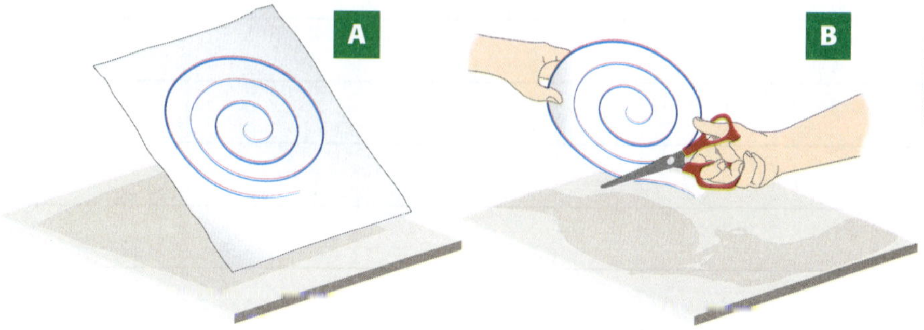

LUIZ FERNANDO RUBIO

2. Façam um pequeno furo no centro da espiral e passem o barbante por ele. Depois, amarrem o barbante à vareta. Sem forçar, puxem a outra ponta da espiral para esticá-la um pouco.
3. Peçam a um adulto que acenda a vela e fixe-a sobre uma superfície plana.
4. Em seguida, com o acompanhamento do adulto, segurem a vareta acima da vela, posicionando a espiral de papel acima da chama (mas distante o suficiente para não queimar a espiral).
5. Segurem a espiral sobre a chama por algum tempo, mantendo a mão firme, e observem o que acontece.

a) Descrevam o que vocês observaram e levantem hipóteses para explicar o que aconteceu.

____
____
____
____
____
____

b) Existe alguma relação entre o que aconteceu com a espiral e a formação das correntes de ar na atmosfera? Expliquem.

____
____
____
____
____
____
____

c) Por que, em uma casa, recomenda-se que aquecedores de ambiente sejam colocados no chão e aparelhos de ar condicionado, isto é, aparelhos que resfriam o ar, sejam colocados em lugar alto? Discuta essa questão com seus colegas de grupo e levantem uma hipótese para explicá-la.

____
____
____
____
____
____
____
____

Leitura do mundo

Ultimamente, tem se falado muito no aumento do efeito estufa, que estaria causando o aquecimento global do planeta. Leia a seguir um texto do Instituto Nacional de Pesquisas Espaciais (INPE), do Ministério da Ciência, Tecnologia e Inovação sobre as consequências do aquecimento global e responda às questões.

“As consequências do aumento de temperatura são graves para todos os seres vivos, incluindo o homem. O aquecimento global tem impactos profundos no planeta: extinção de espécies animais e vegetais, alteração na frequência e intensidade de chuvas (interferindo, por exemplo, na agricultura), elevação do nível do mar e intensificação de fenômenos meteorológicos (por exemplo: tempestades severas, inundações, vendavais, ondas de calor, secas prolongadas), entre outros. Essas conclusões foram obtidas após análise dos diversos cenários de emissões de gases de efeito estufa para os próximos 100 anos, feitas por cientistas do IPCC [sigla de ‘Painel Intergovernamental de Mudanças Climáticas’ em inglês]. As ações humanas têm interferido sobre o ambiente num ritmo muito acelerado. Estudos indicam, por exemplo, que, enquanto a temperatura média global subiu, aproximadamente, 5 °C em 10 mil anos – contados desde o fim da última glaciação até 10 mil anos atrás – pode aumentar os mesmos 5 °C em apenas 200 anos, a continuar o ritmo de aquecimento global que se observa nas últimas décadas. Esta rápida transformação levou o Prof. Paul Crutzen, Prêmio Nobel de Química, em 1995, a definir os últimos 200 anos a partir da Revolução Industrial como o ‘antropoceno’, isto é, uma era geológica dominada pelas transformações ambientais globais causadas pelas atividades humanas.”

Quais as consequências do aquecimento global? Instituto Nacional de Pesquisas Espaciais. Disponível em: <http://www.inpe.br/acessoainformacao/node/483>. Acesso em: fev. 2016.

1. Com a ajuda do(a) professor(a), discutam o significado da palavra “antropoceno” criada pelo prof. Paul Crutzen e relacionem o termo com o aquecimento global.

____

____

____

____

2. Até pouco tempo atrás, o Brasil apresentava altas taxas de desmatamentos de florestas nativas, sobretudo para a criação de pastagens. Com base no que você aprendeu sobre fotossíntese, responda por que o desmatamento de florestas pode contribuir para o efeito estufa?

____

____

____

____

UNIDADE 8

A dinâmica da atmosfera

Reveja a jornada

1. Leia as afirmações a seguir e classifique-as em verdadeiras (V) ou falsas (F).

a) (   ) O clima de uma região refere-se às condições meteorológicas mais frequentes no local, isto é, às condições meteorológicas que se repetem de ano para ano naquela região.

b) (   ) A reprodução de alguns animais depende das variações climáticas da região onde eles vivem.

c) (   ) O clima na Terra não sofreu grandes alterações desde a formação do planeta, tendo permanecido praticamente igual desde então.

d) (   ) Migração e hibernação são dois fenômenos de comportamento animal relacionados a variações climáticas.

e) (   ) Algumas plantas, como o ipê-amarelo, só se reproduzem no verão, pois a produção de flores depende das elevadas temperaturas dessa estação.

2. Considere, na questão acima, apenas as afirmações que você classificou como falsas e explique por que elas estão incorretas.

____

____

____

3. Observe a imagem, leia a legenda e responda às questões.

THINKSTOCK/GETTY IMAGES

Todos os anos, na reserva de Maasai Mara, na Tanzânia, África, milhares de animais selvagens – principalmente gnus, zebras e gazelas – fazem longas viagens em busca de pastagens mais frescas e água de melhor qualidade para beber.

a) Como é chamada a estratégia de sobrevivência retratada na imagem?

____

b) Esse fenômeno está relacionado às variações do clima na região. Qual fator climático provavelmente afeta a quantidade de água disponível para consumo e de vegetação fresca para o pasto dos animais? Explique.

____

____

____

4. Observe a imagem a seguir, que reproduz uma página do *site* do Instituto Nacional de Meteorologia, e faça o que se pede.

INMET

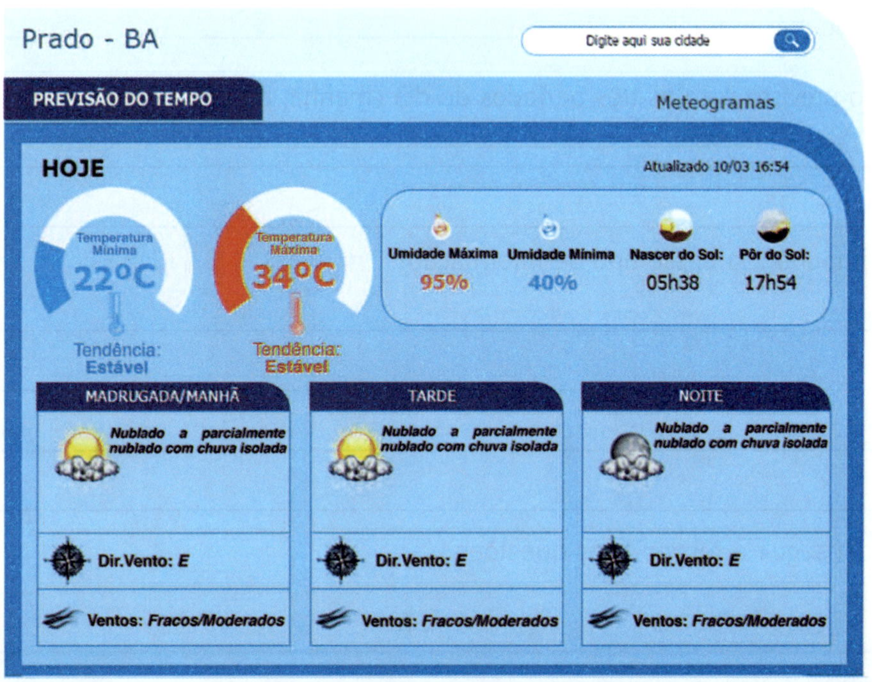

INMET

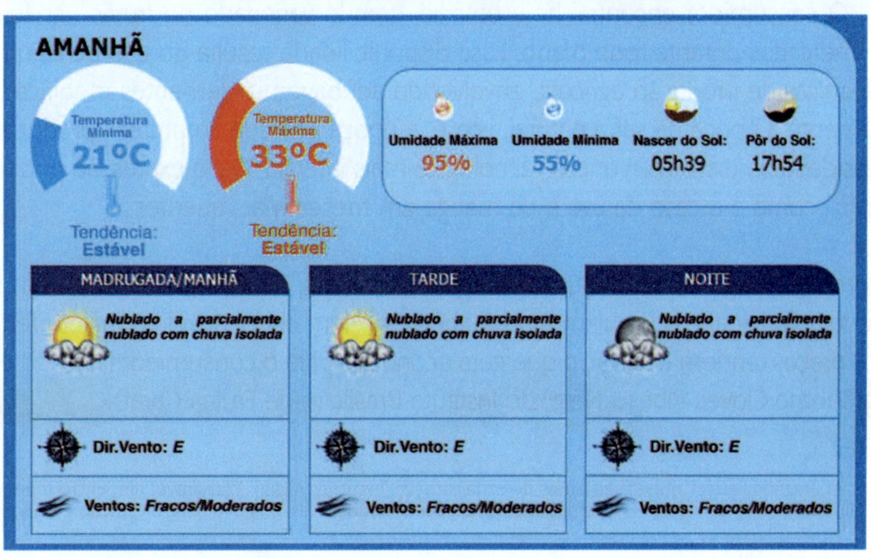

Fonte: Instituto Nacional de Meteorologia. Disponível em: <http://www.inmet.gov.br/portal/index.php?r=tempo2/verProximosDias&code=2925501>. Acesso em: fev. 2016.

a) De modo geral, que tipo de informação as páginas apresentadas fornecem ao usuário do *site*?

____

____

____

b) Segundo as previsões na página "Amanhã", como devem se alterar os seguintes índices meteorológicos:

- temperatura mínima: ______________________
- temperatura máxima: ______________________
- umidade mínima: ______________________
- umidade máxima: ______________________
- tempo previsto para os três períodos do dia (manhã, tarde e noite): ______________________

____

____

c) Qual a importância desse tipo de informação?

____

____

____

____

5. Leia o texto a seguir e responda às questões.

> “O consumidor encontra, hoje em dia, grande variedade de frutas nas feiras livres e supermercados durante todo o ano. Essa disponibilidade resulta do uso de algumas modernas técnicas de produção agrícola, envolvendo adubagem e sementes modificadas. Mas há obviamente a época da safra natural, isto é, a época em que a natureza produz a fruta sem necessidade de uma intervenção tecnológica mais intensa. Daí a expressão popular 'fruta da estação', como é o caso da uva e da manga em meses mais quentes.
>
> [...]
>
> Por respeitarem o ciclo natural de amadurecimento, as 'frutas da época' têm sabor mais próximo ao original e acumulam mais nutrientes. 'Além disso, devido à maior oferta no período, os preços tendem a baixar, o que gera economia para o consumidor final', diz o engenheiro agrônomo Cloves Ribeiro Neto, do Instituto Brasileiro de Frutas (Ibraf).
>
> [...].”
>
> Rogério Ferro. Conheça as frutas de cada estação. Instituto Akatu. Disponível em: <http://www.akatu.org.br/Temas/Alimentos/Posts/Conheca-as-frutas-de-cada-estacao>. Acesso em: fev. 2016.

a) Relacione a expressão "fruta da estação" às interferências do clima no hábito de vida das plantas.

b) De que modo, ao optar por consumir preferencialmente as frutas da estação, o clima também interfere no nosso hábito de vida? Explique.

6. Observe a imagem e responda à questão.

Representação artística de um fenômeno meteorológico causando destruição.

- Que fenômeno meteorológico é retratado na imagem? Em que você se baseou para responder?

Outro olhar

Na seção *Saiba Mais* "A Amazônia e as mudanças globais" (página 219 do Livro do Estudante), você conheceu o importante papel da Floresta Amazônica na manutenção do clima da Terra. Agora, reúna-se em grupo e discuta as questões propostas para compreender com mais detalhes os problemas ambientais globais que enfrentamos atualmente.

1. Releia a seguir a frase inicial do texto com atenção especial para os trechos em destaque.

> "Desmatamentos e queimadas na Amazônia podem acelerar processos como o **aquecimento global**, aumentar a ocorrência de fenômenos climáticos extremos e alterar em larga escala os **ciclos da água** e **de nutrientes**, essenciais aos seres vivos."

a) O que significa aquecimento global e o que causa esse fenômeno?

____

____

____

____

____

____

____

____

b) Quando falamos em desmatamentos e queimadas, estamos falando em menos árvores na floresta. Como isso pode afetar o ciclo da água? (Dica: consulte o capítulo 10 do Livro do Estudante).

____

____

____

____

____

____

____

____

____

____

c) Como os desmatamentos e as queimadas na Floresta Amazônica podem afetar o ciclo de nutrientes (ou ciclo dos sais minerais)? (Dica: reveja o capítulo 7 do Livro do Estudante).

____

____

____

____

____

____

____

2. Quando se diz que a floresta representa um imenso "estoque de carbono" significa dizer que as árvores, para crescer, precisam incorporar o carbono do ar (gás carbônico) em suas células.

a) Sabendo que o açúcar produzido na fotossíntese pelas plantas contém carbono, explique por que se diz que elas "incorporam o carbono do ar"?

____

____

____

____

____

b) Quando as árvores da floresta são queimadas, o carbono que elas incorporaram volta para a atmosfera. Sabendo disso, expliquem por que as queimadas da Floresta Amazônica podem aumentar o efeito estufa.

____

____

____

____

____

3. Depois de pensar sobre todas essas questões, responda: Por que é importante determos o quanto antes o desmatamento e as queimadas na Amazônia?

____

____

____

____

____

____

Leitura do mundo

Leia a seguir um trecho de um texto poético em que o autor fala a respeito do Amazonas e responda às questões.

“As Chuvas

A água celeste tem lugar de importância na vida da floresta. Não é por outra coisa que os ingleses dizem *the rain forest*. Os cientistas falam da floresta tropical úmida. Pura verdade: é um lugar muito querido pela chuva, que chega quando quer. Às vezes, ela manda um recado pelas nuvens, outras vezes desaba de surpresa. É um elemento constante aqui na mata. [...]

[...]

Chuva de verão não demora, passa logo. Só não se sabe é quando ela vai chegar. Não é mais como no meu tempo de ginasiano em Manaus: a gente sabia a hora certa da chegada da chuva. Muita gente marcava encontro assim: 'Te vejo depois da chuva'. Ou marcava a saída do barco: 'O melhor é a gente largar antes da chuva'. Hoje, o firmamento está muito mudado, tanto o homem anda se metendo com os seus inventos, querendo descobrir as verdades ocultas lá das alturas, atravessando a caminhada solene das galáxias com os seus satélites artificiais. Olhos abertos sobre a floresta, querendo lá de cima descobrir os seus segredos subterrâneos e medindo, é verdade, a extensão criminosa dos incêndios que as chuvas não apagam.”

Thiago de Mello. *Amazonas* – Águas, pássaros, seres e milagres. São Paulo: Salamandra, 1998.

1. No trecho "[...] Às vezes, ela manda um recado pelas nuvens, outras vezes desaba de surpresa. [...]" o autor refere-se a qual fenômeno meteorológico? Que relação ele tem com as nuvens?

____

____

____

2. Segundo o autor, os satélites ajudam ou atrapalham na previsão das chuvas? Você concorda com ele?

____

____

____

____

3. Ainda de acordo com o poeta, qual a outra função dos satélites?

____

____